21世纪职业院校土木建筑工程专业系列教材
中国土木工程学会教育工作委员会推荐教材
北京市教委立项"职业院校土建专业实践教学研究"成果

建筑工程质量检测

唱锡麟 王红雨 编著

清华大学出版社
北 京

内 容 简 介

本书是土木工程学会教育工作委员会推荐的 21 世纪高等职业院校土木工程专业系列教材之一,是根据高等职业院校土木工程专业的培养目标和教学大纲编写的。

全书共 10 章,建筑工程质量管理概论、建筑工程材料质量检测、地基基础工程质量控制及检测、砌体工程质量控制及检测、混凝土结构工程质量控制及检测、钢结构工程质量控制及检测、地下防水工程质量控制及检测、屋面工程质量控制及检测、课程实训、本门课程求职面试可能遇到的典型问题应对。

本书可以作为高等职业院校、高等专科院校、高等教育自学考试的教学参考用书,也可以作为从事建筑工程施工的技术人员的参考用书。

图书在版编目(CIP)数据

建筑工程质量检测/唱锡麟,王红雨编著.—北京:清华大学出版社,2012.10(2022.1重印)
(21 世纪职业院校土木建筑工程专业系列教材)
ISBN 978-7-302-29933-2

Ⅰ. ①建… Ⅱ. ①唱… ②王… Ⅲ. ①建筑工程－工程质量－质量检验－高等职业教育－教材
Ⅳ. ①TU712

中国版本图书馆 CIP 数据核字(2012)第 203489 号

责任编辑:张占奎 赵从棉
封面设计:常雪影
责任校对:赵丽敏
责任印制:丛怀宇

出版发行:清华大学出版社
　　　　网　　址:http://www.tup.com.cn,http://www.wqbook.com
　　　　地　　址:北京清华大学学研大厦 A 座　　　　邮　　编:100084
　　　　社 总 机:010-62770175　　　　　　　　　　邮　　购:010-62786544
　　　　投稿与读者服务:010-62776969,c-service@tup.tsinghua.edu.cn
　　　　质量反馈:010-62772015,zhiliang@tup.tsinghua.edu.cn
印 装 者:北京鑫海金澳胶印有限公司
经　 销:全国新华书店
开　 本:185mm×260mm　　　　印　 张:17.25　　　　字　 数:413 千字
版　 次:2012 年 10 月第 1 版　　　　　　　　　　印　 次:2022 年 1 月第 9 次印刷
定　 价:52.00 元

产品编号:046383-04

21世纪职业院校土木建筑工程专业系列教材

编　委　会

名誉主编：袁　驷

主　　编：崔京浩

副 主 编：陈培荣

编　　委（按姓名拼音排序）：

总　序

　　我国中长期教育和发展规划纲要中明确提出加强职业教育、扩大院校自主权、办出专业特色,本套教材遵循规划纲要的精神编写,为土木建筑类专业的领导和任课老师提供更为准确和宽泛的自主选择空间。本套教材是北京市教委立项"职业院校土建专业实践教学研究"的成果之一,由于具有突出的针对性、实用性、实践性、应对性和兼容性,受到中国土木工程学会教育工作委员会的好评,被列为"中国土木工程学会教育工作委员会推荐教材"。

　　当前我国面临严峻的就业形势,主要表现为人才结构失衡:一方面职业技术人才严重不足,另一方面普通本科毕业生又出现过剩的局面,因此,职业院校得到迅猛发展。

　　现代职业院校既不同于师傅带徒弟的个体技艺传授,也不同于企业招工所进行的单一技能操作性短期培训,而是知识和技能的综合教育,它遵循一般教育的授业方式,以课堂教学为主,所不同的是在教学内容上必须具有鲜明的职业和专业特色,这里首当其冲的是教材的编写和选取。

　　土木建筑业属于劳动密集型行业,我国农村 2.6 亿富余劳动力约有一半在建筑业打工,这部分劳动者技术素质偏低,迫切需要充实第一线技术指导人员,即通常简称为"施工技术员",这就是职业院校土木建筑工程专业的培养目标。鉴于我国传统的中专和近年来兴办的高职高专培养目标大体上是一致的,本套教材兼顾了这两个层次的需要。

　　本套教材的编写人员是一批具有高级职称又在职业院校任教多年且具有丰富教学经验的教师。整套教材贯彻了如下的原则和要求:

　　(1)突出针对性——职业院校的培养目标是生产第一线的技术人才,即"施工技术员"。因此,在编写时有针对性地删减了烦琐的理论推导和冗长的分析计算,增加生产第一线的专业知识和技能;做到既要充分体现职业院校的培养目的,又要兼顾本门课程理论上和专业上的系统性和完整性。

　　(2)突出实用性——大幅度地增加"施工技术员"需要的专业知识和职业技能,特别是"照图施工"的知识和技能,解决过去那种到工地上看不懂图的问题。为此,所有专业课均增加了识图的培训。

　　(3)突出实践性——大力改进实践环节,加强职业技能的培训。第一,除《土木工程概论》和《毕业综合实训指导》外,每本专业书均增加一章"课程实训",授课时可配合必要的参观和现场讲解。第二,强化"毕业综合实训",围绕学生毕业后到生产第一线需要的知识和技能进行综合性的实训,为此本套教材专门编写了一本《毕业综合实训指导》,供教师在最后的实训环节参考。

　　(4)突出应对性——现代求职一个重要的环节是面试,面试效果对求职的成败有重要影响,因此,本套教材的每本专业书都专门讨论应对面试的内容、能力和职业素质,归纳为

"本门课程求职面试可能遇到的典型问题应对",作为最后一章。

（5）突出兼容性——鉴于我国当前土木建筑专业的高、中职教育在培养目标上没有明确的界定,本套教材考虑了高、中职教育两个层次的需要,在图书品种和授课内容上为学院和任课老师提供了较宽泛的选择空间。

虽然经过反复讨论和修改并经过数轮教学实践,本套教材仍不可避免地存在不足乃至错误,请广大读者和同行不吝赐教。

主编：崔尔浩 于清华园

前　言

　　"建筑工程质量检测"是高等职业院校土木工程专业的一门重要课程。本书是根据高等职业院校土木工程专业的培养目标和教学大纲编写的。

　　本书以培养生产一线的技能型、应用型紧缺人才为目标,以"实用"、"够用"为尺度,在充分兼顾知识的完整性、准确性和系统性的前提下,更加注重实用性。

　　本书重点介绍了 ISO 9000 族质量管理体系的核心内容。根据我国现行国家对于建筑材料质量检测及建筑工程施工质量验收规范的规定,结合建筑工程施工质量管理的现状,系统、重点地介绍了建筑工程中主要分部、分项工程,关键施工工序等各环节的质量控制要点和质量检验方法及质量合格标准。通过对本课程的学习,使学生全面了解质量管理的基本理念和方法,树立良好的质量意识和严格执行质量合格标准的自觉性,掌握在实际建筑工程施工过程中质量控制与质量检测的基本知识技能。

　　本书从高等职业人才培养的目标出发,特增加了"课程实训"的教学内容,使学生在步入工作岗位的初始阶段,能比较从容地应对实际生产中的一些基本问题,较快地进入工作状态。

　　本书基于学生毕业求职面试的招聘过程,特增加了"本门课程求职面试可能遇到的典型问题应对"的教学内容,希望学生在求职面试中赢得好评、顺利进入职场。

　　本书参考了书后的参考文献,在此特向廖品槐、潘延平、卢小文先生及建筑施工企业关键岗位技能图解系列丛书编委会表示真挚的感谢。

　　本书第 2、4～10 章由唱锡麟编写,第 1、3 章由王红雨编写,全书由唱锡麟统稿。

　　由于编者水平有限,书中难免存有错误、疏漏,恳请各位师生、读者不吝赐教,不胜感激。

编　者

2012 年 7 月

CONTENTS

目 录

第1章

建筑工程质量管理概述

本章学习要点

全面质量管理的基本概念；

质量管理的八项原则；

质量控制的三个环节；

施工阶段质量控制的基本要素；

工序质量控制。

1.1 质量管理

1.1.1 质量管理是一门新兴学科

在我国几千年前就已经有了关于"质量"的意识，"酒香不怕巷子深"就是对产品质量重要性的深刻写照。伴随着工业生产的出现和发展，特别是在第一、二次世界大战期间，主要参战国为了满足战争对军用品大数量、高质量的需求，许多民品企业被迫仓促转产军品的情况下，给军用产品的生产质量带来较大的波动，为了保证产品质量，当时的企业管理层和社会都投入了大量的人力、物力用于质量管理方法和产品质量标准的有关研究中。"质量管理"的研究先后经历了"质量检验阶段"、"统计质量管理阶段"和"全面质量管理阶段"，完成了由理念到学科的发展历程。可以说，20世纪60年代以后形成的"全面质量管理"是全球经济和生产技术得以高速发展的助推器。

1.1.2 全面质量管理的基本概念

（1）全面质量管理的核心：全过程的质量管理、全员的质量管理和全企业的质量管理。

（2）全面质量管理的基本观念：质量第一的观点、为用户服务的观点、预防为主的观点、一切用数据说话的观点。

（3）全面质量管理的基本工作方法：PDCA循环法，即Plan(计划)、Do(实施)、Check(检查)和Action(处理)4个工作阶段组成的工作循环。

随着质量管理学科的形成，同时也产生了一系列的产品质量标准和相应的质量检验方法,使得产品质量的提高具有了可比性和可持续性。

1.1.3　质量管理体系与 ISO 9000：2000 族标准

在 20 世纪 70 年代后期,随着各国经济相互合作交流的不断增强和国际贸易的不断扩大,对供方质量体系审核逐渐成为国际贸易和国际合作的前提。由于各国标准的不一致,给这一审核带来了障碍,于是质量管理体系和质量保证的国际化成为当时世界各国的迫切需要。

国际标准化组织(ISO)于 1979 年成立了质量管理和质量保证技术委员会(TC176),负责制定质量管理和质量保证标准。1986 年发布了 ISO 8402《质量-术语》标准,1987 年发布了 ISO 9000《质量管理和质量保证标准——选择和使用指南》,ISO 9001《质量体系——设计、开发、生产、安装和服务的质量保证模式》,ISO 9002《质量体系——生产和安装的质量保证模式》、ISO 9003《质量体系——最终检验和试验的质量保证模式》和 ISO 9004《质量管理和质量体系要素——指南》等标准,统称为 ISO 9000 系列标准。

ISO 9000 系列标准的颁布,使各国的质量管理和质量保证活动统一在 ISO 9000 系列标准的基础上。为了使 ISO 9000 系列标准更加协调和完善,ISO/TC176 质量管理和质量保证技术委员会于 1990 年决定对标准进行修订。并于 2000 年 12 月 15 日,正式发布了 2000 年版本的 ISO 9000：2000 族标准。新版标准的修订,更加强调了顾客满意及监视和测量的重要性,促进了质量管理原则在各类组织(从事一定范围生产经营活动的企业)中的应用,强调了质量管理体系要求标准及指南标准的一致性。

ISO 9000：2000 族标准的主要特点:

(1) 标准的结构与内容更好地适应所有产品类别、不同规模和各种不同类型的组织。

(2) 采用"过程方法"的结构,同时体现了组织管理的一般原理,有助于组织结合自身的生产和经营活动采用标准来建立质量管理体系,并重视有效性与效率的提高。

(任何使用资源将输入转化为输出的活动或一组活动均可视为过程。系统地识别和管理组织所应用的过程,特别是这些过程之间的相互作用,称为过程方法。)

(3) 提出了质量管理 8 项原则并在标准中得到充分体现。

(4) 对标准要求的适应性进行了更加科学、更加明确的规定。在满足标准要求的途径与方法方面,提倡组织在确保有效性的前提下,可以根据自身经营管理的特点作出不同的选择,给予组织更多的灵活度。

(5) 更加强调管理者的作用。最高管理者通过确定质量目标、制定质量方针、进行质量评审以及确保资源的获得和加强内部沟通等活动,为其建立、实施质量管理体系并持续改进其有效性的承诺提供证据,并确保顾客的要求得到满足,以增强顾客的满意度。

(6) 强调"持续改进"是提高质量管理体系有效性和效率的重要手段。

(7) 强调质量管理体系的有效性和效率,引导组织以顾客为中心并关注相关方的利益,关注产品与过程而不仅仅是程序文件与记录。

(8) 对文件化的要求更加灵活,强调文件应能够为过程带来增值,记录只是证据的一种形式。

(9) 将顾客和其他相关方满意或不满意的信息作为评价质量管理体系运行状况的重要手段。

（10）概念明确，语言通俗，易于理解、翻译和使用，术语用概念图形式表达术语间的逻辑关系。

（11）强调了 ISO 9001 作为要求性的标准，ISO 9004 作为指南性的标准的协调一致性，有利于组织业绩的持续改进。

（12）增强了与环境管理体系标准等其他管理体系标准的相容性，从而为建立一体化的管理体系创造了有利条件。

1.1.4 我国的 GB/T 19000—2000（idt ISO 9000:2000）族标准

2000 年，国际标准化组织发布了 ISO 9000:2000 之后，我国及时将其同等转化为国家标准，于 2000 年 12 月 28 日由国家质量技术监督局正式发布：

《质量管理体系——基础和术语》GB/T 19000—2000（idt ISO 9000:2000）；

《质量管理体系——要求》GB/T 19001—2000（idt ISO 9001:2000）；

《质量管理体系——业绩改进指南》GB/T 19004—2000（idt ISO 9004:2000）。

1.1.5 质量管理的 8 项原则

在（GB/T 19000—2000）族标准中增加了 8 项基本原则，这是在近年来质量管理理论和实践的基础上总结出来的，是做好质量管理工作必须遵循的准则。8 项质量管理原则已成为改进组织业绩的基本原则，可帮助组织实现持续改进。

1. 以顾客为关注焦点

组织依靠其顾客而生存。组织应充分理解顾客当前的和未来的需求，满足顾客要求并争取超越顾客的期望。顾客是组织存在的基础，顾客的要求应放在组织的第一位。顾客是使用产品的群体，对产品质量感受最深，其期望和需求对于组织意义重大。对潜在的顾客亦不容忽视，一旦条件成熟，他们会成为组织的未来顾客，对于他们的期望应予以充分的重视。

2. 领导作用

领导者确定本组织统一的宗旨和方向，并营造和保持员工充分参与实现组织目标的内部环境。因此领导在企业的质量管理中起着决定性的作用。只有领导重视，各项质量活动才能有效开展。

3. 全员参与

各级人员都是组织之本，只有全员充分参加，才能发挥他们的才干，为组织带来收益。产品质量是产品形成过程中全体人员共同努力的结果，其中也包含着为他们提供支持的管理、检查、行政人员的贡献。企业领导应对员工进行质量意识等各方面的教育，激发他们的积极性和责任感，为其能力、知识和经验的提高提供机会，发挥创造精神，鼓励持续改进，给予必要的物质和精神支持，使全员积极参与，为达到让顾客满意的目标而奋斗。

4. 过程方法

将相关的资源和活动作为过程进行管理，可以得到更理想的结果。任何使用资源的生产活动和将输入转化为输出的一组相关联的活动都可视为过程。ISO 9000:2000 族标准是建立在过程控制基础上的。在过程的输入端、过程的不同位置及输出端都存在着可以进行测试、检查的机会和控制点,对这些控制点实行测试、检测和管理,便能控制过程的有效实施。

5. 管理的系统方法

将相互联系的过程作为系统加以识别、理解和管理,有助于组织提高实现其目标的有效性和效率。每一个系统都不是孤立的,都与其周围的其他系统有着紧密的关联和相互影响。不同企业应根据自己的特点,建立资源管理、过程实现和测量分析改进等方面的关联关系,并加以控制。即采用过程网络的方法建立质量管理体系,实施系统管理。

6. 持续改进

持续改进总体业绩是组织的一个永恒目标,其作用在于增强企业满足质量要求的能力,包括产品质量、过程及体系的有效性和效率的提高。通过持续改进不断增强和满足质量要求能力的循环活动,使企业的质量管理走上良性循环的轨道,使企业具有可持续发展的运行模式。

7. 基于事实的决策方法

有效的决策应建立在数据和信息分析的基础上,丰富翔实的数据和信息、高度的提炼、科学的归纳、客观的分析,以事实为依据作出决策,可减少决策失误。为此企业领导应重视数据信息的收集、汇总和分析,以便为决策提供依据。

8. 与供方互利的关系

组织与供方是相互依存的关系,必须给予足够的重视,建立双方的互利关系可以增强双方创造价值的能力。供方提供的产品是企业提供产品的一个组成部分。处理好与供方的关系,关系到企业能否持续稳定提供顾客满意产品的重要问题。因此,对供方不能只讲控制,不讲合作互利,特别是对关键供方,更要建立互利关系,这对企业与供方双方都有利。

1.2 建筑工程质量管理

1.2.1 建筑工程质量是百年大计

建筑工程质量是国家现行法律法规、技术标准、设计文件、工程合同对建筑工程项目的最终产品——建筑物所应具有的适用性、安全性、可靠性、耐久性、经济性、艺术性和与环境协调性的综合要求。随着人类文明的不断进步,建筑工程质量的内涵与标准也不断丰富与提高。由于建筑工程的建设周期长、投资大,工程质量的优劣不仅关系到工程项目的好坏,建筑企业的荣衰,更关系到人民生命财产的安全和社会的安定和谐,而劣质建筑会造成资源的巨大浪费,直接影响到国家经济建设的速度。"百年大计,质量第一"是对此的高度概括和深刻总结。所以加强建筑工程质量管理是工程项目建设的头等大事。

为此国家先后颁发了《中华人民共和国建筑法》和《建筑工程管理条例》、《工程建设标准强制条文》、《建设工程质量监督机构监督工作指南》(建建质[2000]38号)、《建筑工程施工质量验收统一标准》(GB 50300)、《建设工程项目管理规范》(GB/T 50326)、《建设项目总承包管理规范》(GB/T 50358)、《建设工程文件归档整理规范》(GB/T 50328)和《建设工程监理规范》(GB/T 50319)等一系列法律法规及各种与建筑工程质量相关的质量标准、工程质量验收规范等。

同时各级政府都成立了建筑工程质量监督机构,这些机构专门负责本地区建筑工程质量的监督管理;推行了由建筑工程监理公司作为公正第三方,对建筑工程项目建设阶段实施全过程监理的建筑工程监理制度,以及对建筑工程项目建设施工阶段的分项工程、分部工程、单位工程、建设工程竣工验收制度。

1.2.2 工程建设各阶段对建筑工程质量形成的影响

任何一个工程项目的建设过程基本上都是由5个阶段构成的。

1. 项目可行性研究、论证阶段——直接影响项目决策质量和设计质量的阶段

在这个阶段里主要就以下内容进行可行性研究和多方案的比较论证,以确定工程项目应达到的质量目标。

(1) 建设项目的类型、规模、技术水平与市场需求及发展趋势的符合程度;

(2) 建设项目的选址与城市、地区总体规划要求的符合程度;

(3) 资源、能源、原料供应的可靠程度,及环保措施的有效性;

(4) 建设项目与自然条件、交通运输条件的适应性;

(5) 投资估算、资金筹措是否符合实际。

2. 项目决策阶段——影响工程项目质量的关键阶段

决策阶段要在充分反映业主对工程项目质量的要求、期望及有效控制投资、质量、进度这三者协调统一的前提下确定项目的质量目标。

3. 工程设计阶段——影响工程项目质量的决定性阶段

项目设计阶段是把决策的质量目标具体化,设计成果将成为后续施工阶段的技术依据。设计在技术上是否可行、工艺是否先进、经济是否合理、功能是否具备和安全是否可靠等方面的工作质量都将决定项目建成后的功能性、适用性及成本造价。

4. 工程项目施工阶段——工程项目实体形成的阶段,工程质量形成的阶段,也是工程项目质量控制的关键阶段

工程项目施工就是把各种建筑材料根据设计图纸、设计文件的要求与内容通过施工过程融为一体,转化成符合设计要求的建筑实体。在这个施工阶段中由于投资大、工期长、环节多、工序复杂、影响因素多等建筑工程的特点,决定了工程施工阶段就是工程质量逐步形成的关键过程。因此这一阶段的质量控制尤为重要。

5. 工程竣工验收阶段——工程项目质量控制的最后阶段

在工程竣工验收阶段要对工程项目竣工后的工程施工质量进行总体检查评定。

1.2.3 质量控制的三个阶段

从系统工程的观点出发,任何一个生产过程都是一个由输入(建筑材料的选购和进场、生产设备的选型配套、生产目标及工艺方案的选定、操作人员的培训)→转化(操作人员操作

生产设备按预定的工艺方案对材料进行一定的加工改造)→输出(过程产品的形成)的过程。

"全面质量管理"认为,对上述 3 个生产环节都应进行质量控制。对输入环节的控制称为"事前控制",目的是为生产过程提供一个优质的平台起点。对转化环节的控制称为"事中控制",目的是通过严格监控转化过程,使之程序化、规范化;对于异常情况要做到及时发现、及时解决,把质量问题消灭在萌芽状态,把损失降到最低。对输出环节的控制称为"事后控制",是对过程产品的检查和生产过程的总结,同时也是下一道工序的"事前控制"内容之一,目的是通过检查发现问题,防止有质量问题的过程产品进入下一道生产工序,并及时对下一个生产循环进行有针对性的调整。因此,工程质量控制的重点应放在事前控制与事中控制阶段。控制点越靠前,越能提早发现质量问题。问题发现得越早,越容易被纠正,损失越小,工作也越主动。

1.2.4   工序质量是构成工程项目施工质量的基础

任何工程项目作为一个整体,在施工过程中都是由若干个单位工程构成的,而每一个单位工程都由若干个分部工程所构成,每一个分部工程又由若干个分项工程所构成,每一个分项工程由若干个工序所构成。工序作为最基本的施工单元,它们之间在时间上,空间上或者在因果上都具有一定的逻辑关系。任何一个单元工程的质量都是由其所辖的子单元工程质量共同决定的。工序作为最基本的施工单元,工序质量则是最基础的质量环节。

从系统工程的观点出发,各个不同的施工过程都可以视为各不相同的子系统(或工程环节)在各自的位置上通过一定的逻辑关系(空间关系、时间关系、因果关系)连接成为一个网体形结构的大系统。每一个子系统又都是一个完整的、或大或小的施工过程。每一个子系统的质量变化都会对其周围的子系统产生影响,并进而影响它的后续子系统和上级系统。作为基础质量元素的工序质量出现问题的如果未能得到及时纠正,不但会影响周围各系统的质量,而且还会作为隐患向它的后续系统和上级系统层层复制。由此可见,严格控制工序质量的意义是非常重要的。

1.3   建筑工程项目施工阶段的质量控制

1.3.1   施工阶段质量控制的基本要素

在施工过程中直接影响施工质量的基本要素包括:人(Man)、机(Machine)、料(Material)、法(Method)、环(Environment),简称为 4M1E 要素。全面质量管理就是要在质量控制的各阶段对这 5 个要素实施控制。

1. 对"人"的控制

人是生产活动的主体,包括管理者和操作者。他们的工作质量既受到文化程度、技术水平和工作经验的影响,也受到身体状况、精神状态、心理情绪和协作精神等诸多因素的影响。其中有些因素不但变数大,而且具有一定的传播影响力,同时还对机、料、法和环等要素具有一定的影能力。所以对人的控制是首要的,也是最难的。控制好了"人",效果也是最显著的,即所谓"人的因素第一"。对人的管理主要有以下几个方面:

(1)开展技术培训。人的技术水平直接影响工程质量。技术培训旨在不断提高操作人员的技术素质。建设一支技术水平高、训练有素的技术队伍永远是企业常抓不懈的重要工作内容之一,也是企业不断发展壮大的基础。

(2)进行遵纪守则教育。违章违纪、粗心大意、不懂装懂和玩忽职守等是发生质量事故和安全事故的主要根源;所以要下大力气精心培养职工遵纪守则,严格认真地执行各项规章制度、操作规程、爱厂如家、认真负责、心无旁骛和团结协作的工作态度。

(3)对管理人员、操作人员严格管理。推行严格的岗位责任制、行为规范和管理程序是提高工作效率、提升团队精神的有效措施。要严格执行持证上岗的制度和对技术等级证书的要求。

(4)全面开展"五严活动",即严禁偷工减料;严禁粗制滥造;严禁假冒伪劣、以次充好;严禁盲目指挥、玩忽职守;严禁私招乱揽。

(5)坚持对事不对人,坚持"法"制、不搞人治,奖惩分明。

2. 对"机"的控制

"手巧不如工具妙",充分、合理地发挥好机械设备的效能,不但可以降低成本、提高效率,更可以减少质量波动、提高质量保证率。对"机"的管理主要有以下几个方面:

(1)机械设备的种类、型号、性能、生产能力与施工需求是否匹配。

(2)具有协作关系的相关设备之间,其生产能力是否匹配、其性能是否利于协作配合。

(3)机械设备的完好率。

(4)设备定期保养的执行情况。对设备的"管"(管理)、"用"(使用)、"养"(保养)、"修"(维修)是设备管理使用的4个基本环节。管是基础、用是目的、养是保障、修是补充;应该把"管"、"养"放在首位,为"用"起到保驾护航的作用。

(5)"专人专机"制度的落实情况。机械设备的操作者必须经过专业培训,达到持证上岗,必须与设备相对固定,不得随意组合、临时组合;检查相关的安全操作规程是否齐全有效、落实到位。"专人专机"既有利于充分发挥设备的生产效能,也有利于设备的合理使用、安全运行。

3. 对"料"的控制

"料"是一个比较宽泛的概念,包括原材料、外购(零、配、部)件、工序产品(如相对于混凝土浇筑工序的支模板)、中间产品(如下好料的钢筋、绑扎好的钢筋笼或钢筋网片)、半成品(如在养护期内的混凝土)。在建筑工程施工中上一道工序的成果输出往往就是下一道工序的材料输入。"料"是物质的,是形成建筑实体的物质基础,其质量状况可以直接影响工程质量,因此对"料"的控制至关重要。

对"料"的控制主要应从以下几个方面入手:

(1)掌握信息,优选货源,根据设计严格制定采购计划,按需订货,严格控制订货的质量、规格和数量,货比三家。根据施工进度合理制定、控制进货节奏,以保障供应。一次订货、分批进货、分批付款,既可降低采购价格,也可减少库存、减少损耗,从而提高流动资金周转率。

(2)加强材料入库的检验验收,严把进货的材料质量关、数量关,并应根据建筑工程质量监督部门的规定及时完成材料复检。对于"三无"产品(无合格证、无出厂日期、无保质期)

和复检不合格的材料严禁入库。

（3）建立健全的仓库管理制度和材料保管规定，避免材料的库损，严防材料的混放、混发、混用。

（4）严格执行材料出库、余料回收制度。

（5）在每道工序开始前的事前控制环节中，认真作好交接检，把对"料"的控制作为重点关注的对象。严把交接关，严防上道工序的不合格产品进入下道工序。

4．对"法"的控制

对"法"的控制包括：施工组织设计、施工方案、技术措施、工艺流程、工序方法和质量检测方法等在事前环节的选择确定和在事中环节的实施与控制及事后环节的检查总结。

（1）施工方案的确定一般包括施工流向、施工工序和施工工艺的确定，以及施工段的划分、施工方法的选择、施工机械的配套及施工方案的经济技术价值分析。

（2）施工阶段的控制应当主要集中在工序顺序的合理性、工艺操作的规范化以及过程产品质量是否满足相关规范要求和设计要求。如：砖砌体灰缝的饱满度、钢筋绑扎中箍筋的间距、受力钢筋的规格、长度，受力钢筋端头弯起的角度、长度，及混凝土振捣的方式和充分程度等。随着新材料、新技术的不断出现，应不断地提高对"法"的控制。

（3）对可能出现的突发质量问题应有应急预案。

5．对"环"的控制

"环"泛指施工条件，包括气候环境，场内场外交通环境，施工过程开始前材料的准备、设备配备，紧前工作的完成情况，不同施工作业之间的干扰与衔接等。相应的措施如：冬季施工采取保温防冻措施、夏季混凝土浇筑采取降温措施，基槽开挖尽量避开雨季或加大降水排水力度，商品混凝土的送达应考虑交通堵塞因素、高温干燥天气对混凝土拌合物和砂浆拌合物的水灰比的要求，紧前工作出现拖延后应考虑后续工作节奏的调整、人力物力、机械设备的重新配备等。还包括团队内外、生产班组内外、人员之间团结协作、互相配合的程度，以及高、中、低不同等级技术员工的合理搭配等人文环境。

1.3.2 施工阶段质量控制的基本特点

建筑工程施工质量的特点是由建筑工程项目的特点决定的。

建筑工程项目的主要特点是生产产品的单一性、施工地点的流动性、施工作业的露天性、生产周期的长期性、施工环境条件的多变性，由此决定了施工质量的特点如下：

（1）影响因素多。设计、施工人员的技术素质、机械设备、材料、施工方案、施工工艺和施工环境都会直接或间接地影响工程质量。

（2）质量波动大。工程项目建设因产品的单一性、工序的复杂性、作业地点的分散性和流动性、工业化生产程度低、机械化操作程度低，因而其质量波动大。

（3）易产生质量变异。由于影响工程质量的因素既有系统因素也有偶然因素，从而导致出现质量偏差的概率大，造成工程质量事故的可能性也大。

（4）质量的隐蔽性强。施工过程中工序复杂、衔接紧密、工序交接多、中间产品多、隐蔽工程多、工期紧，客观上会造成及时检验验收的困难。如一旦被覆盖，很难在以后的检验中发现漏检的质量问题。所以一定要坚持作好工序间的交接检和隐蔽工程验收。

（5）终检局限大。当工程项目建成竣工验收时，受建筑结构特性的制约，不可能对已建工程结构进行拆解以检查内部质量，而只能通过施工记录等相关资料进行质量评定，因此很难发现内部质量缺陷，即使偶然发现也无法进行更换或退货。所以对于工程项目的质量控制一定要把控制工作的重点放在事前控制上以防患于未然，放在事中的过程控制上以期消灭质量事故于萌芽。

1.3.3 工程施工质量控制的依据

工程施工质量控制的主要依据有以下几种。
（1）国家及地方政府颁布的相关法律、法规、规定和管理方法；
（2）国家质量技术监督部门颁发的相关质量标准及施工质量验收规范；
（3）工程项目的设计图纸和设计文件；
（4）建设单位与施工企业签订的相关合同文件。

1.3.4 施工质量控制的基本方法

1. 工序及工序质量

施工工序是建筑施工过程中的基本环节，也是质量形成的基本环节，是质量控制、质量检验的基本环节。工序过程就是人、机、料、法、环对工程质量起综合影响作用的基本过程。

工序质量就是工序过程的质量，对工序质量的控制就是在工序过程中去发现、分析工序过程中的质量波动，通过人为的努力使影响工序质量波动的各种因素处在始终受控的状态下，把波动的幅度限制在可接受的范围内，保证每道工序的质量合格，防止上道工序的不合格产品进入下道工序。工序质量决定最终的工程质量，因此控制好工序质量就是保证工程质量的基础。

2. 工序质量控制程序

工序质量控制就是通过工序质量检测，来统计、分析、判断工序质量，调整影响因素从而实现对工序质量的控制。工序质量控制的程序是：
（1）选择正确的质量控制点；
（2）确定每个控制点的质量目标；
（3）按规定的检测方法对质量控制点的现状进行跟踪监测；
（4）将检测结果与质量目标对比，发现差距，找出原因；
（5）采取适宜的措施加以纠正、消除差距。

3. 工序质量控制的要点

（1）必须严格、主动控制工序的作业条件（人、机、料、法、环等要素）加强事前控制，防患于未然；
（2）必须注重工序过程的动态控制，保证工序质量处于稳定状态，如有异常必须及时发现、及时停工、及时纠正，异常消除后方可复工；
（3）合理设置工序质量控制点，做好工序质量控制记录，以便跟踪检查、总结经验。

4. 质量控制点的设置

1）质量控制点的概念

影响工序质量的诸多因素所造成的负面影响的时机、条件、特征和程度是各不相同的，应根据"关键的少数，次要的多数"的原理和各因素的作用规律，找出工序质量形成过程中的关键部位与薄弱环节作为质量控制点。对质量控制点实施有效的控制可以收到突出重点、提高效率和事半功倍的管理效果。

2）质量控制点的设置原则

一般情况下，应根据工序的具体特征，对以下各处予以重点考虑：

（1）对工程的适用性、安全性、可靠性和耐久性有重大影响的关键质量特性、关键部位或重要影响因素；

（2）在工艺上有严格要求、对下道工序有严重影响的关键部位；

（3）经常出现不良产品的部位和环节；

（4）容易出现质量通病的部位和环节；

（5）某些关键操作过程，及作业班组的基本技术状态和特点；

（6）对后续工序或用户有不良反馈的部位。

5. 现场工序质量检验的方法

1）目测法

所谓目测法是指（眼）看、（手）摸、（锤）敲、（灯）照，适用于巡视检查与全数检查。

2）实测法

所谓实测法是指运用简单的仪器进行实测，将测得的数据与质量标准所规定的允许偏差进行对照，以判断质量是否合格。实测手段可以简单归纳为：（靠尺）靠、（线坠）吊、（尺）量、（卡）套。适用于全数检查和抽查。

3）试验法

对于一些国家标准规定的必检项目，一般采用实验手段对其质量进行判断。如对现浇混凝土的抗压强度、钢筋连接接头的抗拉强度进行检测。

4）检查法

所谓检查法是指检查进场材料的出厂合格证、质量检验报告、材料进场复检报告及施工记录、各种形式的检验验收记录，检查法是重要的质量检验手段。适用于建筑材料进场质量检验和各种级别的工程验收检验。

思考题

1. 全面质量管理的核心内容是什么？你如何理解？
2. 全面质量管理的基本观念是什么？
3. 全面质量管理的基本工作方法是什么？
4. 简述质量管理的八项原则。

5．建筑工程质量控制的关键阶段是什么？为什么？

6．质量控制分为哪三个环节？各有哪些特点？

7．施工阶段质量控制的基本要素有哪些？

8．施工阶段质量控制的基本特点是什么？

9．简述工序质量控制点的设置原则。

10．现场工序质量检验的主要方法有哪些？

第2章

建筑工程材料质量检测

本章学习要点

各种常见建筑材料的基本知识、主要性能及质量的检测项目；

各种常见建筑材料性能检验的取样规则（检验批次、试件数量、取样方法、试件加工）。

建筑工程材料是指建筑工程项目在建筑过程中所使用的各种材料和购制品，同时也包括建筑施工过程中的一些中间产品。建筑材料是形成建筑工程实体的物质基础，一般情况下，建筑材料成本占整个工程造价的 50％～60％。建筑材料的质量也将随着其物质载体，同时融入建筑物之中，直接影响建筑工程的质量。因此，严格控制建筑材料的质量是工程质量控制的首要环节。同时由于它所占建设投资比重大、品种多，因此也是最容易出现问题的环节。所谓"豆腐渣工程"几乎全是由于建筑材料的质量不合格引起的。

2.1 建筑工程材料质量检测的有关规定

2.1.1 进场建筑材料复检的相关规定

为了切实保证用于建筑工程上的材料质量合格，把好建筑工程施工质量的第一关，国家技术监督部门和有关部委制定并颁布了一系列针对各种建筑材料的技术标准、规范和规程（以下简称标准），并且，每隔几年都要对这些标准进行一次修订，以确保标准的先进性。所修订的新标准一经发布，旧标准自然淘汰。相关的使用者应对此给予密切关注，及时更新。

每一种材料都有一个标准与之对应。每一个标准都被赋予一个终身编号，如：现行的国家标准《通用硅酸盐水泥》(GB 175—2007)，其中 GB 是"国家标准"一词的汉语拼音缩写，175 是《通用硅酸盐水泥》技术标准的唯一代码，2007 是最近一次修订的年份。这个标准是由国家质量监督检验与防疫总局编制、审定、发布的，是最高权威等级的技术标准，其他地方、行业、企业的相关标准中的技术指标必须满足或高于国家标准的要求。

在材料的有关标准中，对材料的规格、质量、性能指标、质量检验项目及用于质量检测的受检试件的数量、规格、检验批次（代表数量），试件的加工制作方法与要求，检测结果的计算、数值的修约及评判规则等都作出了明确的规定。同时对质量检测的方法，所用检测仪器、设备的性能、规格、精度等也作出了明确的规定。在标准中,作出如此全面、详细、具体的规定,其唯一的目的就是尽量把可能会对检验结果产生影响的各种因素出现的可能性限制在最小的范围内,使质量指标的测定过程更具有可操作性、规范性和统一性,以保证检测结果的横向可比性。从本质上讲,标准就是一把尺子,尺子统一了,检测的结果就公平、公正、可信了,标准就是检测、评判的依据,因此对于标准中的各项规定必须严格遵守。

各地方政府的建筑工程质量监督部门通过法规的形式把进场建筑材料质量验收及复检作为强制性条款列为建筑工程质量管理的主要内容。条款规定施工单位对进场的建筑材料、购配件,除了要查验产品合格证、品种、规格、质量检验证书、生产日期、出厂编号、保质期外,还要根据相关标准中关于检验项目、检验批次、取样方法、试件数量等规定对入场材料进行现场随机抽样复检。质量复检报告作为工程竣工验收资料归档留存。

2.1.2 关于材料复检见证取样的规定

建筑材料的种类繁多,它们的质量对工程质量的影响程度也是不同的。为了进一步提高建筑工程质量,加大对关键性材料的控制力度,根据"关键的少数"原理,各地方政府的建筑工程质量监督部门在材料进场复检的强制性条款的基础上又作出了进一步的强制性规定,即对工程质量具有较大影响的建筑材料(包括水泥、混凝土抗压强度和抗渗性能、钢筋、防水材料等)在进场复检取样时,必须由监理工程师在现场监督,对所抽取的样品,由监理工程师进行封样标识、陪同送检。这一取样、送检的程序规定,简称为见证取样。

见证取样在较大程度上杜绝了施工单位在建筑材料上的弄虚作假、蒙混过关、以次充好事件的发生。对严把进场材料关,提高工程质量起到了较大的积极作用,是一项效果显著的管理措施。

2.1.3 关于建筑材料检测实验室的规定

承担建筑材料复检的实验室必须是经过建筑工程质量监督部门根据(GB/T 19000—2000)标准对实验室进行质量管理体系审查、认证合格,并予授权备案的实验室。否则,所出具的检测报告无效。在工程开工前,施工单位应选择具有上述检测资质的实验室并与之签订委托实验合同。合同归档留存。施工过程中施工单位不得无故更换实验室。同时还规定,与施工单位之间具有隶属关系的实验室(尽管具备建筑工程质量监督部门授权的检测资质)不得承接该施工单位的见证取样试验。见证取样试验应另行委托无隶属关系的第三方实验室承担。

2.1.4 建筑材料质量复检的依据

政府建筑工程质量监督部门要求施工单位对进场的建筑材料进行质量复检是一种执法行为,施工单位遵照执行是一种守法行为,这些都是有以下法律法规为依据的。

(1) 国家及地方政府关于建筑工程质量管理的一系列法律法规;

(2) 国家颁发的关于建筑材料的技术标准;

（3）建设单位与施工单位签订的施工合同；

（4）施工单位与检测实验室签订的委托检测合同；

（5）施工单位与供货商签订的采购、订货合同；

（6）建设单位与工程监理单位签订的工程监理合同。

通过对建筑材料复检的实施，加强对建筑材料质量的严格控制，这一监督行为是有法可依的。作为一个守法企业应责无旁贷地贯彻执行。

2.2　材料性能检测的有关术语及规定

2.2.1　检测项目

任何一种建筑材料，其质量特征都是若干个子项目质量的综合反映。质量的合格与否是由若干个子项目质量检测数据共同决定的，各项指标缺一不可。

材料不同，其性能特征也不同。质量指标不同，检测项目和检测方法也不同。在诸多子项目里，各子项目质量对材料综合质量的影响力是不同的，因此其重要程度也不同。据此在有关的规定中又把这些检测项目根据其影响力的大小，分为一般项目（选择性项目）和主控项目（必检项目）。如钢筋拉伸试验中的屈服强度、抗拉强度、破坏伸长率、冷弯性能都是必检项目，弹性模量和抗冲击性能则属于一般项目；混凝土的抗压强度是必检项目，抗压性模量是一般项目。必检项目的指标必须满足，一般项目可以根据工程实际情况或有关方的要求决定是否进行检验。

2.2.2　样品（试样或试件）数量

标准中把完成一套检测项目所需的材料样品的数量称为一组。材料不同、检测项目不同、检测方法不同，组的大小和计量单位也不同。对此，各标准中均有具体规定，抽样所得的样品数量必须满足各项检测在数量上的要求。一般标准中规定的样品数量是数量的最小值或准确值。这个数量值是对大量试验结果进行统计分析后得出的，取样时必须满足数量要求。如水泥的试样，取样数量应不少于 12kg（这是最小值）；混凝土抗压强度的试块，一组试块的数量是 3 块（这里是标准值，这项试验必须是对 3 个试验块进行测试。决不允许测 4 个从中选出 3 个进行评定）。在实际施工过程中，为了防止样品的丢失和损坏，取样时的数量可以比规定数量多一些，以备更换，但送检数量不能多。一组试样的抽取应一次完成。

2.2.3　取样方法

材料取样的基本原则是随机抽取。不同材料的标准对取样方法在随机抽取的原则下，还有具体规定，对这些规定一定要认真遵守，以确保检测样品的代表性和检测数据的可靠性。如钢筋拉伸试验的试件，取样方法规定：试件数量 2 根，从随机抽取的任一根钢筋的任一端采用机械方式(不得采用乙炔气割或电弧切割的方式,避免加热给检测数据带来任何影响)先截弃500mm后,再截取一个试件,每个试件长不小于500mm,每根钢筋上只能截取一个试件。

2.2.4　样品的制备

某些材料在取样时,需要经过一定的加工过程。这个加工过程可能会对样品的测试结果产生较大的影响。因此标准中对取样方法、试样加工制备方法有明确的规定,必须严格遵守。如混凝土抗压试块的制备,在装模时必须进行充分振捣,目的是模拟混凝土浇筑施工过程中的"振捣"施工工序,尽量减少"蜂窝孔洞"以提高其密实度。

2.2.5　检验批次(代表数量)

检验批次也称代表数量,是指一组随机抽取的试样,其检测结果所能代表的该材料的最大数量。代表数量的多少是通过对大量的试验结果统计分析而来的,它所表达的含义就是:在满足一定的质量保障率的前提下,就必须随机抽取一组多少数量的材料组成的试样进行该项质量检测。

由于工程的复杂性,在标准中往往给出几种不同的代表数量(检验批次)的计算方法。在实际工程中,如果遇到两种不同的计算方法,则应根据实际情况"对号入座",从中选择试件组数较多的取样规则进行取样。例如《普通混凝土力学性能试验方法标准》(GB/T 50081—2002)中,关于检验批次有以下规定:"每台拌合机、每台班、每拌制100盘、且不超过$100m^3$的同一配合比的混凝土取样不得少于一次。"同时还规定:"浇筑每一楼层,同一配合比的混凝土取样不得少于一次。"

如果有一台拌合机,一个台班内共拌制了90盘、$60m^3$的同一配合比的混凝土,完成了一个半楼层的浇筑,取样时则应执行"每一楼层同一配合比的混凝土取样不得少于一次"的规定,最少取样两次(两组),而不应执行"每样制100盘,且不超过100的同一配合比的混凝土取样不得少于一次"的规定。

如果没有特殊说明,一般情况下,上述取样是为混凝土28d同条件养护强度测试而用,这是混凝土浇筑质量检测的必检项目。如有特殊需要(如由于施工进度计划的安排,在提前拆除模板及支架之前,必须通过测试了解混凝土的强度是否满足提前拆模的条件,以便确定拆摸的安全时机),就应根据实际需要提前作好计划安排,适当增加取样次数(组数)。经同条件养护至计划拆模日期之前,进行强度测试。

2.2.6　建筑材料复检取样

为了更好地把好工程质量的第一关——进场材料质量复检,施工单位的材料员、质量员应当熟悉掌握各种建筑材料取样送检的相关规定和操作技术要求。

1. 试验样品取样的有关规定

(1) 取样工作应由专职人员负责。取样前应熟悉该材料最新标准中关于代表数量(检验批次)、取样数量、取样方法、试样加工、处理、检测项目的有关规定。

（2）一般取样都是人工操作的，操作方法上的微小差别都可能给检测结果带来较大的影响。因此，标准中对取样方法作了明确的规定。操作人员应当认真学习，深入领会，严格执行标准中的有关规定，务求操作方法、操作程序的规范化。

（3）取样成功后，应及时对所取样品进行编号标识，并注明取样日期。编号内容和编号规则应符合施工单位既定编号体系的规定。标识应采用可靠的措施防止因脱落、坏损导致标识无法识别。

（4）对于需要见证取样的材料，应认真执行见证取样的相关规定。

（5）取样工作应有记录。记录应及时、真实，不得弄虚作假、不得补填。记录应当涉及以下主要内容：工程项目名称、材料名称、规格，本批次进货数量，材料生产厂家，试样代表数量，材料在工程中的应用部位，样品数量，试样编号，试样加工保养方式，检测项目，取样日期，操作人员签名，送检日期，送检人签名。

2. 试验样品的送检

（1）工程项目开工前，施工单位应选择一个具有建筑材料检测资质和相应能力的实验室（不是每个有检测资质的实验室都具有相同的、可以进行所有材料检测的能力），并应签订委托检验合同。施工期间，施工单位不得随意更换实验室，对于个别不具备检测能力的检测项目，施工单位可以就此项目的检测另寻合适的委托对象。

（2）受检样品必须及时、安全送达所委托的实验室进行检测。样品送达后，施工单位应按要求如实填写试验委托单（一组样品填写一份）。

3. 复检试验报告

检测完成后，施工单位应及时取回检测报告，在没有得到复检合格报告之前，该材料不得进入施工生产程序。检测报告应细心保管，并应作为工程验收资料定期整理、归档留存。

2.3 部分主要建筑材料检验取样的有关规定

根据建筑工程质量监督部门的规定，建筑材料进场验收后，还应由施工单位负责，按照相关标准中的规定，随机抽取一定量的材料作为试样，送交签约实验室进行复检。一般情况下，与取样有关的规定包括材料的检测项目、材料的检验批次（一组试样的最大代表数量）、试样的数量规格、试样的取样方法及试样制备的方法要求。

下面仅就部分主要建筑材料的取样规定作一简单介绍，内容仅供学习参考，在实际工作中还应该遵照最新修订的标准执行。

2.3.1 细骨料——砂

1. 基本知识

标准规定：粒径为 0.16～5.0mm 的骨料称为细骨料，是混凝土的重要组成材料之一。

1）砂的分类

砂是组成混凝土或砂浆的重要组成材料之一。砂的种类很多，其分类如图 2-1 所示。

$$\begin{array}{l}砂\left\{\begin{array}{l}天然砂\left\{\begin{array}{l}河砂\\山砂\\海砂\end{array}\right.(由岩石风化而成)\\人工砂\quad(采石场下脚料经人工破碎并筛分而成)\end{array}\right.\end{array}$$

图 2-1 砂的分类

河砂,颗粒圆滑,比较洁净,来源广泛;山砂,表面粗糙,含泥量和有机杂质含量比较多;海砂,兼有河砂、山砂的优点,但常含有贝壳碎片和较多的可溶性盐类。一般工程宜使用河砂。

如只能使用山砂或海砂时,则必须按相关标准进行必要项目(有害物质和氯离子含量)的检测。人工砂的产量少,而石粉含量较大,对它的应用有利于环境保护。

2) 砂的细度模数

砂是由不同粒径的砂粒组成的混合体。砂的粗细程度是指砂的总体粗细程度,是通过细度模数表表述的。标准规定用筛分析法来评定砂的粗细程度。该方法是用一套孔径为 5.00,2.50,1.25,0.63,0.315,0.16mm 的标准筛(另加一个筛底),取粒径小于 10mm 的干砂 $500g(m_0)$ 作为筛分析的试样,用标准筛从大到小依次筛过,然后用天平称量各筛的筛余(筛网上剩余的砂)质量$(m_{i,i=1\sim6},g)$,计算各分计筛余百分率 α_i、累计筛余百分率 β_i:

$$\alpha_i=\frac{m_i}{m_0}\times100\%\quad(i=1\sim6)\tag{2-1}$$

$$\beta_i=\sum_{i=1}^{6}\alpha_i\tag{2-2}$$

计算砂的细度模数 μ_f:

$$\mu_f=\frac{(\beta_2+\beta_3+\beta_4+\beta_5+\beta_6)-5\beta_1}{100-\beta_1}\tag{2-3}$$

若 $\mu_f=3.7\sim3.1$ 为粗砂;$\mu_f=3.0\sim2.3$ 为中砂;$\mu_f=2.2\sim1.6$ 为细砂;$\mu_f=1.5\sim0.7$ 为特细砂。

粗砂的平均粒径较大而总表面积较小,掺到混凝土中可以起到减少水泥用量、提高混凝土密实度的作用。细砂的总体颗粒较小而总表面积较大,在混凝土中需要较多的水泥浆包裹其颗粒表面,因此会增大水泥用量、影响混凝土的密实度。但如果砂过粗,则其中的小颗粒较少,易使混凝土拌合物离析、泌水,影响混凝土的均匀性和浇筑质量。在拌制混凝土时,宜使用粗砂或中砂。

3) 砂的颗粒级配

所有散粒类材料,在自然堆积状态下,颗粒之间必然会有空隙。堆积材料空隙的总体积与该材料的堆积体积之比的百分率称为该材料的空隙率。

对于砂、石等由粒径大小不同的颗粒组成的散粒料,大粒径颗粒的空隙会由中粒径的颗粒来填充,中粒径颗粒的空隙会由小粒径的颗粒来填充,如此就会得到一个比较好的填充效果,从而使空隙率减小。不同粒径的颗粒含量的搭配情况称为颗粒级配。在混凝土中,砂、石的作用首先是充当骨架、承受荷载,其次是占据混凝土中的大量空间(空隙率小的占据的空间多)以减少水泥的用量。如果采用颗粒级配良好的砂、石来配制混凝土,则可以得到节省水泥,提高混凝土密实度、强度和耐久性的效果。《建筑用砂》(GB/T 14684)、《普通混凝土用砂、石质量及检验方法标准》(JGJ 52)中对混凝土用砂给出了一个颗粒级配的合理范围要求。在配制混凝土时应当选用级配符合要求的粗砂或中砂。对于级配不符合要求的,可采用人工级配来改善,最简单的办法是将粗细不同的砂按适当的比例掺混使用。

4) 泥及泥块的危害

对河砂而言,最主要的有害物质是泥及泥块,相应的质量指标是含泥量和泥块含量。泥附着在砂粒表面,会妨碍水泥浆与砂粒表面的粘接,降低混凝土强度;泥的吸水量大,将增加拌合水的用量,加大混凝土的干缩,降低混凝土的抗渗性和抗冻性。泥块对混凝土的影响更为严重,因此必须严格控制。标准中对混凝土用砂的含泥量和泥块含量作出了限制性的规定,见表 2-1。

表 2-1　砂中含泥量及泥块含量的限值

混凝土强度等级	≥C30	<C30
含泥量(按质量计)/%	≤3.0	≤5.0
泥块含量(按质量计)/%	≤1.0	≤2.0

2. 检测项目

(1) 必检项目,包括筛分析、含泥量、泥块含量、堆积密度、表观密度。

(2) 特殊要求的检测项目,包括坚固性、碱活性、云母含量、轻物质含量、氯离子含量、有机物含量。

3. 检验批次

每 400m³ 或 600t 为一检验批,抽取试样一次。

4. 试样数量

试样数量应不少于 40kg。

5. 取样方法

在大砂堆上选取分布均匀的 8 个部位,去除表层后,从各部位取等量砂共 8 份,约 40kg,混匀,再采用缩分法将试样缩分至试验用量。

6. 检验依据

检验依据包括《建筑用砂》(GB/T 14684)和《普通混凝土用砂、石质量及检验方法标准》(JGJ 52)等国家标准。

2.3.2　粗骨料

1. 基本知识

1) 粗骨料的分类

标准规定,粒径大于 5.0mm 的骨料称为粗骨料。粗骨料是混凝土的重要组成材料之一,它在混凝土中的作用首先是承受荷载,其次是占据空间以减少水泥用量。建筑工程中常用的粗骨料有:卵石、碎石、碎卵石。

卵石是自然形成的,多呈卵状,表面比较光滑,少棱角,空隙率小。由其所拌制的混凝土拌合物的和易性好、水泥浆需用量小。在混凝土中,卵石表面与水泥石的粘接力略小于碎石,含泥量、泥块含量较碎石高。卵石有河卵石、山卵石、海卵石之分。与砂一样,建筑工程中常用河卵石。

碎石是由岩石经人工爆破、破碎、筛分而成的。碎石表面粗糙、多棱角、体形不规则、空隙率大。由其所拌制的混凝土拌合物的和易性不如卵石混凝土,水泥浆需用量大。碎石表面与水泥石的粘接力比卵石大,含泥量、泥块含量较小。碎石的成本高、产量低。

碎卵石是由粒径较大的卵石经人工破碎而成的。其性质介于卵石与碎石之间。

2) 最大粒径

粗骨料也是由不同粒径的颗粒组成的,它的规格是根据该批骨料中所含最大颗粒的粒径进行划分的。标准中把粗骨料的粒径划分为 2.50、5.00、10.0、16.0、20.0、25.0、31.5、40.0、50.0、63.0、80.0、100.0mm 共 12 个公称粒径级别,并制定了一套相应的标准筛,筛孔孔径与上述粒径级别相对应。经过筛分析后,留有筛余的最大筛孔的直径为该批石子的标称最大粒径。最大粒径的大小表示粗骨料的粗细程度。骨料的最大粒径越大,骨料总表面积越小,因而可以减少水泥用量,有助于提高混凝土的密实度、减少混凝土的发热和收缩。因此在条件允许的情况下应尽量采用粒径大的粗骨料。但是粗骨料粒径的选择还要受到混凝土构件截面尺寸、钢筋净间距及施工条件的限制,一般情况下(水利工程除外)不得大于 40mm。

3) 颗粒级配

粗骨料的颗粒级配与砂的颗粒级配的概念相同,就是要求不同粒径颗粒的含量适当搭配,以尽量减小石子的空隙率,以期得到减少水泥用量,提高混凝土的密实度、抗压强度和综合质量(耐久性、抗冻性、抗渗性),减少混凝土的发热和收缩的目的。石子的级配也是通过筛分析来评定的,其分计筛余百分率、累计筛余百分率含义和计算方法与砂相同。

4) 针、片状颗粒含量,含泥量,泥块含量

石子中的针、片状颗粒,泥及泥块对混凝土都是有害因素,所以应在粗骨料的选用阶段加以控制。

(1) 在荷载的作用下,针状颗粒(颗粒的长度>该颗粒平均直径的 2.4 倍)和片状颗粒(颗粒的厚度<该颗粒平均直径的 0.4 倍)比卵形颗粒更容易折断、碎裂。针、片状颗粒含量过多必然会导致粗骨料整体承载力的下降,进而给混凝土的抗压强度带来损失。同时针、片状颗粒含量过多也会使混凝土拌合物的流动性降低,进而影响混凝土的浇筑质量。标准规定,混凝土配制强度等级不同,对针、片状颗粒含量的要求也不同,见表 2-2。

表 2-2　针、片状颗粒含量

混凝土强度等级	≥C30	<C30
针、片状颗粒含量(按质量计)/%	≤15	≤25

(2) 泥及泥块对混凝土质量的影响机理和影响效果与在砂中的作用相同。标准对混凝土用卵石、碎石的含泥量和泥块含量作出了限制性的规定,见表 2-3。

5) 压碎指标

无论是卵石还是碎石,都是根据它们的表面形态命名的。由于它们的产地不同、矿物组

表 2-3 卵石、碎石中含泥量及泥块含量的限值

混凝土强度等级	≥C30	<C30
含泥量（按质量计）/%	≤1.0	≤2.0
泥块含量（按质量计）/%	≤0.5	≤0.7

成不同，其坚固程度也必然不同。在混凝土中，卵石和碎石作为荷载的主要承受者，其自身的坚固程度会直接影响混凝土的抗压强度。在工程中卵石和碎石的强度采用压碎指标（或称筒压指标，即一定量的石子装进一个特定的钢制容器内，在特定荷载的作用下产生的粒径小于 2.5mm 的碎屑的质量与石子总质量之比）表示。压碎指标越小，说明石子的抗压强度越高。标准规定，配制不同强度等级的混凝土时，对压碎指标有不同的要求。

2. 检测项目

(1) 必检项目，包括筛分析，含泥量，泥块含量，针、片状颗粒含量，压碎指标，堆积密度，表观密度。

(2) 特殊要求的检测项目，包括坚固性、碱活性。

3. 检验批次

每 400m³ 或 600t 为一检验批，抽取试样一次。

4. 试样数量

《建筑用卵石、碎石》(GB/T 14685—2011)中规定，试样数量应不少于表 2-4 所列数值。

表 2-4 取样数量

最大粒径/mm	10	16	19	26.5	31.5	37.5	63
取样数量/kg	75	84	125	130	230	250	400

5. 取样方法

在大石堆上选取分布均匀的 8 个部位，去除表层后，从各部位取等量砂共 8 份，混匀，再采用缩分法将试样缩分至试验用量。

6. 检验依据

检验依据有《建筑用卵石、碎石》(GB/T 14685)和《普通混凝土用砂、石质量及检验方法标准》(JGJ 52)等国家标准。

2.3.3　砖及砌块

砖是最古老的人造建筑材料，在建筑史上占有很重要的地位。传统的砖是由黏土成型后焙烧而成的。由于砖的生产制造需要破坏大量的耕地取土，消耗大量的能源来焙烧；加之其自重大、耐久性差，已不适合我国国情，因此目前我国大力推行"墙改"，就是要开发利用轻质、高强、大尺寸、耐久性好、节能、节土的新型砖和小型砌块来代替传统的烧结砖。

1. 砖

砖的种类很多，其原材料、生产工艺、外形尺寸、体积密度、抗压强度、使用功能及用途各不相同。

1）烧结普通砖

烧结普通砖是指由黏土成型后焙烧而成、孔洞率小于15％的实心砖。其尺寸模数为240mm×115mm×53mm，加上砌筑灰缝的厚度（约10mm），1m³砌体用砖512块。

根据材料的不同，烧结普通砖可分为烧结黏土砖、烧结粉煤灰砖、烧结页岩砖。

（1）砖的强度等级：根据砖的抗压强度，砖的强度分为Mu10、Mu15、Mu20、Mu25、Mu30等5个等级，Mu后面的数字是砖抗压强度的平均值（单位：MPa）。

（2）砖的质量等级：砖的强度和抗风化性能均合格的烧结普通砖，根据尺寸偏差、外观质量、泛霜和石灰爆裂等分为优等品（A）、一等品（B）、合格品（C）。所谓泛霜，是因为砖内含有过量的可溶性盐，在砖受潮、吸水后盐溶于水中，之后随水分的蒸发迁移到砖的外表面并结晶、析出，呈白色附着物。这个过程首先影响的是建筑物的美观，同时盐在析出的过程中会发生膨胀，致使砖表面出现局部剥落。所谓石灰爆裂，是因为砖的毛坯中含有石灰石，石灰石经焙烧而成生石灰存于砖的内部，当砖受潮、吸水后，生石灰遇水熟化、体积膨胀，使砖发生爆裂。

2）烧结多孔砖

烧结多孔砖的尺寸模数：M型，190mm×190mm×90mm；P型，240mm×115mm×90mm。

烧结多孔砖在90mm的方向上，分布有多个贯通小孔洞，孔洞率不小于15％，故称为多孔砖。在应用时孔洞方向应与受力方向一致，如图2-2所示。

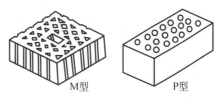

图2-2 烧结多孔砖

（1）砖的强度等级：根据砖的抗压强度，砖的强度等级分为Mu7.5、Mu10、Mu15、Mu20、Mu25、Mu30等6个等级。

（2）砖的质量等级：根据砖的强度等级、尺寸偏差、外观质量、抗冻性、泛霜和石灰爆裂等分为优等品（A）、一等品（B）、合格品（C）。

（3）特点：烧结多孔砖比烧结普通砖的体积密度小、导热系数低、有较大的尺寸和足够的强度。用烧结多孔砖代替烧结普通砖，可减轻墙体自重的1/4～1/2，提高工效40％，节约黏土14％～40％，节约燃料10％～20％，并可改善墙体热工性能，减少建筑能耗。

（4）应用：主要用于承重墙体，也可用于非承重墙体。

3）烧结空心砖

烧结空心砖外形尺寸的长、宽、高，应在以下2个系列中的4个数值中选取组合：

Ⅰ系列　　290　190　140　90　　mm
Ⅱ系列　　240　180　175　115　mm

在烧结空心砖内，沿长度方向上布有多个矩形贯穿孔洞，孔洞率不小于35％，孔洞排数见表2-5。在应用时，孔洞方向应与荷载方向垂直。在与孔洞轴线平行的四个外表面上，各有数条与孔洞轴线平行的凹线槽，以增加与砂浆的粘结力，如图2-3所示。

（1）砖的密度等级：烧结空心砖按体积密度划分为800（不大于800kg/m³）、900（801～900kg/m³）、1100（901～1100kg/m³）等3个密度等级。

（2）砖的质量等级：每个密度等级又根据砖的孔洞结构及其排列数、尺寸偏差、外观质量、强度等级、耐久性分为优等品(A)、一等品(B)、合格品(C)。

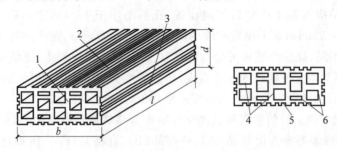

图 2-3　烧结空心砖与空心砌块
1—顶面；2—大面；3—条面；4—肋；5—凹线；6—外壁

表 2-5　烧结空心砖或砌块的孔洞排数

质量等级	宽度方向	高度方向
	孔洞排数	
优等品	≥5	≥2
一等品	≥3	—
合格品	—	—

　　(3) 砖的强度等级：烧结空心砖的强度等级是根据砖的大面和条面的抗压强度来评定的，共分为 Mu5.0、Mu3.0、Mu2.0 等 3 个等级，强度等级指标见表 2-6。

表 2-6　烧结空心砖强度等级指标

质量等级	强度等级	大面抗压强度/MPa		小面抗压强度/MPa	
		平均值	单面最小值	平均值	单面最小值
优等品	Mu5.0	≥5.0	≥3.7	≥3.4	≥2.3
一等品	Mu3.0	≥3.0	≥2.2	≥2.2	≥1.4
合格品	Mu2.0	≥2.0	≥1.4	≥1.6	≥0.9

　　4) 非烧结砖

　　未经焙烧制成的砖都属于非烧结砖。与烧结砖相比，非烧结砖具有耗能低的优点。主要有：

　　(1) 蒸养砖,经常压蒸汽养护硬化而成。

　　(2) 蒸压砖,经高压蒸汽养护硬化而成。

　　(3) 碳化砖,以石灰为胶凝材料,掺入骨料成型后,经二氧化碳处理硬化而成。

　　(4) 非烧结砖,以黏土为主要原料,加入少量胶凝材料,经搅拌、压制成型,自然硬化而成。

　　蒸养砖和蒸压砖均能以工业废料为原料加工制造的。

　　2. 砌块

　　砌块的尺寸比砖大,按其尺寸的大小有小型、中型、大型砌块之分。根据砌块的主要原材料,可分为混凝土砌块、粉煤灰硅酸盐混凝土砌块、多孔混凝土砌块、石膏砌块、烧结砌块。常见的砌块有以下几种。

1) 混凝土小型空心砌块(有承重砌块和非承重砌块之分)

(1) 质量等级:按外观质量分为优等品(A)、一等品(B)、合格品(C)等3个等级。

(2) 强度等级:按砌块的抗压强度分为 Mu3.5、Mu5.0、Mu7.5、Mu10.0、Mu15.0、Mu20.0 等6个等级。

2) 蒸压加气混凝土砌块

(1) 质量等级:按外观质量和尺寸偏差分为优等品(A)、一等品(B)、合格品(C)等3个等级。

(2) 强度等级:按砌块的抗压强度分为 Mu75、Mu50、Mu35、Mu25、Mu10 等5个等级。

3. 砖及砌块质量检验试验的取样规则

砖及砌块质量检验试验的取样规则,见表2-7。

表 2-7　砖及砌块质量检测试验的取样规则

材　料	检测项目	试样数量/块 (外观完好)	检验批次/ (万块/批)	检验依据
烧结普通砖	抗压强度	10	3.5~15	《烧结普通砖》(GB/T 5101)
烧结空心砖和空心砌块	抗压强度	10	3.5~15	《烧结空心砖和空心砌块》(GB 13545)
烧结多孔砖	抗压强度	10	5	《烧结多孔砖》(GB 13544)
粉煤灰砖	抗压强度	5	10	《粉煤灰砖》(JC 239)
	抗折强度	5		
蒸压灰砂砖	抗压强度	5	10	《蒸压灰砂砖》(GB 11945)
	抗折强度	5		
混凝土空心砌块	抗压强度	5	1	《普通混凝土小型空心砌块》(GB 8239)
轻集料混凝土小型砌块	抗压强度	5	1	《轻集料混凝土小型空心砌块》(GB 15229)
蒸压加气混凝土砌块	抗压强度	3	1	《蒸压加气混凝土砌块》(GB/T 11968)
	抗折强度	3		

2.3.4　水泥

1. 水泥的基本知识

水泥是非常重要的建筑材料之一。生产水泥的主要原料是石灰石、黏土、铁矿石。将它们按一定比例混合后进行磨细,制成生料;将生料投入窑中煅烧成黑色球状物的熟料;再将熟料与少量石膏混合后进行磨细就制成了水泥。水泥的生产过程可以简单地概括为"两磨一烧"。

1) 水泥的品种

常态下,水泥呈灰色粉末状态。其有效的矿物组成是硅酸钙,由此得名硅酸盐水泥。在硅酸盐水泥中掺入不同的活性混合料,就可以使水泥的某些性能发生改变,从而得到品质各

异的水泥。根据掺入的混合料的不同,有以下水泥品种:

(1) 普通硅酸盐水泥(P·O);

(2) 矿渣硅酸盐水泥(P·S);

(3) 火山灰硅酸盐水泥(P·P);

(4) 粉煤灰硅酸盐水泥(P·F);

(5) 复合硅酸盐水泥(P·C)。

向上述水泥品种中再加入一些其他的混合料,可以得到具有特殊性质的水泥,如白色水泥、彩色水泥、快硬水泥、道路硅酸盐水泥、高铝水泥、硫铝酸盐水泥、膨胀水泥等,它们统称为特种水泥。

2) 水泥的水化、凝结、硬化与养护

水泥遇水后,水泥中的硅酸钙等主要矿物组成就会与水发生化学反应(在工程中称为水化反应)。反应生成大量的水化硅酸钙和少量的氢氧化钙,并放出大量的热(在工程中称为水化热)。

水化硅酸钙几乎不溶于水,生成后会立即以胶体微粒的形态析出并聚集成为凝胶。随着水化反应的继续,凝胶越聚越多,逐渐形成具有很高强度的立体网状结构。此时,在宏观上看到的则是水泥浆逐渐失去流动性、开始凝结。凝结的初起时间称为初凝时间,凝结结束的时间称为终凝时间。出于施工的需求,《通用硅酸盐水泥》(GB 175—2007)规定:水泥的凝结时间自水泥加水拌合开始计时;初凝时间不得早于 45min,终凝时间不得迟于 6.5h。

伴随着终凝的到来,水泥开始进入硬化阶段,强度越来越高,直至(几乎)全部的硅酸钙完成水化反应,水化硅酸钙的凝胶网体结构的空隙最终被不断析出的凝胶填充成实心体(称为水泥石)。这个过程大约需要经历 28d(天数自水泥加水拌合开始计算),此时强度基本接近峰值。这个期间是水泥强度增长的重要时期,此期间最初的 7~14d 内,强度增长速度最快;以后逐渐减缓,28d 后水泥强度的增长更慢,但可延续几十年。图 2-4 为实测硅酸盐水泥强度增长率曲线。

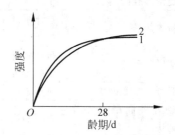

图 2-4　几种水泥强度增长率
1—普通水泥;2—矿渣、火山灰或粉煤灰水泥

在此期间,水泥周围的环境温度和湿度对水泥强度的增长具有非常强的影响力。环境温度高,水泥的水化反应速度加快,水泥强度增长的速度也加快;反之,则水泥强度增长的速度就减缓;当温度降至零度以下,水化反应就停止了,水泥强度的增长也就停止了。同时水泥的凝结硬化必须在水分充足的条件下进行。环境湿度大,水泥浆体里的拌合水蒸发慢,浆体里的水分可以满足水泥水化反应的需求。如果环境干燥,水泥浆体里的拌合水很快蒸发,就会使浆体里的水化反应因缺水而不能正常进行,已经形成的水化硅酸钙凝胶网体结构得不到新鲜的水化硅酸钙凝胶的继续充实,致使水泥石的密度不能继续提高、强度无法继续增长。同时由于缺水,还会导致水泥石表面产生干缩裂纹。综上所述,水泥加水拌合后的养护天数、在硬化期内水泥石周围的环境温度与湿度,是与水泥石强度增长关系非常密切的 3 个外界因素,我们称前者为龄期,称后二者为养护条件。水泥石的强度的形成与这 3 个因素密切相关,缺一不可。

《通用硅酸盐水泥》(GB 175—2007)规定,水泥强度测定所用的试块,应该在:温度为 28±1℃,湿度大于 90%,恒温、恒湿环境下分别养护 3d 和 28d。这个养护条件简称为水泥的标准养护条件。

3)强度等级

水泥的强度等级是水泥的核心技术指标之一。它是由水泥 3d 龄期和 28d 龄期的两组标准养护试块,分别进行抗折强度测试与抗压强度测试,所得的 4 组数据共同确定的。对于具有快硬特性的特种水泥(快硬水泥或高铝水泥)除测试 3d 和 28d 龄期的抗折与抗压强度外,还应再增加一组 1d 龄期的标准养护试块抗折强度、抗压强度的测试。

标准中对各品种水泥都划分了强度等级,并由此等级作为水泥的标号(规格)。强度等级分为 32.5、32.5R、42.5、42.5R、52.5、52.5R、62.5、62.5R。其中数字部分代表水泥的强度等级值(单位:MPa);尾部的 R 代表早强水泥。水泥的实测强度值不得低于该强度等级。

4)水化热

水泥的品种不同,其矿物组成不同,水化反应的速度也不同,水化反应产生的热量的多少也不同。水化热对于大体积混凝土的浇筑(如水库混凝土重力坝的浇筑)是极为不利的。因为混凝土的体积大,水化反应产生的热量不易散失,容易被积蓄在混凝土内部,致使混凝土内外温差过大,由此产生的温度应力会使混凝土产生裂缝。进行大体积混凝土浇筑时应选择水化热小的水泥品种配制混凝土。

5)体积安定性

水泥硬化过程中产生的不均匀的体积变化称为体积安定性不良。它的存在能导致已硬化的水泥石开裂、变形。这是工程上无法容忍的表现。《通用硅酸盐水泥》(GB 175—2007)规定:体积安定性是水泥的必检项目。体积安定性不良的水泥必须按废品处理,绝不允许用于任何工程。

体积安定性的检测有两种方法:饼法和雷氏夹法。饼法简单易行;雷氏夹法操作较为复杂,但裁判的权威高于饼法,对饼法的不同结论具有否决权。

6)水泥的质量检验周期

通过前面关于水泥养护龄期的介绍不难看出,水泥的检验结果最快也要 28d 之后才能得出。因此,在实际工程中,水泥的检验一定要提前计划、安排,否则可能会影响施工进度。

7)几项重要规定

(1)水泥是有保质期的,普通水泥出厂超过 3 个月、快硬水泥出厂超过 1 个月尚未能用完的或对水泥质量有怀疑的,应再次复检,并按检验结果的强度等级使用;

(2)不同品种、不同出厂日期的水泥,不得混堆、混用。

2. 检测项目

水泥的检测项目包括体积安定性、初凝时间、终凝时间和强度等级。通用硅酸盐水泥增加的检测项目是比表面积;砌筑水泥增加的检测项目是保水率。

3. 检验批次

在同一次进场、同一出厂编号、同一品种、同一强度等级的条件下,袋装水泥:200t 为一检验批次;散装水泥:500t 为一检验批次。

4. 试样数量

每一检验批次不少于 12kg。

5. 检验依据

检验依据有《通用硅酸盐水泥》(GB 175)和《砌筑水泥》(GB 3183)等国家标准。

2.3.5　混凝土

1. 混凝土的基本知识

1) 混凝土的材料组成及其作用

混凝土是一种非常重要的建筑材料。混凝土是以水泥、水、砂、石,及(必要时掺入的)少量外加剂或矿物质混合材料为原材料,按适当的比例掺混搅拌均匀而成的,是具有一定粘聚性、流动性的拌合物;再经过浇筑入仓、振捣、养护等施工过程若干天后即可成为具有一定强度、硬度、形状、符合设计要求的人造石(或称人工石)。日常习惯所说的混凝土系指人造石。对于尚未硬化的拌合物,则应明确表述为混凝土拌合物。

水泥石和人造石(混凝土)的概念不同。前者是后者的组成部分;前者不包括砂、石骨料,不能或很少直接、单独应用到工程之中,后者则大量应用于建筑工程;前者单价高,后者单价低。

水泥与水搅拌均匀后成为水泥浆。在混凝土拌合物中,水泥浆包裹在骨料颗粒表面,使骨料颗粒在水泥浆的粘接作用下粘聚在一起,使拌合物具有粘聚性;同时水泥浆在骨料颗粒之间还能起到润滑作用,使拌合物具有一定的流动性。流动性的存在是混凝土拌合物浇筑入仓后,能够充满模内腔的各处角落,使混凝土制成品表面充盈饱满的基本保障。水泥浆还能填充骨料颗粒之间的最后空隙,使混凝土能够获得较好的密实度。

粗、细骨料之间的区别仅在于粒径大小的不同,可以统称为骨料。它们在混凝土中的作用:①承受荷载,起到人工石的骨架作用;②占据人工石内部的大量空间,以减少水泥浆的用量,降低混凝土的造价;③改善拌合物的和易性。

选用颗粒级配良好的粗、细骨料掺配混凝土的目的就是希望充分发挥骨料大小颗粒之间相互填充的作用,尽可能减少它们之间最终空隙的总和,以达到节省水泥浆、提高混凝土密实度和抗压强度的目的。

2) 混凝土的配合比

混凝土的配合比是指配制 $1m^3$ 混凝土拌合物时,所需水泥、水、细骨料、粗骨料的质量(kg)或质量之比(以水泥为1)。

配合比是否恰当,会影响混凝土拌合物的和易性,影响混凝土的强度和浇筑质量(密实度、抗冻性、抗渗性、耐久性),也会影响混凝土的成本造价。因此在混凝土浇筑施工之前,应当由专业的实验室对配合比进行精心的设计和试配。

混凝土配合比的确定是一个复杂的设计过程,只能在实验室内完成。设计过程如下:

(1) 根据设计要求,首先选择经过检验,质量合格、性能适宜的水泥、砂、石,然后根据水泥、砂、石的材性和经验公式,计算出"初步配合比"。

(2) 根据初步配合比进行混凝土拌合物的试配、试拌,检测拌合物的和易性,根据和易性的表现不断调整配合比,不断试配、试拌,从中选出和易性满足设计、施工要求的配合比作为"基准配合比"。

(3) 以基准配合比为基础,对它的水灰比(水与水泥质量之比)作增减 5% 的改变(用水量不变,只改变水泥用量),共得到 3 个水灰比不同的配合比。按照这 3 个配合比各自分别制作一组抗压试块,经标准养护 28d 后,分别检测它们的抗压强度,并求出各自的平均值。根据这 3 个平均值绘制强度-水灰比关系曲线,通过该曲线计算出符合混凝土配制强度要求的水灰比,从而得到"计算配合比"。

(4)根据"计算配合比"进行拌合物体积密度的校正,得到"试验室配合比",并将其下达给混凝土的施工单位。

(5)施工单位根据施工现场砂、石的实测含水率对"试验室配合比"进行修正,调整水、砂、石的用量,形成"施工配合比"下达给生产班组。在生产过程中,还应经常、定期测定现场砂、石的含水率(遇有晴雨变化的天气要增加测定次数),及时调整施工配合比。

在拌制每一盘混凝土之前,对所投入的水泥、水、砂、石及外加剂都要进行认真、严格的称重计量,不能有丝毫的疏忽。对计量器具应每半年进行一次计量标定。

3)混凝土拌合物的和易性

混凝土拌合物的和易性是一项很重要的综合性能,由拌合物的流动性、粘聚性、保水性共同组成。它反映了拌合物的工作性能,也可以在一定程度上反映固化后的混凝土质量。

(1)流动性反映拌合物的稠度,反映拌合物在重力和振捣力作用下的流动性能、能够均匀充盈模腔的性能,以及振捣的难易程度和成型的质量;流动性的好坏由坍落度表述;

(2)粘聚性反映拌合物的各组成成分分布是否均匀,在拌合物的运输和浇筑入仓过程中是否会出现分层、离析,能否保持拌合物的整体均匀的性能,是否会出现蜂窝、空洞,从而影响混凝土的密实度和成型质量;

(3)保水性反映拌合物保持水分的能力,是否会因泌水影响拌合物整体的均匀性和水泥浆与钢筋的粘接、与骨料表面的粘接,是否会因泌水在混凝土内部形成泌水通道,是否会因水分上浮在混凝土表层形成疏松层。

4)混凝土的振捣与养护

在混凝土浇筑的过程中有一个重要的施工工序——振捣,即通过人力或机械的作用迫使混凝土拌合物更好地流动,使拌合物充分密实,从而提高混凝土的密实度和抗压强度。

混凝土强度的增长过程与水泥一样需要一个合适的温度和较高湿度的环境,在工程实际中,现浇混凝土只能在自然环境下,靠人工遮盖或定时洒水的方式进行养护,尽量使混凝土在强度增长期内处于一个良好的温、湿度环境之下,以利于其强度的增长。在施工中,现浇混凝土的强度不仅取决于配合比的设计,也取决于混凝土的实际养护条件和养护龄期。养护条件越接近标准养护条件,混凝土强度测值就越高,反之就越低。

5)混凝土的质量指标

混凝土的质量指标包括抗压强度、密实度、抗冻性、抗渗性、抗碳化性、耐腐蚀性、耐久性等。

6)混凝土的强度等级及测定

混凝土的抗压强度要比抗拉强度高很多。在实际工程应用中应充分发挥混凝土抗压强度高的优点,尽量避开或设法弥补混凝土抗拉强度低的不足。实际工程中的混凝土强度均指混凝土抗压强度。

混凝土抗压强度是混凝土质量控制的一个核心目标之一。为了方便设计选用和施工质量控制,标准中将混凝土的强度等级划分为:C7.5、C10、C15、C20、C25、C30、C35、C40、C45、C50、C55、C60 等 12 个等级。其中,C 是混凝土的强度等级符号;其后的数字是混凝土立方体抗压强度标准值(单位:MPa)。

混凝土的强度是通过对混凝土立方体抗压试块进行试验测定的。

7) 混凝土立方体抗压试块

标准规定:一组混凝土立方体抗压试件由 3 个试块组成;用于混凝土强度测试的立方体抗压试块共有 3 种尺寸规格,它们具有同等效力。

标准试块:150mm×150mm×150mm

非标准试块:100mm×100mm×100mm(测试结果须乘以 0.95 的系数)

200mm×200mm×200mm(测试结果须乘以 1.05 的系数)

8) 混凝土抗压试块的同条件养护

和水泥相似,混凝土的最佳养护条件是:温度为(20±3)℃;湿度大于 90%。恒温、恒湿的环境条件被称为混凝土的标准养护条件。这个环境只能在实验室里自动调温、调湿仪器的控制下才能实现。在实际工程中,为了能够了解现浇混凝土强度的真实情况,混凝土抗压试块也必须放在与现浇混凝土相同的自然环境下、以同样的方式进行人工养护,称之为混凝土试件的同条件养护。

9) 测试龄期

混凝土的强度发展规律和水泥的强度发展规律一样。混凝土的抗压强度自加水搅拌之时起,是逐渐增长的,最初的 7～14d 内强度增长速度最快,以后逐渐减缓,到 28d 时强度接近顶峰,28d 后混凝土强度的增长更慢。《普通混凝土力学性能试验方法标准》(GB/T 50081—2002)规定:以 28d 龄期的试件测定的抗压强度为该混凝土的强度值。

在实际施工中,往往因施工进度计划的需要,提前(一般情况下在混凝土浇筑后的 3～14d 之间)拆除模板和支撑,以便进行下一道工序的施工。在拆除之前首先需要确定该混凝土的强度是否已经达到了可以拆除模板和支撑时的安全强度。所以在拆模之前应对混凝土同条件养护、同龄期的立方体抗压试块进行强度检测。这项检测及所用的试块应在施工进度计划之内提前作出计划安排,在混凝土浇筑时留置出来。

10) 混凝土受压破坏机理

混凝土受压破坏首先从水泥石与骨料的粘接界面开始。研究证明:在混凝土凝结硬化的过程中,粗骨料与水泥石的界面上就已经存在微小裂缝。裂缝的形成是由于混凝土拌合物泌水形成的水隙、水泥石收缩时形成的界面裂缝。当混凝土受到荷载作用时,裂缝的边缘都成为应力集中的区域。当荷载增大到一定程度时,在应力集中的作用下裂缝会快速扩展、连通。随着荷载的持续,粗骨料与水泥石粘结分离,导致混凝土受压破坏。

11) 混凝土的抗渗强度等级

混凝土抵抗水渗透的能力称为混凝土的抗渗性。抗渗性对于有抗渗要求的混凝土是一项基本性能。抗渗性能还将直接影响混凝土的抗冻性和抗侵蚀性。混凝土透水是因为混凝土内部的孔隙过多以致形成了渗水通道。这些孔隙主要是多余的拌合水蒸发后留下的孔隙以及水泥浆泌水形成的毛细孔和水隙。

标准中规定:混凝土的抗渗性用抗渗强度等级 P 表示。以龄期 28d 的标准养护抗渗试件,按规定方法进行抗渗试验。抗渗强度等级根据试件透水的前一个水压等级(不渗水时所能承受的最大水压)来确定。抗渗强度等级共分为 6 级：P2、P4、P6、P8、P10、P12,分别表示能够承受 0.2、0.4、0.6、0.8、1.0、1.2MPa 的水压。

2.混凝土的主要检测项目

1) 抗压强度

(1) 必检项目：同条件养护、28d 龄期的抗压强度。

(2) 可选择项目：根据标准规定需要增加的某些附加条件的抗压强度检测,如标准养护的抗压强度,不同龄期、同条件养护试件的抗压强度。

2) 抗渗强度

(1) 此项检测是针对有抗渗要求的混凝土而设置的必检项目。受检试块应是标准养护 28d 龄期的混凝土抗渗试块(如果 28d 不能及时进行试验,应在标准养护 28d 期满时将试块移出标准养护室(或养护箱))。

(2) 抗渗混凝土如果是在冬季施工期间浇筑的,且混凝土中掺有防冻剂,则这批混凝土除了要进行上述准标养护 28d 龄期的抗渗强度的检测外,还要增加同条件养护 28d 龄期的抗渗强度试验。此项也是必检项目。

3.检验批次

1) 抗压强度

(1) 每拌制 100 盘(含不足 100 盘),且不超过 100m³ 的同一配合比的混凝土取样不得少于一次。

(2) 当连续浇筑混凝土的量超过 1000m³ 时,同一配合比混凝土每 200m³(含不足 200m³)取样不得少于一次。

(3) 每一楼层中同一配合比的混凝土取样不得少于一次。

(4) 地面混凝土工程中同一配合比混凝土,每浇筑一层或每 1000m²(含不足 1000m²)取样不得少于一次。

2) 抗渗强度

(1) 连续浇筑同一配合比抗渗混凝土,每 500m³(含不足 500m³)取样不得少于一次。

(2) 每项工程中同一配合比的混凝土取样不得少于一次。

3) 取样组数的确定

上述取样一次所应包含的试件组数(一组试件仅供一次试验之用),应能满足试验项目的需求。对于龄期和养护条件有不同组合要求的检测,每一个组合都是一个独立的检测项目,都应当有一组与要求条件相吻合的试件与之对应。试验项目的数量应满足标准规定的要求。

4.试样数量

一个检测项目需要对一组试件进行专项检测。一组试件所含试件的数量在相关标准中都有规定,对试件制取的方法也有规定。

(1) 用于检测混凝土抗压强度的立方体抗压试块,每组 3 块。

(2) 用于检测混凝土抗渗强度的圆台形试块,每组 6 块。

5.试件的现场制作与养护

用于现浇混凝土质量检测试件的制作,必须在混凝土浇筑的施工现场与浇筑施工同时进行,并保证取样的数量满足要求。试件的制作方法与要求见 9.7 节的介绍。

6. 检测依据

检测依据有《普通混凝土力学性能试验方法标准》(GB/T 50081)和《普通混凝土长期性能和耐久性能试验方法标准》(GB/T 50082)等国家标准。

7. 混凝土浇筑现场和易性的检测

上述混凝土抗压试块的取样,一般都是在混凝土拌合机开盘后的第一盘料出料后进行,或在浇筑施工过程之中进行。从表面看,这是对混凝土浇筑施工的材料控制,也是对浇筑施工工序的事前和事中控制。但是由于混凝土试块养护期的原因,使得这一控制结果要滞后到 28d 之后才能得到。这就意味着如果混凝土配制的某一环节出了问题,恐怕要到 28d 之后才能发现,这时一切错误都将难以补救。回顾混凝土配合比的设计过程,不难看出:基准配合比的确定是以和易性的设计要求得到满足为前提的。因此从一定程度上,检查和易性的好坏可以反映混凝土拌合物的质量状况和配合比执行的情况(在水泥、水、砂、石中,只要其中任一个原材料的用量发生变化,都会在不同程度上引起和易性的改变)。因此,标准中规定:除了按取样规则制取抗压试块外,还应该经常地、随机地在混凝土拌合物浇筑入仓之前检测混凝土拌合物的和易性,且每个拌合机台班不得少于 2 次。现场检测混凝土拌合物和易性的方法详见 9.4 节。

和易性包括坍落度、粘聚性和保水性 3 项指标,其中坍落度可以用量化指标进行衡量,但目前尚无量化指标对混凝土的粘聚性和保水性进行评价,只能通过观察进行模糊的评价。如果上述指标和表现出现了较大的偏差,应立即向主管部门报告,以便尽快查出原因,及时纠正。现场和易性的检测是混凝土质量事前、事中控制的重要而有效的手段,对此应有检验记录。

2.3.6　砌筑砂浆

1. 砂浆的基本知识

砂浆是一种重要的建筑材料。它是以胶凝材料(石灰和水泥)、水、砂(最大粒径 ＜2.5mm)为主要原料,必要时掺入少量的混合材料,按适当的比例掺混搅拌成具有一定粘聚性、流动性的拌合物。通过摊、涂、刮、抹等方式,可以使砂浆粘附在建筑物的表面或粘接在块状材料的缝隙之间,经在空气中自然养护,凝结硬化成具有一定硬度、强度、厚度的抹灰层或将块状材料粘接成砌体。

图 2-5　建筑砂浆的种类

建筑砂浆根据胶凝材料可分为水泥砂浆、石灰砂浆、水泥(石灰)混合砂浆、石膏砂浆;根据用途可分为砌筑砂浆和抹灰砂浆,其中抹灰砂浆还可以细分,如图 2-5 所示。

砌筑砂浆主要应用于砌体的砌筑,涂布在砖、砌块、石块之间,起着粘接块材、填充缝隙、承受并传递荷载的作用。它的主要性能体现在拌合物的和易性和硬化后的强度。

抹灰砂浆主要应用于建筑物的表面,起到保护、平整、美观的作用。抹灰砂浆所用砂的最大颗粒粒径应小于 1.25mm。它的主要性能指标不是强度,而是与抹面基层的粘结力。

2．砌筑砂浆

1）检测项目

砌筑砂浆的检测项目是抗压强度。

2）取样批次与取样方法

$250m^3$砌体所用的砂浆为一个检验批次，取样一次。试样应从拌合物的至少3个不同部位同时取得并搅拌均匀。

3）试件的规格及数量

规格尺寸：立方体70.7mm×70.7mm×70.7mm；一组的数量：6块。

4）试件的制作与养护

（1）试件的制作程序、方法与要求和混凝土抗压试块一样，也要在施工现场制作。

（2）养护条件为标准养护：水泥砂浆的温度为(20±3)℃；湿度大于90%；水泥石灰混合砂浆的温度为(20±3)℃；湿度60%～80%。

（3）测试龄期：28d。

5）检测依据

检验依据为《建筑砂浆基本性能试验方法》(JGJ/T 70)等国家标准。

2.3.7 热轧光圆钢筋

1．建筑用钢的基本知识

由于钢材具有强度高，材质均匀，性能可靠，弹性、韧性、塑性及抗冲击性均好，品种规格多，加工性能优良等特点，使其在建筑领域里的地位越来越重要。钢材的缺点是耐腐蚀性差，易生锈，耐热性差，维护费用高。

钢的化学成分主要是铁以及一些有益的合金元素（碳、硅、锰、钛、铌、铬、钒等），和一些有害元素（磷、硫、氧、氢等）。

建筑钢材包括钢结构用钢（各种型钢、钢板、钢管）、钢筋、预应力钢丝、预应力钢绞线。

1）钢的分类

（1）按合金元素的含量分：碳素钢、低合金钢、合金钢。其中，碳素钢又可按含碳量的多少分为低碳钢（含碳量＜0.25%）、中碳钢（含碳量0.25%～0.60%）、高碳钢（含碳量＞0.60%）。建筑工程中主要使用低碳钢和低合金钢。

（2）按质量等级分：根据钢材中的磷、硫等有害杂质的含量，碳素钢可分为普通质量、优质、特殊质量3个等级；合金钢分为优质和特殊质量2个等级。建筑工程主要使用的是普通质量和优质的碳素钢和低合金钢，以及少量的优质合金钢（部分热轧钢筋）。

（3）按钢的脱氧程度分：钢在冶炼过程中不可避免地会有部分铁水被氧化。在铸锭时须进行脱氧处理。由于脱氧的方法不同，钢水在脱氧时的表现也不同，脱氧程度也不同，钢的性能因此也有很大差别。按脱氧的程度不同，可将钢分为：①沸腾钢（F）。由于脱氧不彻底，铸锭时有CO气体从锭模的钢水里上浮冒出，状似"沸腾"，因而得名。其特点是脱氧最不彻底，从钢锭的纵剖面看，化学成分不均匀，有偏析现象，钢的均质性差，成本低。性能和质量能满足一般工程的需要，在建筑结构中应用比较广泛。②镇静钢（Z）。铸锭时钢水在模内平静凝固，故名镇静钢。其特点是脱氧程度彻底，化学成分均匀，钢材的质量好且均质，性能稳定,低温脆性小,冲击韧性高,可焊性好,时效敏感性小,成本高。镇静钢只应用于承受振动、冲击荷载作用的重要的焊接钢结构中。③半镇静钢(b)。脱氧程度、性能质量及成本均介于沸腾钢和镇静钢之间,在建筑结构中应用比较多。④特殊镇静钢(TZ)。脱氧程度、性能、质量及成本均高于镇静钢。

2) 钢的主要性能

(1)弹性:钢材在荷载作用下产生变形,当荷载消失时,变形同时得到完全恢复的性质。在这个阶段里应力和应变成正比。

(2)塑性:钢材在荷载作用下产生变形,当荷载消失时,变形不能恢复或不能完全恢复的性质。又称屈服变形、塑性变形。

(3)拉伸性能:钢材在拉荷载作用下的各种表现,用以下指标衡量。

① 弹性模量 E(单位:MPa)。代表钢材抵抗变形的能力。

② 屈服强度 σ_s 或 $\sigma_{0.2}$(单位:MPa)。代表钢材在荷载作用下从弹性变形阶段进入弹塑性变形(钢材失去抵抗变形的能力出现屈服)时的拐点的应力值。在实际工程应用中,钢材的最大工作应力必须在屈服强度以下一定距离。也就是说,要有一个安全系数,以保证受力部件的工作安全。

③ 抗拉强度 σ_b(也称为极限强度,单位:MPa)。钢材在屈服变形之后继续受到拉伸时,钢材又恢复了一定的抵抗变形的能力。抗拉强度继续提高,同时变形也会快速增加;抗拉强度很快达到峰值,钢材出现颈缩继而塑性断裂。断裂前的最大应力值定义为钢材的抗拉强度。

④ 最大伸长率 δ(也称为破坏伸长率,无量纲)。钢筋受拉试验之前,首先在试件的受拉段预设两个标记点,其距离为 $10d$ 或 $5d$(d 为钢筋的公称直径),称为原始标距,用 l_0 表示;受拉破坏后(断口应在两标记点之间)测量两标记点的距离 l_1,计算标距的伸长量$(l_1 - l_0)$与原始标距 l_0 之比即为最大伸长率。最大伸长率有两种表示方法:δ_{10}($l_0 = 10d$)或 δ_5($l_0 = 5d$)。

(4)冷弯性能:在常温下,钢材承受弯曲变形的能力(钢材在受弯后的拱面和侧面不应出现裂纹)。弯曲角度为180°,弯曲半径与钢板的厚度或钢筋的直径有关。

(5)可焊性:钢材在一定的焊接工艺条件下进行焊接,当其焊缝及焊缝附近的热影响区的母材不会产生裂纹或硬脆倾向,且焊接接头部分的强度与母材相近时,则表示钢材的可焊性好。

(6)冷脆性(低温脆性):当环境温度下降到某一低值时,钢材会突然变脆,抗冲击能力急剧下降,断口呈脆性破坏,这一特性称为冷脆性或低温脆性。在寒冷地区选用钢材时必须要进行此项评定。钢材的破坏有塑性破坏和脆性破坏之分。钢材的塑性破坏是指钢材在荷载的作用下,先经过较大的塑性变形后发生的破坏。这种破坏有先兆。钢材的脆性破坏是指钢材在荷载的作用下,没有经过明显的塑性变形就突然发生了破坏。这种破坏没有明显先兆。

(7)冲击韧性:钢材在冲击荷载的作用下,抵抗破坏的能力。

(8)时效敏感性:随着时间的推移,钢材的强度会有所提高,塑性和韧性会有所降低的现象。含氧、氮元素多的钢材时效敏感性大,不宜于在动荷载或低温环境下工作。

(9)硬度:在钢材表面,局部体积内抵抗局部变形或破坏的能力。在建筑工程中常用的硬度表示方法有布氏硬度(HB)和洛氏硬度(HRC)。硬度与强度关联紧密且固定。在工程中如遇到难以测定钢材强度的情况时,可通过测定其硬度值来推定其强度。

3) 钢材的冷作强化和时效强化

(1) 在常温下,钢材经拉、拔、轧等加工手段使其产生一定量的塑性变形之后,其屈服强度、硬度均得到提高,同时韧性降低。这个现象称为冷作强化(或冷加工强化)。

(2) 经过冷加工后的钢材若在常温下存放15～20d(称自然时效)或在100～200℃环境下保温2h(称人工时效),其屈服强度会进一步提高,抗压强度也会提高,弹性模量得到恢复,塑性韧性继续降低。这种现象称为时效强化。自然时效和人工时效统称为时效处理。

在建筑工地上,可以经常见到工人对盘条钢筋进行拉直加工。通过拉直可以达到以下效果:拉直更便于后续加工使用;使钢筋得到冷作强化和时效强化;使钢筋拉长,降低了钢筋的实际消耗量;钢筋表面的氧化层随钢筋的伸长变形而脱落(得到了除锈的效果)。

4) 钢材的热处理

钢材的热处理是将钢材按规定的温度和规定的方法进行加热、保温或冷却处理,以改变其内部晶体组织结构,从而获得所需要的机械性能。常见的热处理方法有淬火、回火、退火、正火和表面高频淬火等。其中回火和正火是建筑钢材常用的热处理技术。

(1) 淬火:将钢材整体加热到723℃以上,保温一定时间后将其迅速放入冷油或冷水中,令其急速冷却,从而提高钢材的强度和硬度,同时脆性增加,韧性降低。淬火的效果与冷却速度密切相关。

(2) 表面高频淬火:将钢材放入一个高频、交变的磁场中,使钢材表层产生强大的感生电流,电流使钢材表层在极短的时间内加热到淬火温度后,随即喷水冷却,从而使钢材表层得到淬火。由于这种工艺使钢材的芯部来不及升温就进入了冷却过程,因此能够得到淬火的只能是深度为1～2mm的表层,钢材的芯部依然保持淬火前的状态,故称表面淬火或高频淬火。

(3) 回火:经过淬火的钢材的强度、硬度很高,韧性差,难以继续进行加工(除磨削加工外),同时由于淬火过程中,钢材表、里降温的速度不同而产生了一定的内应力,对于钢材是不利的。将淬火钢材再次加热到一定温度,然后在适当的保温条件下使其缓慢冷却至常温,这一工艺方法称为回火。经过回火的钢材,内应力消除了,强度硬度有所下降,硬脆性和韧性得到改善。根据再次加热的温度的不同,回火可分为高温回火(500～680℃)、中温回火(350～450℃)、低温回火(150～250℃)。淬火加高温回火的处理工艺称为调质。

(4) 正火:将钢材加热到变相温度并保温一定时间后,置于空气中风冷至常温。正火后,钢材的硬度、强度稍有提高,切削性能得到改善。

(5) 退火:将钢材加热到变相温度并长时间保温后缓慢冷却至常温。退火的目的在于降低钢材的硬度、强度,细化组织,消除加工应力。

5) 普通碳素结构钢的牌号

普通碳素结构钢的牌号组成规则如下:

屈服点符号	屈服强度等级	—	质量等级	·	脱氧程度
Q	(195/215/235/255/275)	—	(A/B/C/D)	·	(F/b/Z/TZ)

注:①质量等级中,A、B级为普通钢,只保证机械性能,不保证化学成分;C、D级为优质钢,机械性能、化学成分同时保证。②F、b级脱氧程度符号必须标注,Z、TZ级脱氧程度符号可以不标注。③屈服强度共分5个等级,单位:MPa。

6）优质碳素结构钢的牌号

08、10、15、20、25、30、35、40、45、…、85 和 15Mn、20Mn、25Mn、…、70Mn。

7）低合金高强度结构钢的牌号

牌号 Q295、Q345、Q390、Q420、Q460，Q 为屈服点符号，后面的数字表示屈服强度等级。

8）钢筋混凝土用钢的品种及牌号

钢筋混凝土中主要使用以下 3 种钢筋：

（1）依据《钢筋混凝土用热轧带肋钢筋》(GB 1499.1—2008)，热轧光圆钢筋可以分为 HPR235、HPR300；

（2）依据《钢筋混凝土用热轧带肋钢筋》(GB 1499.2—2007)，热轧带肋钢筋可分为 HRB335、HRB400、HRB500；

（3）细晶粒热轧带肋钢筋可分为 HRBF335、HRBF400、HRBF500。

2. 检验项目

1）必检项目（见证取样）

拉伸性能（屈服强度、抗拉强度、最大伸长率），弯曲性能。

2）一般项目（观察，全数检查）

弹性模量，表面质量（锈痕、凹坑），尺寸偏差（游标卡尺检查），重量偏差（kg/m）。

3. 取样批次

同一生产厂家、同一炉号、同一规格、同一交货状态的每 60t（含不足 60t）为一检验批次，取试样一组。

4. 试样的数量和规格

拉伸试样：2 根，每根长不小于 500mm；

弯曲试样：2 根，每根长不小于 200mm。

5. 取样规则

任选一盘（或一根）钢筋的任一端，截弃 500mm 后，切取试样一根。

不允许在一盘（根）钢筋上截取 2 根试样。试样只能采取机械方式切取（砂轮锯、切断机），不允许采用热割方式（乙炔气割或电弧割）。

6. 检测依据

检验依据有《钢筋混凝土用热轧光圆钢筋》(GB 1499.1)等国家标准。

2.3.8 热轧带肋钢筋

1. 检测项目

1）必检项目（见证取样）

拉伸性能（屈服强度、抗拉强度、最大伸长率），弯曲性能。

2）一般项目（观察，全数检查）

弹性模量，表面质量（锈痕、凹坑）（观察，全数检查），尺寸偏差（游标卡尺检查），重量偏差（kg/m）。

2. 取样批次

同一生产厂家、同一炉号、同一规格、同一交货状态的每 60t（含不足 60t）为一检验批次，取试样一组。超过 60t 的部分，每增加 40t（含 40t）增加一拉、一弯。

3. 试样的数量和规格

拉伸试样：2 根，每根长不小于 500mm；直径大于 25mm 的钢筋，其长度应不小于 $(10d_0+200)$mm（d_0 为钢筋的公称直径）。

弯曲试样：2 根，每根长不小于 300mm。

4. 取样规则

任选一根钢筋的任一端，截弃 500mm 后，切取试样一根。

不允许在一根钢筋上截取 2 根试样。试样只能采取机械方式切取（砂轮锯、切断机），不允许采用热割方式（乙炔气割或电弧割）。

5. 检测依据

检验依据有《钢筋混凝土用热轧带肋钢筋》（GB 1499.2）等国家标准。

2.3.9 预应力混凝土用钢绞线

1. 预应力钢绞线的基础知识

混凝土的抗拉强度很低，对于必须承受拉荷载的混凝土构件，虽然混凝土构件的下腹部受拉区加入了钢筋来承受拉荷载，但仍然会产生较大的挠曲变形，受拉区的混凝土也很容易开裂。如果把构件中受拉区的钢筋换成预应力钢筋，在构件进入工作状态之前预先张拉预应力钢筋，并使预应力钢筋的拉伸变形固定在混凝土构件上，那么预应力钢筋的弹性恢复力就会作用在混凝土构件上，使原来受拉区的混凝土预先受到压应力的作用。在预加压应力的作用下，构件会产生一定量的上拱（预变形），进入工作状态后，预变形和预压应力可以在很大程度上抵消工作荷载造成的挠曲变形和拉应力，从而提高了构件的承载能力、减小了构件的挠曲变形、延迟了混凝土的开裂。根据张拉预应力筋和浇筑混凝土的先后顺序的不同，预应力混凝土有先张（先张拉、后浇筑混凝土，多在预制件厂完成，张拉设备复杂、生产效率低）和后张（先浇筑混凝土、后张拉，多在现场完成，张拉设备简单、生产效率高）之分。预应力张拉施工应由专业的施工队伍承担。在预应力混凝土中，预应力钢筋是关键材料，主要有 3 种形式：预应力粗钢筋、预应力钢丝、预应力钢绞线，它们的力学性能相近，其中预应力钢绞线在工程中应用较多。

预应力钢绞线是按照严格的技术条件，由预应力钢丝铰捻成形后，再经低温回火消除残余应力制成的。一般以 1 根为中心，另有 6 根绕其旋转紧密缠绕。这种捻制结构以"1×7"表示。工程中常见的预应力钢绞线的屈服强度 $\sigma_{0.2} \geqslant 1100 \sim 1255$MPa，抗拉强度 $\sigma_b \geqslant 1860$MPa。

预应力钢绞线具有强度高、韧性好、综合性能好、质量高且稳定、以盘状供货、长度很长、按需下料、很少有接头、易锚固、施工操作简单等诸多优点，适用于大跨度、重荷载、后张法的预应力混凝土。

2. 检测项目（见证取样）

拉伸性能（抗拉强度、非定比延伸率、伸长率、弹性模量）。

3．取样批次

同一生产厂家、同一炉号、同一规格、同一生产工艺、同一交货状态的每 60t（含不足 60t）为一检验批次，取试样一组。

4．试样的数量和规格

一组 3 根，每根长不少于 1.05m。

5．取样规则

任选一盘，从任一端切取试样 1 根。

不允许在一盘上连续切取 2 根试样。试样只能采用砂轮锯切取，不允许采用热切割方式（乙炔气割或电弧割）。

6．检测依据

检验依据有《预应力混凝土用钢绞线》（GB/T 5224）等国家标准。

2.3.10　预应力锚具

1．预应力锚具的作用

预应力锚具的作用就是将在拉荷载作用下伸长的预应力钢筋可靠地锚固，阻止其回缩，长久维持预应力钢筋的伸长变形。预应力锚具的锚固能力和锚固的耐久性是锚具的核心性能指标。

2．预应力锚具（夹片锚）的组成及混凝土预应力

预应力锚具由锚板、锚片、锚垫板组成。

锚板上均匀分布着若干个锥形孔，锥形孔内壁的尺寸精度、硬度、粗糙度都很高，每个锥孔配合一组锚片（3 片或 2 片）。锚板的作用是通过锥孔对锚片的缩合作用，把锚片受到的轴向力分解成对锚片的向心压力，通过锚片将预应力钢绞线牢固地锚固；同时承受并向混凝土构件传递来自锚片的压力。

锚片是由中心有孔的锥台沿轴线方向均匀地剖分成 3 片或 2 片。锚片合成的锥台表面的尺寸精度、硬度（高于钢绞线的硬度）、光洁度都很高，与锚板上的锥孔有良好的配合关系。锚片合成的中心孔是一个内螺纹孔，螺纹孔的内径略小于被锚固的钢绞线的公称直径；螺纹为锯齿形螺纹，螺纹的齿尖倒向锥台的大径方向。锯齿形螺纹的单向承载能力要比普通螺纹高很多，非常符合锚片只承受单向荷载的工作特性。锚具的工作过程和作用是：当混凝土的强度达到张拉的要求时，在预埋钢绞线的两端同时将锚垫板、锚板先后套穿在钢绞线上，用张拉机具对钢绞线进行张拉。当钢绞线被拉伸到规定长度时，将锚片填塞在钢绞线和锚板锥孔的间隙里；放松张拉机具，钢绞线回缩，同时锚片在锯齿形螺纹与钢绞线表面的摩擦力的作用下同步跟进深入锥孔，并塞实锥孔；随着荷载的增大，锚片受到的向心压力也增大，在向心压力的作用下锯齿形螺纹的齿尖越来越深地刻入钢绞线表面，产生了可靠的啮合效果，有效地阻止了钢绞线与锚片之间的相对滑移，从而实现了对钢绞线的锚固作用。钢绞线受到的拉力的反作用力经过锚片→锚板→锚垫板→混凝土的传递过程转变成为对混凝土的压应力，由于这个压应力产生在工作荷载作用之前，所以简称为预应力。

锚垫板的外径略大于锚板外径，有一定的厚度，硬度低于锚板。它的作用是更好地贴合

在混凝土表面,分散锚板对混凝土的压力,避免混凝土的局部压力过高。

3. 检测项目

外形外观,锚板强度,锚片的表面硬度,预应力钢筋-锚具组装件的静载试验。

4. 检验批次

同一生产厂家、同一种产品、同一批原材料、同一种工艺条件下一次投料生产的产品:

(1) 多孔锚——每1000套(含不足1000套)为一检验批次;

(2) 单孔锚——每2000套(含不足2000套)为一检验批次;

(3) 连接器——每500套(含不足500套)为一检验批次;

(4) 夹具——每500套(含不足500套)为一检验批次。

5. 试件数量

对每一检验批次的试件:

(1) 外形外观——随机抽取2%,且不少于10套;

(2) 锚板强度——每一批次不少于3套(配齐锚片的一块锚板为一套),随机抽取;

(3) 锚片的表面硬度——随机抽取3%,且不少于5套,多孔锚锚片每套不少于6片;

(4) 预应力筋-锚具组装件的静载试验——3个完整的组装件,其中预应力钢筋应为经检验合格的预应力钢绞线,组装件两锚固端之间的净距离不小于3000mm(组装工作由实验室完成)。

6. 检测依据

检验依据有《预应力锚具、夹具、连接器应用技术规程》(JGJ 85)等国家标准。

7. 特别规定

每个工程标段不允许同时或先后使用两个厂家及两个以上厂家的产品。

2.3.11　防水材料

砌体结构和混凝土结构的不透水性往往不能满足人们的需求。为了保证建筑物在使用上的安全,在可能渗水、漏水的部位需要专门设置不透水的防水层。建筑物需要进行防水的部位很多,如:建筑物地面以下部分(楼房、隧道、地下铁路)的周围各面,需要防止地下水向建筑物内部渗透;厨卫间的地面和墙壁,需要防止生活、洗浴用水向下层房间渗漏;屋顶面,需要防止雨水、雪融水向屋内渗漏;容水的槽池,需要防止槽池里的水向外渗漏,等等。防水层应该是一个连续不间断、严实密封无漏点、整体性好的薄层结构;应能紧密地、完整地贴附、包裹在被防护的基层之上,不脱落、不翘曲;应能有一定的柔韧性、弹性和塑性,以保证在建筑物发生微小变形、不均匀沉降或受到轻微振动作用时不破损、不撕裂,仍然保持原有防水功能;应能有一定的耐低温、耐高温性能,特别是在用于屋面防水时,应能够做到"高不流、低不脆"。目前,专门用来制作防水层的材料可分为两大类:防水卷材和防水涂料。

1. 防水卷材

1) 防水卷材的基本特点

防水卷材厚度薄、柔性好,容易粘贴附着在被防护的基层之上,有一定的韧性,能够防止在施工过程中由于不慎被撕裂或被防护的基层出现微小裂缝时被撕裂。

防水卷材在铺设施工时,主要是利用胶粘剂把卷材粘贴在基层之上,并做好卷材之间接头、拼缝处的搭接处理。施工方法比较简单,施工质量容易控制。

2)防水卷材的基本结构

防水卷材是一种平面面积很大、厚度一般在 3～5mm 之间的片状材料。它的中间是一层"胎体",胎体的两侧各均匀地贴附着一层有机防水材料。胎体的功能是承载防水材料,承受拉力,为卷材提供韧性。构成胎体的材料分为 3 大类:纸胎、纤维胎、金属(铝箔)胎。防水层是均匀、密实地涂布在胎体两侧的起着阻止水渗透的作用。构成防水层的基料主要有石油沥青、高聚物改性沥青、煤焦油、树脂、橡胶等。为了运输、存储方便,出厂前将这种片材卷成卷状,故称为卷材。一般以 20m² 为一卷。在片材卷成卷材之前,为防止片材之间的相互粘连、便于卷材的展开,还需要在片材的两侧表面撒布一层滑石粉或碎云母片(称撒布料)作为隔离。在卷材铺粘施工之前必须把卷材两侧面的撒布料清扫干净,以防影响粘贴质量。

3)配套使用的卷材胶粘剂

卷材胶粘剂是专门用于将卷材粘接在基层上的胶粘材料。现有胶粘剂主要有以下几种。

(1)沥青胶粘剂:有冷用、热用之分。

(2)合成高分子卷材胶粘剂:种类较多,使用时必须与卷材防水层的材料性质相同,不能随意搭配使用。在订货采购时,生产厂家都应与卷材配套供应。

(3)基层处理剂:俗称冷底子油,由冷用沥青胶经汽油、煤油或柴油稀释而成。

4)检测项目

拉伸强度,断裂伸长率,不透水性,低温柔性,耐热性。

5)检验批次

检验批次见表2-8。

表2-8　防水卷材的检验批次

卷材总面积/m²	抽取卷数/卷	样品要求
＜1000	1	① 卷重、厚度、面积均合格的
1000～2500	2	② 整卷的
2500～5000	3	③ 无损的
＞5000	4	

6)取样方法及数量

取样方法和数量见表2-9。

表2-9　防水卷材的取样方法及数量

卷材名称及标准	端头舍弃长度/mm	样品长度/mm	取样数量/块
塑性体(APP)改性沥青防水卷材(GB 18243)	2500	全幅纵向切取≥800	2
弹性体(SBS)改性沥青防水卷材(GB 18242)			
石油沥青纸胎油毡(GB 326)	2500	全幅纵向切取≥600	2
石油沥青玻璃纤维油毡(GB/T 14686)			
石油沥青玻璃布胎油毡(JC/T 84)			

卷材名称及标准	端头舍弃长度/mm	样品长度/mm	取样数量/块
沥青复合胎柔性防水卷材(JC/T 690)	1000	全幅纵向切取≥1000	1
聚合物改性沥青防水卷材(JC/T 1067)	—	>1.5mm²	1
自粘橡胶沥青防水卷材(JC 840)	500	全幅纵向切取≥1500	2
自粘聚合物改性沥青聚酯胎防水卷材(JC 898)			
改性沥青聚乙烯胎防水卷材(GB 18967)	2000	全幅纵向切取≥1000	2

注：各检测项目的试件由实验室制备。

2. 防水涂料

防水涂料在常温下呈流态,涂布在基层表面经一定时间后固化,能够形成具有一定厚度、一定弹性的连续薄膜。这层薄膜同时具有与基层表面粘结和防水、隔水的作用。

施工时只要在常温下用刷子或刮板将涂料涂布在基层表面即可,施工简单方便,薄膜的连续性好,但涂布时膜的厚度很难做到均匀一致。它的突出优点是适合在立面、阴阳角、天沟、檐沟、檐口、泛水等基层表面凹凸不平之处涂布施工。

1) 防水涂料的分类

(1) 按成膜物质分类:沥青类、高聚物改性沥青类、合成高分子类。

(2) 按成膜物质的分散介质分类:①水乳型(乳液型),其成膜过程是水分蒸发。②溶剂型,其成膜过程是有机溶剂挥发。③反应型(双组分),其成膜过程是交联固化。

2) 防水涂料的性能要求及检测项目

(1) 拉伸强度;

(2) 固体含量(与成膜厚度、成膜质量密切相关);

(3) 耐热度(膜层在高温下的工作性能,要求不变软、不流淌、耐老化);

(4) 低温柔性(膜层在低温下的工作性能,要求不变硬、不变脆、不开裂);

(5) 不透水性(要求膜层能够承受一定的水压而不透水);

(6) 断裂伸长率(要求膜层具有一定的适应基层变形而不破坏的能力);

(7) 粘结强度(膜层与基层的粘结能力)。

3) 防水涂料的取样规则

防水涂料的取样规则见表2-10。

表 2-10　防水涂料的取样规则

防水涂料名称	检验批次/t	取样数量/kg	检 测 标 准
聚合物水泥防水涂料	10	2	《聚合物水泥防水涂料》(JC/T 894)
聚合物乳液建筑防水涂料	5	2	《聚合物乳液建筑防水涂料》(JC/T 864)
聚氨酯防水涂料	5	2	《聚氨酯防水涂料》(GB 19250)
水泥基渗透结晶型防水涂料	10	10	《水泥基渗透结晶型防水涂料》(GB 18445)

注：各检测项目的试件由实验室制备。

思考题

1. 见证取样的定义是什么?
2. 在砂、石中,泥和泥块对混凝土的危害是什么?
3. 设计混凝土配合比时,为什么要限制石子中的针、片状颗粒含量?
4. 何为体积安定性? 对体积安定性不良的水泥应如何处置?
5. 同条件养护与标准养护的区别在哪里?
6. 简述砂的取样规则。
7. 简述粗骨料的取样规则。
8. 简述烧结普通砖的取样规则。
9. 简述水泥的取样规则。
10. 简述热轧带肋钢筋的取样规则。
11. 水泥超出保质期,是否可以降低一个强度等级使用? 应当如何处理?
12. 水泥在仓储方面有什么要求?
13. 简述混凝土拌合物的和易性及其含义。
14. 简述施工现场混凝土抗压试块的取样规则及养护条件。
15. 简述混凝土抗渗试块的取样规则及养护条件。
16. 简述砌筑砂浆的取样规则及养护条件。
17. 简述钢绞线的取样规则。
18. 简述 SBS 改性沥青防水卷材的取样规则。
19. 名词解释

(烧结砖的)泛霜、石灰爆裂;(水泥的)水化热;(混凝土的)同条件养护;(钢材的)冷作强化、时效强化

第3章

地基基础工程质量控制及检测

本章学习要点

掌握土方开挖与回填工程施工质量控制的主控项目及一般项目的内容,检查方法及抽检数量;

了解常用的地基处理的方法,熟悉常用各种地基处理方法的施工质量控制要点,掌握各类地基处理方法质量控制的主控项目与一般项目的检测方法和抽检数量;

了解桩基础的分类方法,熟悉混凝土预制桩及灌注桩的施工技术要求,掌握其质量控制的主控项目和一般项目的检测方法和抽检数量;

了解基坑支护结构的分类方法,熟悉排桩墙支护工程与地下连续墙工程的施工技术要求与质量控制要求,掌握其质量控制的主控项目与一般项目的检测方法和抽检数量。

地基是承受建筑物荷载的那一部分土层,与基础直接相连。地基可分成天然地基和人工地基。天然地基是指基础未经加固而直接在上面建造房屋,是工业与民用建筑中常见的一种基础类型。人工地基是指天然地基不坚固,必须先进行人工处理,如:进行换垫、预压、强夯等处理措施后,再在其上面建造建(构)筑物。天然地基施工简单、造价低廉,而人工地基施工复杂、造价相对较高。

在进行地基基础施工前,必须具备完整的地质勘察资料,清楚工程附近管线、建筑物、构筑物和其他公共设施的构造情况,必要时应作施工勘察和调查,以确保工程质量及邻近建筑的安全。工程施工单位必须具备相应专业资质,并应建立完善的质量管理体系和质量检验制度。从事地基基础工程检测及见证试验的单位,必须具备省级以上(含省、自治区、直辖市)建设行政主管部门颁发的资质证书和计量主管部门颁发的计量认证合格证书。施工过程中若出现异常情况时,应立刻停止施工,并应由监理或建设单位组织勘察、设计、施工等单位共同分享情况,消除质量隐患,并应形成文件资料。

3.1 土方工程

在建筑工程中,土方工程是施工的开始。特别是在大型的建筑工程中,由于它的工程量大、工期长,会对整个工程产生较深的影响,有时甚至是关键性的。在一般工业与民用建筑工程中,常见的土方工程包括场地平整,地下室、基坑(槽)及管沟的开挖与回填,凹地填平与压实,以及路基填筑等。

土方工程施工具有工程量大、劳动繁重和施工条件复杂等特点。土方工程又受气候、水文、地质等因素的影响,而且不可确定的因素也较多,施工时必须周密部署、严格控制,以便经济而快速地达到要求,为后续工作做好有利准备。

3.1.1　场地整平

场地平整施工前应进行挖、填方的平衡计算,综合考虑土方运距最短、运程合理和各个工程项目的合理施工程序等,做到土方平衡调配,减少重复挖运;应尽量与城市规划和农田水利相结合,将余土一次性运到指定弃土场,做到文明施工。

对于一般的小型场地,且对场地标高无特殊要求时,一般可以根据平整前、后土方量相等的原则进行场地平整。对于大型场区,要把天然地面改造成设计要求的平面,平整场地时应使场地表面坡度符合设计要求;如设计无要求时,排水沟方向的坡度不应小于 2%。平整后的场地表面应逐点检查。检查点为每 $100\sim400m^2$ 取 1 点,而且不应少于 10 点;长度、宽度和边坡均为 20m 取 1 点,每边不应少于 1 点。

3.1.2　土方开挖

场地平整之后,利用设计提供的基点坐标经过放线定位,并检查确认无误之后,就可以进行土方开挖。土方开挖的影响因素较多,主要取决于基坑深度、周围环境、土的物理力学性能等。尽量充分利用机械挖掘而不采用人工挖掘。特别是在多雨季节或地区,采用机械挖掘更能缩短工期,对后续工作有利。

有些地下水位很高的开挖区,开挖时必须先降低地下水位,达到要求后方可施工。对于没有支护结构的深基坑,为降低土壤含水量以便于机械下坑挖土,有时还必须降水疏干土壤。在开挖过程中,应经常检查平面位置、水平标高、边坡坡度、压实度、排水、降低地下水位系统,并随时观测周围的环境变化。

1. 场地开挖施工的质量控制要求

(1) 对于小面积区域,多采用人工或配合小型机具开挖。采取由上而下、分层分段、一端向另一端的开挖方式。土方运输则采用手推车、皮带运输机、机动翻斗车、自卸车等机具。大面积区域宜采用推土机、装卸机、铲运机或挖掘机等大型土方机械。

(2) 土方开挖应具有一定的边坡坡度,以防止塌方和保证施工安全。挖方边坡坡度应根据使用时间、土的种类、物理力学性、水文等情况来确定。一般来说,临时性挖方边坡坡值见表 3-1。

表 3-1　临时性挖方边坡值

土 的 类 别		边坡值(高：宽)
砂土(不含细砂、粉砂)		1：1.25～1：1.50
一般性黏土	硬	1：0.75～1：1.00
	硬、塑	1：1.00～1：1.25
	软	1：1.50 或更缓
碎石类土	充填坚硬、硬塑黏性土	1：0.50～1：1.00
	充填砂土	1：1.00～1：1.50

注:1. 设计有要求时应符合设计标准;

2. 如果采用降水或其他加固措施,可以不受本表限制;

3. 开挖深度,对于软土不应超过 4m,对硬土不超过 8m。

2. 边坡开挖施工的质量控制要求

(1) 场地边坡开挖应采用沿等高线自上而下分层、分段进行。在边坡上，采用多台阶同时开挖时，上台阶比下台阶开挖进深不宜小于 30m，以防止塌方。

(2) 边坡台阶开挖，应做成一定坡势，以利于泄水。边坡下部设有护脚及排水沟时，在边坡修完后，应立即处理台阶的反向排水坡并进行护脚矮墙和排水沟的砌筑和疏通，以保证坡面不被冲刷和防止在影响边坡稳定范围内积水，否则应采取临时排水措施。

3. 基坑(槽)开挖施工的质量控制要求

(1) 基坑(槽)和管沟开挖上部应有排水措施，防止地面水流入坑内，以防冲刷边坡造成塌方和破坏基土。

(2) 基坑开挖，应先进行测量定位，抄平放线，定出开挖宽度，按放线分块(段)分层挖土。

当土质为天然湿度、构造均匀、水文地质条件良好(即不会发生坍滑、移动、松散或不均匀下沉)，且无地下水时，开挖基坑可不必放坡，采取直立开挖不加支护，但挖方深度应满足表 3-2 中的规定，基坑宽应稍大于基础宽。如超过表 3-2 的规定深度，但不大于 5m 时，应根据土质和施工具体情况进行放坡，以保证不塌方，其最大允许坡度按表 3-3 采用。放坡后基坑上口宽度由基础底面宽度及边坡坡度来决定，坑底宽度每边应比基础宽度大 15～30cm，以便于施工操作。

表 3-2　基坑(槽)和管沟不加支撑时的容许深度

土 的 种 类	容许深度/m
中密的砂土和碎石土(充填物为砂土)	1.00
硬塑、可塑的粉质黏土及粉土	1.25
硬塑、可塑的黏土和碎石类土(充填物为黏性土)	1.50
坚硬的黏土	2.00

表 3-3　深度在 5m 内的基坑(槽)、管沟边坡的最大坡度(不加支撑)

土 的 类 别	边坡坡度(高：宽)		
	坡顶无荷载	坡顶有静载	坡顶有动载
中密的砂土	1：1.00	1：1.25	1：1.50
中密的碎石类土(充填物为粘黏性土)	1：0.75	1：1.00	1：1.25
硬塑的粉土	1：0.67	1：0.75	1：1.00
中密的碎石类土(填充物为黏性土)	1：0.50	1：0.67	1：0.75
硬塑的粉质黏土、黏土	1：0.33	1：0.50	1：0.67
老黄土	1：0.10	1：0.25	1：0.33
软土(经井点降水后)	1：1.00	—	—

注：1. 静载是指堆土或材料的自重等。动载指机械挖土或汽车运输作业对基坑的作用等。静载或动载的作用位置应距挖方边缘 0.8m 以外，堆土或材料的高度不宜超过 1.5m；

2. 当有成熟经验时，可不受本表限制。

(3) 当开挖基坑(槽)的土壤含水量大而不稳定，或基坑较深，或受到周围场地限制而需用较陡的边坡，或直立开挖面土质较差时，应采用临时性支撑加固，坑、槽宽度应比基础宽每边加 10～15cm 以留出支撑结构需要的尺寸。挖土时，土壁要求平直，挖好一层，支一层支撑；挡土板要紧贴土面，并用小木桩或横撑木顶住挡板。开挖宽度大的基坑，当在局部地段无法放坡，或下部土方受到基坑尺寸限制不能放大坡度时，则应在下部坡脚采取加固措施，例如，采用短桩与横隔板支撑或草袋装土堆砌临时挡土墙等措施保护坡脚；当开挖深基坑时，则须采用半永久性、安全、可靠的支护措施。

（4）基坑开挖程序一般是：测量放线→切线分层开挖→排降水→修坡→整平→留足预留土层等。相邻基坑开挖时，应遵循先深后浅或同时进行的施工程序。挖土应自上而下、水平分段分层进行，每层 0.3m 左右。边挖边检查坑底宽度，宽度不够时应及时修整。每 3m 左右修一次坡，至设计标高，再统一进行一次修坡清底，检查坑底宽和标高，要求坑底凹凸高差不超过 1.5cm。

（5）基坑开挖应尽量防止对地基土的扰动。当采用人工挖土，基坑挖好后不能立即进行下道工序，应预留 15～30cm 的一层土不挖，待下道工序开始时再挖至设计标高。采用机械开挖基坑时，为避免破坏基底土壤，应在基底标高以上预留一层来人工清理。使用铲运机、推土机或多斗挖土机时，保留土层厚度为 20cm；使用正铲、反铲或拉铲挖土时应为 30cm。

（6）在地下水位以下挖土，应在基坑（槽）周围或两侧挖好临时排水沟和集水井，将水位降至坑、槽底部以下 500mm。降水工作应持续到基础（包括地下水位下回填土）施工完成。

（7）雨季施工时，基坑槽应分段开挖，挖好一段浇筑一段垫层，并在基槽两侧围以土堤或挖排水沟，以防止地面雨水流入基坑槽，同时应经常检查边坡和支护情况，以防止坑壁受水浸泡而造成塌方。

（8）在基坑（槽）边缘上方堆土或堆放材料以及移动施工机械时，应与基坑边缘保持大于 1m 的距离，以保证坑边直立壁或边坡的稳定。当土质良好时，堆土或材料应距挖方边缘 0.8m 以外，高度不宜超过 1.5m，并应避免在已完工基础一侧过高堆土，使基础、墙、柱歪斜而酿成事故。

（9）基坑挖完后应进行验槽，做好记录，如果发现地基土质与地质勘察报告、设计要求不符时，应与有关人员研究并及时处理。

4. 土方开挖工程质量检测方法及标准

（1）土方开挖工程质量检测标准及检查方法应符合表 3-4 的规定。

表 3-4　土方开挖工程质量检验标准

项目	序号	检查项目	允许偏差或允许值/mm					检查方法
			柱基基坑基槽	挖方场地平整		管沟	地（路）面基层	
				人工	机械			
主控项目	1	标高	−50	±30	±50	−50	−50	水准仪
	2	长度、宽度（由设计中心线向两边量）	+200 −50	+300 −100	+500 −150	+100	—	经纬仪、用钢尺量
	3	边坡	设计要求					通过观察或用坡度尺检查
一般项目	1	表面平整度	20	20	50	20	20	用 2m 靠尺和楔形塞尺检查
	2	基底土性	设计要求					通过观察或土样分析

注：地（路）面基层的偏差只适用于直接在挖、填方上做地（路）面的基层。

2）检测项目、检测方法及要求说明

（1）标高

桩基按总数抽查10％，但不少于5个，且每个不少于2点；基坑每20m²取1点，每坑不少于2点；基槽、管沟、排水沟、路面基层每20m取1点，但不少于5点；场地平整每100～400m²取1点，但不少于10点。采用水准仪检测标高。

（2）长度、宽度（由设计中心线向两边量）

矩形平面从相交的中心线向外量2个宽度和2个长度；圆形平面以圆心为中心取半径长度在圆弧上绕一圈；梯形平面用长边短边中心连线向外量；每边不能少于1点。用经纬仪和钢尺测量。

（3）边坡

按设计规定坡度每20m测一点，每边不少于2点；设计无规定时按表3-5执行，必须要满足边坡稳定的要求，用坡度尺检查。

（4）表面平整度

每30～50m²取1点，用2m靠尺和楔形塞尺检查。

（5）基底土性

观察或土样分析结果确认的，基底土质必须与勘察报告、设计要求相符、基底土严禁被水浸泡和扰动。

表3-5　填土的边坡控制

项次	土 的 种 类	填方高度/m	边坡坡度
1	黏土类土、黄土、类黄土	6	1：1.50
2	粉质黏土、泥灰岩土	6～7	1：1.50
3	中砂和粗砂	10	1：1.50
4	砾石和碎石土	10～12	1：1.50
5	易风化的岩土	12	1：1.50
6	轻微风化、尺寸在25cm内的石料	≤6	1：1.33
		6～12	1：1.50
7	轻微风化、尺寸大于25cm的石料，边坡用最大石块、分排整齐铺砌	≤12	1：1.50～1：0.75
8	轻微风化、尺寸大于40cm的石料，其边坡分排整齐	≤5	1：0.50
		5～10	1：0.65
		>10	1：1.00

注：1. 当填方高度超过本表限值时，其边坡可做成折线形，填方下部的边坡坡度应为1：1.75～1：2.00；

　　2. 凡永久性填方，土的种类未列入本表者，其边坡坡度不得大于$\frac{1}{2}(\phi+45°)$，其中ϕ为土的内摩擦角。

5．质量验收文件

土方开挖工程施工质量验收时，应提供下列文件和记录。

（1）工程地质勘察报告或施工前补充的地质详勘报告；

（2）地基验槽记录应有建设单位（或监理单位）、施工单位、设计单位、勘察单位签署的检验意见；

（3）规划红线放测签证单或建筑物（构筑物）平面和标高放线测量记录和复核单；

（4）地基处理设计变更单或技术核定单；

（5）挖土边坡坡度选定的依据；

（6）施工过程排水监测记录；

（7）土方开挖工程质量检验单。

6. 土方开挖施工质量验收记录表

土方开挖工程施工验收后，应填写该工程检验批质量验收记录表，见表 3-6。

表 3-6 土方开挖工程检验批质量验收记录表（GB 50202—2002）

单位（子单位工）工程名称									
分部（子分部）工程名称							验收部位		
施工单位							项目经理		
分包单位							分包项目经理		
施工执行标准名称及编号									

项目	序号	检查项目	施工质量验收规范的规定					施工单位检查评定记录	监理（建设）单位验收记录
			允许偏差或允许值/mm						
			柱基基坑基槽	挖方场地平整		管沟	地（路）面基层		
				人工	机械				
主控项目	1	标高	−50	±30	±50	−50	−50		
	2	长度、宽度（由设计中心线向两边量）	+200 −50	+300 −100	+500 −150	+100	—		
	3	边坡	设计要求						
一般项目	1	表面平整度	20	20	50	20	20		
	2	基底土性	设计要求						

施工单位检查评定结果	专业工长（施工员）	施工班组长
	项目专业质量检查员：	年　月　日

监理（建设）单位验收结论	专业监理工程师：（建设单位项目专业技术负责人）	年　月　日

3.1.3 土方回填

1. 回填土料的选择与填筑方法

为了保证填土工程质量，必须正确选择土料和采用正确的填筑方法。

碎石类土、砂土（使用细、粉砂时应取得设计单位同意）和爆破石渣，可用作表层以下的填料；含水量符合压实要求的黏性土，可用作各层填料；碎块草皮和有机质含量大于 8% 的土，仅用于无压实要求的填方；淤泥和淤泥质土一般不能用作填料，但在软土或沼泽地区，经过处理使含水量符合压实要求后，可用于填方中的次要部位。

填方应尽量采用同类土填筑。如采用两种透水性不同的填料分层填筑时,上层宜填筑透水性较小的填料、下层宜填筑透水性较大的填料,不得将各种土任意混杂使用。

填方施工应接近水平的分层填土,分层压实。每层的厚度根据土的种类及选用的压实机械而定。应分层检验填土的压实质量,符合设计要求后,才能填筑上层土。

2．土方回填与压实的质量控制要点

(1)土方回填前,应清除基底的垃圾、树根等杂物,抽除坑穴积水、淤泥,检验基底标高。如果在耕植土或松土上填方,应在基底压实后再进行。

(2)对填方土料,应按设计要求验收后方可填入。

(3)在填方施工过程中,应检查每层土的填筑厚度、含水量控制、压实程度,及排水措施。填筑厚度及压实遍数应根据土质、压实系数及所用机具确定。如无试验依据,应符合表 3-7 的规定。

表 3-7 填土施工时的分层厚度及压实遍数

压 实 机 具	分层厚度/mm	每层压实遍数
平碾	250～300	6～8
振动压实机	250～350	3～4
柴油打夯机	200～250	3～4
人工打夯	<200	3～4

3．土方回填与压实施工质量检验方法及标准

1)填方施工结束后,应检查标高、边坡坡度、压实程度等,检验标准应符合表 3-8 的规定。

表 3-8 填方工程质量检验标准

项目	检查项目	允许偏差或允许值/mm					检 查 方 法
		柱基基坑基槽	场地平整		管沟	地(路)面基础层	
			人工	机械			
主控项目	标高	−50	±30	±50	−50	−50	水准仪
	分层压实系数	设计要求					按规定方法
一般项目	回填土料	设计要求					取样检查或直观鉴别
	分层厚度及含水量	设计要求					水准仪及抽样检查
	表面平整度	20	20	30	20	20	用靠尺或水准仪

2)检测项目、检测方法及要求说明

(1)标高

标高是指回填后的表面标高,用水准仪测量,检查测量记录。

(2)分层压实系数 λ_0(密实度)

密实度控制：①基坑和室内填土,每层按 100～500m² 取样一组；②场地平整填方,每层按 400～900m² 取样一组；③基坑和管沟回填土,每 20～50m² 取样一组,但每层均不得少于一组,取样部位在每层压实后的下半部。

分层压实系数（λ₀）的检查方法按设计规定的方法进行。当设计无规定时，λ₀ 用环刀取样测定土的干密度，求出土的密实系数（$\lambda_0 = \rho_d / \rho_{dmax}$，其中 ρ_d 为土的控制干密度，ρ_{dmax} 为土的最大干密度）；或用小轻便触探仪直接通过锤击数来检验压实系数；也可用钢筋灌入深度法检查填土地基质量，但必须按击实试验测得的钢筋贯入深度的方法。环刀取样、小轻便触探仪锤数、钢筋贯入深度法取得的压实系数均应符合设计要求的 λ₀。

（3）回填土料

在基底处理完成前对回填材料进行一次性取样检查或鉴别。当回填材料有变更时，应再检查或鉴别，符合设计要求时才准予回填施工。

（4）分层厚度及含水量

分层铺土厚度检查每 10～20mm 或 100～200m² 设置一处。回填料实测含水量与最佳含水量之差应控制在 −4%～＋2% 范围内，每层填料均应抽样检查一次，由于气候因素使含水量发生较大变化时应再抽样检查。回填料含水量的检查方法：在回填基层上竖小皮数杆或用铁针插入检查；黏性土的工地检验一般以手握成团，落地即散为适宜；砂性土可在工地用烘干法测定含水率。

（5）表面平整度

抽验数量同土方开挖中对表面平整度的抽验数量要求。检查方法：用 2m 靠尺和楔形塞尺检查，每 30～50m² 检查 1 点。

3.2 地基处理工程

地基处理是一项历史悠久的工程技术。追溯到很久以前，人类就已懂得对天然地基进行人工处理，例如，我国两千年前就采用在软土中夯入碎石等压密土层的方法。随着现代建筑事业对地基处理的要求日益增高，许多新的地基处理技术也得到开发和应用，如近年来发展的强夯法、振冲法、真空预压法、高压喷射注浆法以及加筋法等已广泛用于工程实践。地基处理技术的研究和推广已成为土木工程中一项重要的课题。

地基处理就是按照上部结构对地基的要求，对地基进行必要的加固或改良，提高地基土的承载力，保证地基稳定，减少房屋的沉降或不均匀沉降，消除失陷性黄土的失陷性，提高抗液化能力等，常用的人工地基处理方法有换土垫层法，预压法、强夯法，振冲法，挤密法，深层搅拌，化学加固等方法。地基处理的对象是软地基和不良地基。地基处理的目的是提高地基的强度，以保证地基的稳定性；降低地基的压缩性，减少地基的沉降和不均匀沉降；加强地基固结过程，提早完成沉降；防止地震引起地基的液化和震陷等。下面介绍几种常见地基处理方法的施工质量要求及检测方法。

3.2.1 换土垫层法

换土垫层法是先将基础底面以下一定范围内的软弱土层挖去，然后回填强度较高、压缩性较低，并且没有侵蚀性的材料，如：中粗砂、碎石或卵石、灰土、素土、石屑、矿渣等，再分层夯实后作为地基的持力层。换土垫层按其回填的材料可分为灰土垫层、砂垫层、碎（砂）石垫层等。

1．灰土地基

1）施工材料要求

（1）土料：采用就地挖出的黏性土及塑性指数大于4的粉土，土内不得含有松软杂质或使用耕植土；土料须过筛，其颗粒不应大于15mm。

（2）石灰：应用Ⅲ级以上的新鲜的块灰，含氧化钙、氧化镁愈高愈好，使用前1～2d将其消解并过筛，其颗粒不得大于5mm，且不应夹有未熟化的生石灰块粒及其他杂质，也不得含有过多的水分。

2）施工质量控制要点

（1）灰土土料、石灰或水泥（当水泥替代灰土中的石灰时）等材料及配合比应符合设计要求，灰土应搅拌均匀。

（2）施工过程中应检查分层铺设的厚度、分段施工时上、下两层的搭接长度、夯实时的加水量、夯压遍数、压实系数。

（3）施工结束后，应检验灰土地基的承载力。

3）灰土地基质量验收标准

灰土地基的质量验收标准应符合表3-9的规定。

表3-9　灰土地基质量检验标准

项目	序号	检查项目	允许偏差或允许值		检查方法
			单位	数值	
主控项目	1	地基承载力	设计要求		按规定方法
	2	配合比	设计要求		拌合时的体积比
	3	压实系数	设计要求		现场实测
一般项目	1	石灰粒径	mm	≤5	筛分法
	2	土料有机质含量	%	≤5	试验室焙烧法
	3	土颗粒粒径	mm	≤15	筛分法
	4	含水率（与要求的最优含水率比较）	%	±2	烘干法
	5	分层厚度偏差（与设计要求比较）	mm	±50	水准仪

4）灰土地基施工质量检测项目、检测方法及要求说明

（1）地基承载力

经灰土加固后的地基承载力必须达到设计要求的标准。检查方法：按设计规定的检测方法或浅层平板荷载法。检验数量：每单位工程不应少于3点；1000m²以上工程，每100m²至少应有1点；3000m²以上工程，每300m²至少应有1点；每一独立基础下至少应有1点，基槽每20m应有1点。

（2）配合比

量测配合比量具容积，目测量具内装灰土料的体积并拌合到色泽均匀，在施工时全数目测检验并记录。

（3）压实系数

由设计规定，当设计无要求时可参照灰土质量标准（见表3-10）执行。压实系数的检查

宜用环刀取样法,测定其干重度。压实系数 $\lambda_c = \rho_d / \rho_{dmax}$,其中 ρ_d 施工时实际达到的干重度, ρ_{dmax} 为最大干重度,一般为 0.93～0.95。也可用环刀取样法和贯入测定法配合使用,在环刀取样的周围用贯入法测定(钢筋贯入测定法:用直径为 20mm,长 1250mm 的平头钢筋,举起高于施工换垫层面 700mm 自由落下的贯入深度),贯入仪(钢筋)的贯入深度以不大于环刀取样合格干重度时贯入仪的深度为合格。压实系数需分层检验,且检验数量与地基承载力的系数相同。

表 3-10　灰土质量标准

土料种类	灰土最小干重度/(g/cm³)	土料种类	灰土最小干重度/(g/cm³)
粉土	1.55	黏土	1.45
粉质黏土	1.50		

(4) 石灰粒径

每天对不同批的熟石灰用筛分法检测(同批只需检测一次)。

(5) 土料有机质含量

选定土料产地时,用焙烧法检测有机物含量。土料变化时重新检测。

(6) 土颗粒粒径

每天对不同批的土料用筛分法检测(同批只需检测一次)。

(7) 含水率

用烘干法检测决定最优含水率后,用手紧握成团、两指轻捏即碎的目测法对全过程进行控制。

(8) 分层厚度偏差

用水准仪插钎配合分层全数控制。

2. 砂和砂石地基

1) 施工材料要求

(1) 砂:使用颗粒级配良好、质地坚硬的中砂或粗砂。当采用细砂、粉砂时,应掺加粒径为 20～50mm 的卵石(或碎石),而且卵石要均匀分布。砂中不得含有杂草、树根等有机质,砂的含泥量应不大于 5%,当其兼作排水垫层时,含泥量不得超过 3%。

(2) 砂石:用自然级配的砂石(或卵石、碎石)混合物,石料粒径应在 50mm 以下,其含量应在 50% 以内,不得含有植物残体、垃圾等杂物,含泥量应小于 5%。

2) 施工质量控制点

(1) 砂、石等原材料质量、配合比应符合设计要求;应将砂、石搅拌均匀。

(2) 施工过程中,必须检查分层厚度;分段施工时,必须检查搭接部分的压实情况、加水量、压实遍数、压实系数。

(3) 施工结束后,应检查砂石地基承载力。

3) 砂及砂石地基质量验收标准

砂和砂石地基的质量验收标准应符合表 3-11 的规定。

4) 砂和砂石地基施工质量检测方法及要求说明

地基承载力、配合比、压实系数(中砂在中密状态的干重度,一般为 1.55～1.60g/cm³)的检查方法、检查数量与灰土地基的相同。

表 3-11　砂及砂石地基质量检验标准

| 项目 | 序号 | 检 查 项 目 | 允许偏差或允许值 | | 检 查 方 法 |
			单位	数值	
主控项目	1	地基承载力	设计要求		按规定方法
	2	配合比	设计要求		检查拌合时的体积比或重量比
	3	压实系数	设计要求		现场实测
一般项目	1	砂石料有机质含量	%	≤5	焙烧法
	2	砂石料含泥量	%	≤5	水洗法
	3	石料粒径	mm	≤100	筛分法
	4	含水量(与要求的最优含水量比较)	%	±2	烘干法
	5	分层厚度偏差(与设计要求比较)	mm	±50	水准仪

(1) 砂石料有机质含量与含泥量。在选料时进行有机质含量和含泥量检测,材料有变更时应重新检测。用焙烧法检测有机质含量,用水洗法检测含泥量。

(2) 石料粒径。在现场,用筛分法检测,石料粒径应小于或等于100mm;按设计要求和现场压实试验段规定干渣的粒径。

(3) 含水率(与最优含水率比较)。现场用烘干法测量,每天拌料前测量;材料变更或环境变更时,应重新测量与最优含水率的偏差,控制在±2%内。

(4) 分层厚度(与设计要求比较)。每层下料前,用水准仪测定基层高程,用插钎法控制分成厚度,钎的设点数视现场平面形状而定,以能控制分层厚度为原则,分层厚度偏差控制在±50mm范围内。

3.2.2 预压法

在软土地基上直接建造建筑物或进行填土时,地基由于固结和剪切变形会产生很大的沉降,甚至由于强度不足而产生地基土破坏。预压地基就是在建筑物施工前,对建筑地基预先施加压力使土体中的水通过砂井或塑料排水带排出,使土体固结,同时使土体孔隙比减少,抗剪强度相应提高,能承受更大的荷载。预压地基形成方法有两种:加载预压法和真空预压法,它们的处理深度可分别达到10m和15m左右。

1. 施工材料要求

1) 竖向排水体材料

(1) 普通砂井。普通砂井采用中、粗砂,含泥量不大于3%。

(2) 袋装砂井。装砂袋的编织材料,要求有良好的透水、透气性,一定的耐腐蚀、抗老化性能,应有足够的抗拉强度,能承受袋内装砂自重和弯曲产生的拉力。一般选用聚丙烯编织布、玻璃丝编织布、黄麻布、再生布等。

(3) 打设砂井孔的钢管。钢管内径宜略大于砂井直径,以减少施工过程中对地基土的扰动。

(4) 塑料排水板。要求滤网膜渗透性好,与黏土接触后,滤网膜渗透系数不低于中粗砂,以确保排水沟槽输水畅通。不同型号塑料排水带厚度见表3-12,塑料排水带的性能见表3-13。

表 3-12　不同型号塑料排水带的厚度

型　号	A	B	C	D
厚度/mm	>3.5	>4	>4.5	>6

表 3-13　塑料排水带的性能

项　目		单位	A 型	B 型	C 型	条　件
纵向通水量		cm^3/s	≥15	≥25	≥40	侧压力
滤膜渗透系数		cm/s		≥$5×10^{-4}$		试件在水中浸泡 24h
滤膜等效孔径		μm		<75		以 D98 计,D 为孔的直径
复合体抗拉强度(干态)		kN/10cm	≥1.0	≥1.3	≥1.5	延伸率为 10% 时
滤膜抗拉强度	干态	N/cm	≥15	≥25	≥30	延伸率为 10% 时
	湿态		≥10	≥20	≥25	延伸率为 15% 时,试件在水中浸泡 24h
滤膜重度		N/m^2	—	0.8	—	

注：1. A 型排水带适用于插入深度小于 15m;

　　2. B 型排水带适用于插入深度小于 25m;

　　3. C 型排水带适用深度小于 35m。

2) 真空预压密封膜

真空预压密封膜采用抗老化性能好、韧性好、抗穿刺能力强的不透气材料。

3) 堆载材料

堆载材料一般以散料为主,如：土、砂、石子、砖、石块等;对于大型油罐、水池地基,采用充水的方法对地基实施预压。

2. 施工质量控制点

1) 施工前应检查施工监测措施,沉降、孔隙水压力等原始数据,排水设施,砂井(包括袋装砂井),塑料排水带等位置。

2) 堆载施工时,应检查堆载高度、沉降速率。真空预压施工时,应检查封膜的密封性能、真空表读数等。

3) 施工结束后,应检查地基土的强度及其他物理力学指标,对重要建筑物地基应做承载力检验。

3. 预压地基质量验收标准

预压地基和塑料排水带质量检验标准应符合表 3-14 的规定。

表 3-14　预压地基和塑料排水带质量检验标准

项目	序号	检 查 项 目	允许偏差或允许值		检 查 方 法
			单位	数值	
主控项目	1	预压载荷	%	≤2	水准仪
	2	固结度(与设计要求比)	%	≤2	根据设计要求采用不同的方法
	3	承载力或其他性能指标	设计要求		规定方法

续表

项目	序号	检查项目	允许偏差或允许值		检查方法
			单位	数值	
一般项目	1	沉降速率(与控制值比)	%	±10	水准仪
	2	砂井或塑料排水带位置	mm	±100	钢尺测量
	3	砂井或塑料排水带插入深度	mm	±200	插入时用经纬仪检查
	4	插入塑料排水带时的回带长度	mm	≤500	钢尺测量
	5	塑料排水带或砂井高出砂垫层距离	mm	≥200	钢尺测量
	6	插入塑料排水带的回带根数	%	<5	目测

注：如采用真空预压，主控项目中预压载荷的检查为真空度降低值应小于2%。

4. 预压地基和塑料排水带质量检测项目、检测方法及要求说明

1) 预压载荷

根据设计要求，将每次堆载的载荷折算成堆载材料的高度，堆完后用水准仪测量，实际堆载高度与设计要求堆载高度偏差应以小于或等于2%为合格。当采用真空预压时，主控项目中的预压载荷的检查，即每次抽真空度的数值，其真空度降低值以小于2%为合格。

2) 固结度(与设计要求比较)

根据设计规定的检查方法，当设计没有规定时，可选用标准贯入法或锤击取土分析法来检查土体的固结度，试验结果的固结度与设计要求固结度之间的偏差应小于或等于2%，根据设计要求确定检查数量。

3) 承载力或其他性能指标

预压地基一般用于堆场、港区陆域大面积填土和建筑等工程。一般堆场工程在施工结束后，应检查地基土的强度和设计要求达到的物理力学指标。按设计要求确定检查数量和方法。对于重要建筑物的地基应做地基承载力测试，其检测方法：根据设计规定方法或选用静荷载检测等；检验数量：每单位工程不应少于3点；1000m² 以上工程，每 100m² 至少应有1点；3000m² 以上工程，每 300m² 至少应有1点；每一独立基础下至少应有1点，基槽每 20m 应有1点。

4) 沉降速率

对堆载预压工程，根据设计要求分级逐渐堆载。在堆载过程中，每天进行沉降、边柱位移及孔隙水压力等项目的观测，每天的沉降应控制在 10~15mm 之间；每天的边柱水平位移应控制在 4~7mm 之间；孔隙水压力系数(由外力引起的土中孔隙水压力 u 与该外力引起的土中附加应力 ρ 之比值)：$u/\rho \leq 0.6$，对其进行综合分析后与设计值相比应控制在 ±10% 范围内。测定工具为水准仪和钢尺。

5) 砂井或塑料排水带位置

按平面布置图，全数用钢尺测量，定位桩与实际埋设砂井或塑料排水带的位置偏差控制在 ±100mm 范围内。

6) 砂井或塑料排水袋插入深度

按设计要求，施工前先平整场地，用经纬仪测出场地标高，砂井或塑料排水带插入时，用经纬仪控制砂井和塑料排水带的垂直度，宜控制在小于或等于 1.5% 范围内，用砂井或塑料排水带的长度减去砂井或塑料排水带露出场地的长度即插入深度，实测所得的插入深度与

设计要求值偏差控制在±200mm范围内为合格。

7）插入塑料排水带时回带长度

回带长度是插板机拔出把塑料排水带送入土体中的导管时，带出的塑料排水带的长度，每根塑料排水带插入后，量被导管带出的长度控制在小于或等于500mm范围内为合格。

8）塑料排水带或砂井高出砂垫层距离

每根塑料排水带或砂井插入后，用钢尺量塑料排水带或砂井留在砂垫层上的长度，其值以大于或等于200mm为合格。留出的200mm塑料排水带或砂井是竖向排水体与横向排水体砂垫层连通的纽带。

9）插入塑料排带的回带根数

插入根数除以回带根数所得百分率以小于5％为合格。

3.2.3　强夯地基

强夯法地基加固施工技术在20世纪70年代由法国工程师梅那首次采用，施工时利用起重机械将大吨位夯锤起吊到6～30m高度后让其自由落下，给地基土以强大的冲击能量的夯击，在土中形成冲击波和很大的冲击压力，迫使土层孔隙压缩，土体出现局部液化并在夯击点周围产生裂隙，形成良好的排水通道，使孔隙水和气体逸出，土颗粒重新排列，经时效压密至固结，从而提高地基承载力、降低其压缩性并减少或消除土体湿陷性。

实践证明，经强夯处理的地基，其承载力可提高2～5倍，压缩性可降低200％～500％，影响深度在10m以上。强夯法一般可用于处理碎石土、砂土、低饱和度的粉土和黏性土、湿陷性黄土、杂填土和素填土地基，还可在不深的水中夯实地基。强夯法因其效果好、速度快、节省材料且应用广泛而受到广泛的重视。强夯法施工时噪声和振动大，且对邻近建筑物影响大，因而不宜在人口稠密的城市中使用。

1. 施工机具设备

1）夯锤

国内外的夯锤，特别是大吨位的夯锤，多数以钢板为钢壳并内灌混凝土。夯锤的平面有圆形和方形等形状，分为气孔式和封闭式两种。实践证明，圆形带气孔的锤较好：圆形锤可以克服方形锤由于上、下两次夯击着地点不完全重合，而造成夯击能损失和着地时锤体倾斜的缺点；带气孔的锤既可以减小起吊夯锤时的吸力（有工程试验测出，夯锤的吸力达三倍锤重），又可减少夯锤着地前的瞬时气垫的上托力，从而减少能量的损失。

2）起重设备

起重设备宜采用带有自动脱钩装置的履带式起重机或用三角架、龙门架。起重机的承重能力：当直接用钢丝绳吊时，应大于夯锤的3～4倍；当采用自动脱钩时，总重应大于夯锤的1.5倍。

3）脱钩装置

当锤重超出卷扬机的承载能力时，应使用滑轮组并借助脱钩装置起落。脱钩装置宜采用自由脱钩，常用吊式落钩，施工时脱钩装置应有足够的强度且使用灵活。

2. 施工质量控制点

（1）施工前应检查夯锤的重量、尺寸，落距控制手段，排水设施及被夯地基的土质。

（2）施工中应检查落距、夯实遍数、夯击范围。

（3）施工结束后，检查被夯地基的强度并进行承载力检验。

3. 强夯地基质量验收标准

强夯地基的质量应符合表 3-15 的规定。

表 3-15　强夯地基质量验收标准

项目	序号	检查项目	允许偏差或允许值		检查方法
			单位	数值	
主控项目	1	地基强度	设计要求		按规定方法
	2	地基承载力	设计要求		按规定方法
一般项目	1	夯锤落距	mm	±300	钢索设标志
	2	锤重	kg	±100	称量
	3	夯击遍数及顺序	设计要求		计数法
	4	夯点间距	mm	±500	用钢尺量
	5	夯击范围（超出基础范围距离）	设计要求		用钢尺量
	6	前后两遍间歇时间	设计要求		目测

4. 强夯地基施工质量检测项目、检测方法及要求说明

1）地基强度

按设计指定方法检测，强度应达到设计要求。

2）地基承载力

经强夯或重锤夯实的地基，其承载力必须达到设计要求。

检查方法：按设计规定的方法或《建筑地基处理技术规范》(JGJ 79—2002)提供的测试方法。检验数量：每单位工程不应少于 3 点；1000m² 以上工程，每 100m² 至少应有 1 点；3000m² 以上工程，每 300m² 至少应有 1 点。每一独立基础下至少应有 1 点，基槽每 20m 应有 1 点。

3）夯锤落距

在钢索上做好落锤标志，由提锤司机全程记录控制，以正负偏差不超过 300mm 为合格。

4）锤重

施工前用称重法称出锤重，与试夯锤重之比正负误差在 100kg 以内为合格。

5）夯点问题

按试夯规定的夯点间距排列标识实施并记录，误差在 ±500mm 范围内为合格。当用重锤夯实时，夯点间距误差在 0～100mm 范围内为合格。

6）夯实范围（超出基础范围距离）

根据设计要求在放线挖土时放宽放长，用经纬仪和钢卷尺放线量测。

7）前后两遍间歇时间

根据设计要求的间歇时间，在前后两遍夯击之间停止夯击。

3.2.4　振冲地基

振冲法，又称振动水冲法，是以起重机吊起振冲器，启动潜水电机带动偏心块，使振冲器

产生高频振动,同时开动水泵,通过喷嘴喷射高压水流冲击成孔,然后分批填充砂石骨料,依靠振冲器的水平及垂直振动振密填料,所形成的砂石桩体与原地基构成复合地基,从而提高地基的承载力,减少地基的沉降和沉降差的一种快速、经济有效的加固方法。振冲桩一般用于加固松散的砂土地基。目前我国应用振冲地基的加固深度一般为 14m,最大可达 18m,置换率一般为 10%~30%,每米桩的填料量为 0.3~0.7m³,直径为 0.7~1.2m。

1. 施工机械设备

1) 振冲器

振冲器是由中空轴立式潜水电机直接带动偏心块振动的短柱状机具,利用电机转动通过弹性联轴器带动振动机体中的中空轴,转动的偏心块产生一定频率和振幅的水平向振力。水管从电机上部进入,穿过 2 根中空轴至端部进行射水供水。振冲器主要有 ZCQ-13、ZCQ-30 和 ZCQ-55 三种,其中最常用的型号为 ZCQ-30,其功率为 30kW。

2) 起吊设备

操纵振冲器的起吊设备一般采用 8~15t 履带或轮胎式起重机,有时也采用自行井架施工平车或其他的设备,履带或轮胎式起重机的特点是移动方便、功效高、施工安全。

3) 控制设备

控制设备包括:控制电流的操作台,150A 以上容量的电流表(或自动记录的电流表),500V 电压表以及水泵,供水管道、加料设备(吊斗或翻斗)等。

每台振动器应配一台水压力为 400~600kPa,流量为 20~30m³/h 的水泵。

2. 施工质量控制要点

(1) 施工前应检查振冲器、填料的性能以及电流表、电压表的准确度。

(2) 施工中应检查密实电流、供水压力、供电量、填料量、孔底留振时间、振冲点位置、振冲器施工参数(由振冲试验或设计确定)等。

(3) 施工结束后,应在有代表性的地段进行地基强度或承载力检验。

3. 振冲地基质量验收标准

振冲地基的质量应符合表 3-16 的规定。

表 3-16　振冲地基质量检验标准

项目	序号	检查项目	允许偏差或允许值		检查方法
			单位	数值	
主控项目	1	填料粒径	设计要求		抽样检查
	2	密实电流(黏性土)	A	50~55	电流表读数
		密实电流(砂性土或粉土)	A	40~50	电流表读数
		(以上为功率 30kW 的振冲器)			
		密实电流(其他类型的振冲器)	A_0	1.5~2.0	A_0 为空振电流
	3	地基承载力	设计要求		按规定方法
一般项目	1	填料含泥量	%	<5	抽样检查
	2	振冲器喷水中心与孔径中心偏差	mm	≤50	用钢尺量
	3	成孔中心与设计孔位中心偏差	mm	≤100	用钢尺量
	4	桩体直径	mm	<50	用钢尺量
	5	孔深	mm	±200	量钻杆或重锤测

4．振冲地基施工质量检测项目、检测方法及要求说明

1）填料粒径

填料选料时应抽样检查,同一产地的填料应以每600t为一批,用筛分法检查;当产地、目测粒径发生变化时应重新检查。粒径的检查结果应符合设计要求。

2）密实电流

密实电流A是功率30kW的振冲器在密实状态下从电流表中读取的电流,A_0是其他类型振冲器在电流表中读取空振电流。每一桩段加固至密实状态,读出的电流值符合规定的电流值时为合格:

3）地基承载力

检验数量为总孔数的0.5%～1%,且不少于3处。有单桩强度检验要求时,检验数量为总孔数的0.5%～1%,且不少于3根。检验时选择设计规定的方法。

4）填料含泥量

在选定的填料产地处取样,采用水洗法对填料的含泥量进行检验,含泥量小于5%时为合格,填料产地发生变化时应重新检验。

5）振冲器喷水中心与孔径中心偏差

振冲器下放至孔口时,用钢尺测量两者中心的偏差,偏差值不超过50mm,偏差过大应移动振冲器进行纠正。

6）成孔中心与设计孔位中心的偏差

所有孔位施工结束后,挖去表面不密实的桩顶,露出桩断面,放测设计定位轴线,用钢尺测量桩中心与设计孔位中心的偏差,其值应不超过100mm,对所有孔位进行检查,并绘制出桩位竣工平面图。

7）桩体直径

桩体直径在上面6）点基础上同时用钢尺量出桩体直径,与设计要求比较,控制在不大于50mm范围之内为合格,每个桩的直径应记录在桩位竣工平面图上。

8）孔深

对孔深进行全数检查,成孔后用振冲器钻杆或重锤测量孔深。孔深在±200mm范围内为合格。

3.2.5　土和灰土挤密桩复合地基

土和灰土挤密桩成桩时首先利用沉管、冲击或爆扩等方法在地基中挤土成孔,然后向孔内夯填素土或灰土成桩。土和灰土挤密桩利用成孔过程中的横向挤密作用,使桩孔内的土被挤向周围,从而让桩间土体得以密实,将备好的素土(黏性土)或灰土分层填入桩孔内,并分层捣实至设计标高。采用素土分层夯实的桩体,称为土挤密桩;采用灰土分层夯实的桩体,称为灰土挤密桩。二者分别与挤密的桩间土组成复合地基,共同承受基础的上部荷载。土和灰土挤密桩能够提高地基承载力、降低地基压缩性,适用于处理地下水位以上的湿陷性黄土、素填土和杂填土等地基,处理深度宜为5～15m。

1．施工材料要求及施工机械设备

1）土桩和灰土所用的土,一般采用不含有机杂质的素土,使用前应过筛,其粒径不得大于20mm。

2) 灰土桩所用的熟石灰应过筛,其粒径不得大于 5mm。熟石灰中不得夹有未熟化的生石灰块,也不得含有过多的水分。

3) 常用的夯实机有偏心轮类杆式夯实机和卷扬机提升式夯实机两种,后者在工程中应用较多。夯锤用铸钢制成,重量一般选用 100～300kg,其竖向投影面积的静压力不小于 20kPa。夯锤的最大直径应较桩孔直径小 100～150mm,以便填料顺利通过夯锤四周。夯锤形状下端应为抛物线锥体或尖锥形锥体,上段成弧形。

2. 施工质量控制要点

(1) 施工前应对土及灰土的质量、桩孔放样位置等进行检查。

(2) 施工中应对桩孔直径、桩孔深度、夯击次数、填料的含水量等进行检查。

(3) 施工结束后,应检验成桩的质量及地基承载力。

3. 土和灰土挤密桩质量验收标准

土和灰土挤密桩地基的质量应满足表 3-17 的规定。

表 3-17 土和灰土挤密桩地基质量检验标准

项目	序号	检查项目	允许偏差或允许值		检查方法
			单位	数值	
主控项目	1	桩体及桩间土干密度	设计要求		抽样检查
	2	桩长	mm	+500	测桩管长度或垂球测孔深
	3	地基承载力	设计要求		按规定方法
	4	桩径	mm	-20	试验室焙烧法
一般项目	1	土料有机质含量	%	≤5	筛分法
	2	石灰粒径	mm	≤5	用钢尺量
	3	桩位偏差	满堂布桩≤0.40D 条状布桩≤0.25D		用钢尺量,D 为桩径
	4	垂直度	%	≤1.5	用经纬仪测桩管
	5	桩径	mm	-20	用钢尺量

注:桩径允许偏差是指个别断面的允许偏差。

4. 土和灰土挤密桩施工质量检测项目、检测方法及要求说明

1) 桩体及桩间土干密度

在工程现场采用环刀取样或进行贯入度试验,检查数量为每台班不少于 1 根,桩体夯实的质量检查数量应不小于桩孔数的 20%;桩体及桩间土的干密度应符合设计要求。

2) 桩长

对桩长进行全数检查,通过测量桩管长度或利用垂球测量孔深得到桩长,桩长不允许出现负偏差,正偏差在 +500mm 范围内为合格。

3) 地基承载力

检验数量为总数的 0.5%～1.0%,且不少于 3 处,有单桩强度检验要求时,数量为总数 0.5%～1.0%,且不少于 3 根。根据设计规定的方法进行检验,当设计没有规定时,其承载力可用单桩或复合地基载荷试验进行检验,测得的地基承载力应符合设计要求。

4) 桩径

用钢尺量测,全数检查,在土方开挖后,去除浮桩,测量桩头直径,与设计桩径比较应不

小于设计桩径,个别桩的个别断面最大允许偏差为 $-20mm$。

5）土料有机质含量

选择土料时检测土料的有机质含量,土料来源变更时应重新检测。采用实验室焙烧法进行测定,土料有机物含量不超过 5% 为合格。

6）石灰粒径

每次熟化后采用筛分法对石灰粒径进行全数检验,筛除小于 $5mm$ 的颗粒。

7）桩位偏差

用钢尺量测,全数检查。土方开挖后,放出轴线,量测桩实际中心与设计中心的偏差,满堂布桩不大于 $0.4D$(D 为桩径)、条基布桩不大于 $0.25D$,为合格。

8）垂直度

采用经纬仪测桩管进行全数检查,垂直度不大于 1.5% 为合格。

3.2.6　水泥土搅拌桩地基

水泥土搅拌桩加固软(黏)土地基利用水泥作为固化剂,通过特制的深层搅拌机械,在地基深处就地将软土和水泥浆强制拌合,使软土硬结成具有整体性、水稳性和足够强度的水泥加固土,从而提高地基强度和增大变形模量。这些加固体与天然地基形成复合地基,共同承担建筑物的荷载。水泥土搅拌法适用于处理正常固结的淤泥与淤泥质土、粉土、饱和黄土、素填土、黏性土以及无流动地下水的饱和松散砂土等地基。当地基土的天然含水量小于 30%(黄土含水量小于 25%)、大于 70% 或地下水的 pH<4 时不宜采用该方法。此外,水泥土搅拌法用于处理泥炭土、有机质土、塑性指数 $I_p>25$ 的黏土、地下水具有腐蚀性以及无工程经验地区的地基时,必须通过现场试验确定其适用性。

1. 施工材料要求

1）水泥

水泥选用 32.5 级以上新鲜普通硅酸盐水泥。

2）外掺剂要求

(1) 早强剂选用三乙醇胺、氯化钙、碳酸钠或水玻璃等材料,掺入量分别宜取水泥重量的 0.05%、2%、0.5%、2%。

(2) 减水剂可选用木质素硫酸钙,其掺入量宜取水泥重量的 0.2%。

(3) 石膏有缓凝和早强作用,其掺入量宜取水泥重量的 2%。

2. 施工质量控制点

(1) 施工前应检查水泥及外掺剂的质量、桩位、搅拌机工作性能以及各种计量设备的完好程度(主要是水泥浆流量计及其他计量装置)。

(2) 施工中应检查机头提升速度、水泥浆或水泥注入量、搅拌桩的长度及标高。

(3) 施工结束后,应检查桩体强度、桩体直径及地基承载力。

(4) 进行强度检验时,对承重水泥土搅拌桩应选取龄期超过 90d 的试件;对支护水泥土搅拌桩应选取龄期超过 28d 的试件。

3. 水泥土搅拌桩地基质量验收标准

水泥土搅拌桩地基的质量应符合表 3-18 的规定。

表 3-18　水泥土搅拌桩地基质量检验标准

项目	序号	检查项目	允许偏差或允许值		检查方法
			单位	数值	
主控项目	1	水泥及外掺剂质量	设计要求		检查产品合格证书及抽样送检
	2	水泥用量	参数指标		查看流量计
	3	桩体强度	设计要求		按规定方法
	4	地基承载力	设计要求		按规定方法
一般项目	1	机头提升速度	m/min	≤0.5	量机头上升距离及时间
	2	桩底标高	mm	±200	测机头深度
	3	桩顶标高	mm	+100 −50	水准仪(最上部500mm不计入)
	4	桩位偏差	mm	<50	用钢尺量
	5	桩径		<0.04D	用钢尺量,D为桩径
	6	垂直度	%	≤1.5	经纬仪
	7	搭接	mm	>200	用钢尺量

4. 水泥土搅拌桩地基施工质量检测项目、检测方法及要求说明

1) 水泥及外掺剂质量

按进货批次检查水泥的出厂质量证明书和现场抽验试验报告;外掺剂按品种、规格检查产品合格证书。

2) 水泥用量

逐桩检查灰浆泵流量计,计算输入桩内浆液(粉体)的用量并与设计确定的水泥掺入置换率进行比较,以满足设计要求为合格。

3) 桩体强度

水泥土桩应在成桩后7d内进行质量跟踪检验。当设计没有规定时可采用轻便触探器中附带的勺钻钻取桩身加固土样,观察土样搅拌均匀程度并判断桩身强度,也可采用静力触探的方法测试桩身强度沿深度的变化。检验数量为总数的0.5%~1%,且不少于3根。粉喷桩的触探点位置应在桩径方向1/4处。对每贯入100mm锤击数N_{10}小于10击的不合要求的桩体要进行桩头补强。轻便触探贯入桩的深度应不小于1.0m,当每贯入100mm,锤击数N_{10}不小于30击时可停止贯入。工程需要时,可在桩头截取试块或钻芯取样进行抗压强度试验,必要时可取基础下500mm的桩段进行现场抗压强度试验。当采用试件进行强度检验时,承重水泥土搅拌桩应取龄期超过90d的试件;支护水泥土搅拌桩应取龄期超过28d的试件。

4) 地基承载力

地基承载力按照设计规定方法进行检验。当设计没有规定时,水泥搅拌桩的承载力可采用单桩或复合地基进行载荷试验,载荷试验宜在成桩28d后进行。进行承载力检验的桩,其数量为每个场地(同一规格型号搅拌机、同一设计要求、同一地质条件为一个场地)桩总数的0.5%~1%,且不少于3根。

5) 机头提升速度

测量机头每分钟上升的距离,每桩都全程控制,机头提升速度不超过试桩确定的提升速

度 0.5m/min 时为合格。

6）桩底标高

对桩底标高进行全数测量，机头喷浆口深度在要求标高的±200mm 范围内时为合格。

7）桩顶标高

采用水准仪和钢尺配合测量，开挖后全数测量（桩最上部 500mm 不计入桩顶标高），桩顶标高在要求标高（+100mm、-50mm）范围内为合格。

8）桩位偏差

采用钢尺测量。在土方开挖后，将桩顶松软部分凿除，弹出轴线，并将桩实际中心与设计中心位置进行比较，偏差值小于 50mm 为合格，全数测量。

9）桩径

在土方开挖后，凿去桩顶松软部分，用钢尺全数测量桩直径并与设计直径相比，大于 0.96D（D 为设计桩径）为合格。

10）垂直度

用经纬仪控制搅拌头轴的垂直度，以不超过 1.5L‰（L 为桩长）为合格。

11）搭接

对相邻搭接要求严格的工程，在养护到一定龄期后，选定数根桩体进行开挖检查，两桩的搭接应不小于 200mm，施工过程中搭接的检验，用测量搅拌头刀片长度不小于 700mm 和搅拌头定位正确来控制。

3.3　桩基础

桩基础是常用的一种基础形式，属深基础的一种。当天然地基上的浅基础沉降量过大或地基稳定性不能满足建筑物的要求时，常采用桩基础。

3.3.1　桩基础分类

桩基础随着桩的材料、构造形式和施工技术的发展而名目繁多，可按多种方法分类，如图 3-1 所示。

1. 按桩的传力及作用性质分类

1）端承桩

如图 3-2（a）所示。穿过软弱土层，主要靠桩端在坚硬土层或岩层上支承作用，桩侧分担的荷载很小，一般不超过 10%。

2）摩擦桩

如图 3-2（b）所示。桩顶荷载主要靠桩周表面与土之间的摩擦力起主要承载作用（同时桩端也起一定的支承作用）。

2. 按桩身材料分类

根据桩身材料，可分为混凝土桩、钢柱和组合材料桩等。

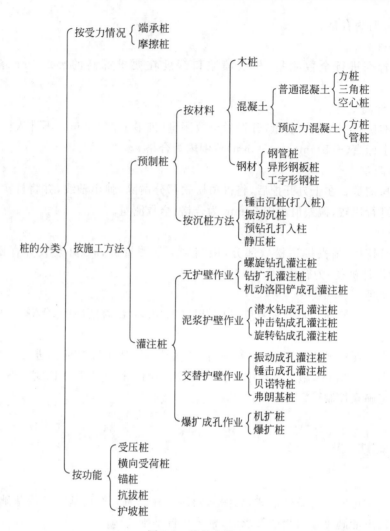

图 3-1 桩的分类

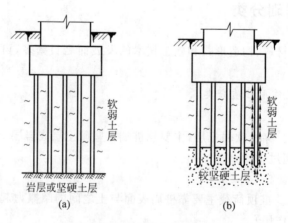

图 3-2 桩按传力及作用性质分类

(a) 端承桩；(b) 摩擦桩

1）混凝土桩

混凝土桩是目前应用最广泛的桩,具有制作方便、桩身强度高、耐腐蚀性能好、价格较低等优点。它又可分为预制混凝土桩和灌注混凝土桩两大类。

预制混凝土桩多为钢筋混凝土桩,断面尺寸一般为 400mm×400mm 或 500mm×500mm,单节长十余米。若桩基要求用长桩时,可将单节桩连接成所需长桩。为减少钢筋用量和桩身裂缝,也可采用预应力钢筋混凝土桩,其断面为圆形,外径为 400mm 和 500mm 两种,标准节长分别为 8m 和 10m,法兰盘接头。

灌注混凝土桩成桩时采用桩机设备在施工现场就地成孔,在孔内放置钢筋笼。灌注混凝土桩的深度和直径可根据受力需要进行确定。

2）钢桩

钢桩由钢板和型钢组成,常见的有各种规格的钢管桩、工字钢和 H 型钢桩等。由于钢桩桩身材料强度高,搬运和堆放方便且不易损坏,截桩容易,且桩身表面积大而截面积小,在沉桩时贯透能力强而挤土影响小,为减少对邻近建筑物的影响,在饱和软黏土地区多采用钢桩。工字钢和 H 型钢也可用作支承桩。钢管桩由不同直径和壁厚的无缝钢管制成,钢管桩价格昂贵,耐腐蚀性能差,故应用时受到一定的限制。

3）组合材料桩

组合材料桩是指一根由两种以上材料组成的桩。较早以前采用的水下桩基,就是在泥面以下采用木桩而水中部分采用混凝土桩。

3. **按桩基施工时对地基土的扰动影响分类**

1）非挤土桩

在成桩过程中将与桩体积相同的土挖出,因而桩周围的土很少受到扰动,但有应力松弛现象。这类桩主要有挖孔或钻孔桩、井筒管桩和预钻孔埋桩等,一般采用干作业、泥浆护壁法和套管护壁法等施工工艺。

2）部分挤土桩

在成桩过程中,桩周围的土仅受到轻微的扰动,土的结构和工程性质没有明显变化,这类桩主要有部分挤土灌注桩、预钻孔打入式预制桩和打入式敞口桩等。

3）挤土桩

在成桩过程中,桩周围的土被挤密或挤开,因而使桩周围的土受到严重扰动,土的结构遭到破坏,工程性质发生很大变化。这类桩主要有挤土灌注桩、预钻孔打入式预制桩和打入式敞口桩等。

4. **按桩的功能分类**

桩在基础工程中可能主要承受轴向垂直荷载,或主要承受拉拔荷载,或主要承受水平荷载,或承受竖向荷载、水平荷载均较大的荷载。因此,可按使用功能可分为竖向抗压桩、竖向抗拔桩、水平受荷桩和复合受荷桩。

1）竖向抗压桩

竖向抗压桩,简称抗压桩。如一般工业与民用建筑物的桩基,其在正常工作条件下(不考虑地震作用)主要承受上部结构的垂直荷载。根据桩的荷载传递机理,抗压桩又可分为摩擦型桩和端承型桩。

2）竖向抗拔桩

竖向抗拔桩，简称抗拔桩。主要用于抵抗作用在桩上的拉拔荷载，如板桩墙后的锚桩。拉拔荷载主要依靠桩侧摩阻力承受。

3）水平受荷桩

水平受荷桩是指主要承受水平荷载的桩，如在基坑开挖前打入土体中的支护桩、港口码头工程用的板桩等。桩身主要承受弯矩力，其整体稳定性则靠桩侧土的被动土压力或水平支撑和拉锚来保证。

4）复合受荷桩

复合受荷桩是指所承受的竖向和水平向荷载均较大的桩，如高耸塔形建筑物的桩基，既要承受上部结构传来的垂直荷载，又要承受水平方向的风荷载。

3.3.2 混凝土预制桩

目前国内工程中常用的钢筋混凝土预制桩有普通钢筋混凝土桩（简称 RC 桩），预应力混凝土方桩（简称 PRC 桩）、预应力混凝土管桩（简称 PC 桩）和超高强混凝土离心管桩（简称 PHC 桩）。其中，钢筋混凝土预制方桩的制作比较方便，价格比较便宜，沿桩长的断面尺寸可根据需要确定，而且可以在现场预制，因而在工程中用得较多。

1. 预制方桩制作要求

1）材料要求

水泥和钢材进场时应有质量保证书，现场应对其品种、出厂日期等进行验收。水泥的保存期不宜超过 3 个月。原材料使用前均应抽样送至有关单位，检验合格后方可使用。值得一提的是水泥的安定性必须化验，当安定性不合格时，这批水泥只能报废。

2）支模

支模时必须保证桩身及桩尖部分的形状尺寸及相互位置正确，尤其要注意桩尖位置应与桩身纵轴线对准。模板接缝应严密，不得漏浆。

3）钢筋的绑扎

（1）配制纵向钢筋时，接头处宜采用闪光对接或气压焊对接，采用双面搭接焊时，搭接长度不得小于 $5d$（d 为主筋直径）。

（2）在桩的同一截面内，焊接接头的截面面积不得超过主筋截面面积的 50%，并以 $30d$ 的区域内作为同一截面，且该区域长度应不小于 500mm。

（3）纵向钢筋和钢箍应绑扎牢固，防止连接位置不正，桩顶钢筋网片应按设计要求的位置与间距设置，且不偏斜，整体扎牢制成钢筋笼。桩尖应与钢筋笼的中心纵轴线对准。

（4）安放钢筋笼时，要防止扭曲变形。

（5）钢筋或钢筋笼在运输和储存过程中，应避免其锈蚀和污染。使用前应对钢筋或钢筋笼的不洁表面进行清刷。不得使用带有颗粒状或片状锈蚀的老旧钢筋。

4）混凝土的浇筑

（1）混凝土浇筑前，应清除模板内的垃圾、杂物，检查各部位的保护层厚度是否符合设计要求，主筋顶端保护层不宜过厚，以免锤击沉桩时出现桩顶破碎。

（2）灌注混凝土时应由桩顶往桩尖方向进行，确保顶部结构的密实性，以承受锤击沉桩时的锤击应力，并应连续浇灌，不得中断。雨雪天气时，不宜露天灌筑混凝土，必须浇筑时，应采取有效措施确保混凝土质量。

5）在现场采用重叠法浇筑预制桩时，应遵守下列规定：

（1）制桩场地必须坚实平整，满足地基承载力要求以及由桩制作允许偏差所确定的地基变形要求，防止浸水沉陷。

（2）桩的底模应平整坚实，宜选用水泥地坪或其他模板。

（3）桩与邻桩、桩与底模的接触处必须做好隔离层，防止互相粘接。

（4）上层桩或邻桩灌筑时，必须在上层桩或邻桩的混凝土强度达到设计强度的30%后，方可进行。

（5）桩的重叠层数不宜超过4层。

（6）制作预制桩严禁采用拉模和翻模等快速脱模方法进行施工。

（7）桩的养护应自然养护一个月，即使采用蒸汽养护，也只能提早拆模，并继续养护直至混凝土的水化作用充分完成，方可沉桩。

2. 施工质量控制点

（1）桩在现场预制时，应对原材料、钢筋骨架、混凝土强度进行检查。采用工厂生产的成品桩时，桩进场后应进行外观及尺寸检查。

（2）施工中应对桩体垂直度、沉桩情况、桩顶完整状况、接桩质量等进行检查。采用电焊接桩时，对重要工程应进行10%的焊缝探伤检查。

（3）施工结束后，应对承载力及桩体质量进行检验。

（4）对长桩或总锤击数超过500击的锤击桩，应符合桩体强度及28d龄期这两项条件才能锤击。

3. 混凝土预制桩质量验收标准

（1）预制桩钢筋骨架的质量应符合表3-19的规定。

表3-19　预制桩钢筋骨架质量检验标准　　　　mm

项目	序号	检查项目	允许偏差或允许值	检查方法
主控项目	1	主筋距桩顶距离	±5	用钢尺量
	2	多节桩锚固钢筋位置	5	
	3	多节桩预埋铁件	±3	
	4	主筋保护层厚度	±5	
一般项目	1	主筋间距	±5	用钢尺量
	2	桩尖中心线	10	
	3	箍筋间距	±20	
	4	桩顶钢筋片	±10	
	5	多节桩锚固钢筋长度	±10	

建筑工程质量检测

（2）钢筋混凝土预制桩的质量应符合表 3-20 的规定。

表 3-20　钢筋混凝土预制桩的质量验收标准

项目	序号	检查项目	允许偏差或允许值		检查方法
			单位	数值	
主控项目	1	桩体质量检验	按基桩检测技术规范		按基桩检测技术规范
	2	桩位偏差	见表 3-21		用钢尺量
	3	承载力	按基桩检测技术规范		按基桩检测技术规范
一般项目	1	砂、石、水泥、钢材等原材料（现场预制时）	符合设计要求		查出厂质保文件或抽样送检
	2	混凝土配合比及强度（现场预制时）	符合设计要求		检查称量及查试块记录
	3	成品桩外形	表面平整，颜色均匀，掉角深度小于 10mm，蜂窝面积小于总面积的 0.5%		直观
	4	成品桩裂缝（收缩裂缝或起吊、装运、堆放引起的裂缝）	深度小于 20mm，宽度小于 0.25mm，横向裂缝不超过边长的一半		裂缝测定仪，该项在地下水有侵蚀地区及锤击数超过 500 击的长桩不适用
	5	成品桩尺寸：横截面边长	mm	±5	用钢尺量
		桩顶对角线差	mm	<10	用钢尺量
		桩尖中心线	mm	<10	用钢尺量
		桩身弯曲矢高		<1/1000l	用钢尺量，l 为桩长
		桩顶平整度	mm	<2	用钢尺量
	6	电焊接桩：焊缝质量	见规范表 5.5.4-2		见规范表 5.5.4-2
		电焊结束后停歇时间	min	>1.0	秒表测定
		上下节平面偏差节点弯曲矢高	mm	<10	用钢尺量
				<1/1000l	用钢尺量，l 为两节桩长
	7	硫磺胶泥接桩：胶泥浇筑时间	min	<2	秒表测定
		浇筑后停歇时间	min	>7	秒表测定
	8	桩顶标高	mm	±50	水准仪
	9	停锤标准	设计要求		现场实测或查沉桩记录

注：表中未指明规范为《建筑地基基础工程施工质量验收规范》（GB 50202—2002）。

4．混凝土预制桩施工质量检测项目、检测方法及要求说明

1）桩体质量检验

包括桩身完整性、裂缝、断桩等的检测。对基础设计等级为甲级或场地地质条件较为复杂的情况，抽检数量不少于总桩数的 30%，且不少于 20 根；其他情况抽检数量应不少于 20%，且不少于 10 根。对预制桩及地下水位以上的桩，抽检总数量的 10%，且不少于 10 根。每个桩承台不少于 1 根。

2）桩位偏差

桩位允许偏差如表 3-21 所示，可采用钢尺测量或根据桩位放线检查。

表 3-21　预制桩(钢桩)桩位的允许偏差(mm)

序号	项　目	允许偏差
1	盖有基础梁的桩:(1)垂直基础梁的中心线 (2)沿基础梁的中心线	$100+0.01H$ $150+0.01H$
2	桩数为 1~3 根的桩基	100
3	桩数为 4~16 根的桩基	1/2 桩径或边长
4	桩数大于 16 根的桩基:(1)最外侧的桩 (2)中间桩	1/3 桩径或边长 1/2 桩径或边长

注:H 为工程施工现场地面标高与桩顶设计标高的差值。

3) 承载力

基础设计等级为甲级或场地地质条件复杂,施工质量可靠性较低的桩应采用静荷载试验,检测数量不少于总桩数的 1%,且不少于 3 根;总桩数少于 50 根时,检测数量不少于总桩数的 1%,且不少于 2 根。其他桩应采用高应变动力检测方法。对地质条件、桩型、成桩机具和工艺相同、同一单位施工的桩基,检验桩数不少于总桩数的 2%,且不少于 5 根。采用静载荷试验、高应变动力检测方法时,应检查检测报告。

4) 砂、水泥、钢材原材料质量(现场预制时才检查)

各原材料质量应符合设计要求。需检查产品合格证及试验报告。

5) 混凝土配合比强度(现场预制时才检查)

采用试验配合比进行配制的混凝土。按规定留置试块,其 28d 强度应符合设计要求。需检查配合比单、计量记录和试验报告。

6) 成品桩外形

要求成品桩表面平整,掉角深度小于 10mm,蜂窝面积小于总面积的 0.5%,颜色均匀。通过观察检查。

7) 成品桩裂缝(收缩或起吊、运输、堆放引起的裂缝)

成品桩裂缝深度小于 20mm、宽度小于 0.25mm,横向裂缝不超过边长的 1/2。用裂缝测定仪测量。该检测项不适用于对地下水侵蚀地区以及总锤击数超过 500 击的长桩。通过检查测定记录确定裂缝是否满足要求。

8) 成品桩尺寸

成品桩横断面边长偏差允许偏差值为 ±5mm;桩顶对角线差应小于 10mm;桩尖中心线允许偏差应小于 10mm;桩身弯曲矢高允许偏差应小于 1/1000L。用钢尺测量检查。桩顶平整度应小于 2mm,用水平尺检查。

9) 电焊接桩

检查焊缝质量。对钢桩电焊接桩的焊缝进行检查。焊后停歇时间应大于 1min,秒表测定;上下节平面偏差应小于 10mm,钢尺测量检查;节点弯曲矢高应小于 1/1000L,钢尺测量检查。

10) 硫磺胶泥接桩

胶泥浇注时间应小于 2min,利用秒表测定;浇注后停歇时间应小于 7min,利用秒表测定。

11) 桩顶标高

桩顶标高允许偏差值为 ±50mm,利用水准仪测定。

12) 停锤标准

何时停锤应符合设计要求,通过现场实测或检查沉桩记录来进行检查。

3.3.3 混凝土灌注桩

灌注桩成桩时直接在桩位上就地成孔,然后在孔内灌注混凝土或钢筋混凝土。与预制桩相比,其优点是节约钢筋、节省模板、成本低、施工时无噪声且无振动,缺点是质量难以控制、容易发生缩颈断裂等现象、技术间隔时间较长、不能立即承受荷载、冬季施工困难较多等。

1. 灌注桩施工技术要求

1) 成孔机具

灌注桩的成孔机具及适用范围见表 3-22。

表 3-22 钻(冲)孔机具的适用范围

成 孔 机 具	适 用 范 围
潜水钻	黏性土、粉土、淤泥、淤泥质土、砂土、强风化岩、软质岩
回转钻(正反循环)	碎石类土、砂土、黏性土、粉土、强风化岩、软质与硬质岩
冲抓钻	碎石类土、砂土、砂卵石、黏性土、粉土、强风化岩
冲击钻	适用于各类土层及风化岩、软质

2) 成孔设备就位

成孔设备就位后必须保持平正、稳固,确保其在施工过程中不发生倾斜、移动。为准确控制成孔深度,应在桩架或桩管上设置控制深度标尺,以便在施工中进行观测记录。

3) 成孔深度控制

(1) 摩擦型桩:以设计桩长控制成孔深度;端承摩擦型桩必须保证设计桩长及桩端进入持力层深度;当采用锤击沉管法成孔时,桩管入土深度控制以标高为主,以贯入度为辅。

(2) 端承型桩:当采用冲(钻)、挖掘成孔时,必须保证桩孔进入设计持力层的深度;当采用锤击沉管法成孔时,沉管深度控制以贯入度为主,进入设计持力层深度为辅。

4) 成孔施工允许偏差

灌注桩成孔施工时的允许偏差见表 3-23。

表 3-23 灌注桩施工允许偏差

序号	成 孔 方 法		桩径偏差 /mm	垂直度允许偏差/%	桩位允许偏差/mm	
					单桩、条形桩基沿垂直轴线方向和群桩基础中的边桩	条形桩基沿轴线方向和群桩基础中间桩
1	泥浆护壁冲(钻)孔桩	$d \leqslant 1000mm$	±50	<1	$d/6$ 且不大于 100	$d/4$ 且不大于 150
		$d \geqslant 1000mm$	±50		$100+0.01H$	$150+0.01H$
2	套管成孔灌注桩	$d \leqslant 500mm$	−20	<1	70	150
		$d > 500mm$			100	150

续表

序号	成孔方法		桩径偏差/mm	垂直度允许偏差/%	桩位允许偏差/mm	
					单桩、条形桩基沿垂直轴线方向和群桩基础中的边桩	条形桩基沿轴线方向和群桩基础中间桩
3	干成孔灌注桩		−20	<1	70	150
4	人工挖孔桩	现浇混凝土护壁	+50	<0.5	50	150
		长钢套管护壁	+50	<1	100	200

注：1. 桩径允许偏差是指个别断面的桩径允许偏差；

2. 采用复打、反插法施工的桩径允许偏差不受本表限制；

3. H 为施工现场地面标高与桩顶设计标高的差值；d 为设计桩径。

5）试成孔

为核查地质资料，检验设备、施工工艺及技术要求是否选择合适，桩在施工前宜进行"试成孔"。

6）钢筋笼的制作

（1）钢筋的种类、钢号及规格尺寸应符合设计要求。

（2）钢筋笼的绑扎地点宜选择现场运输和就位都较方便的地方。

（3）钢筋笼的绑扎顺序是先将主筋布置好，待固定好架立筋后，再按照规定的间距绑扎箍筋。主筋间距必须大于混凝土粗骨料粒径的 3 倍。主筋与架立筋、箍筋之间的接点固定可用电弧焊接等方法。主筋一般不设弯钩，根据施工工艺要求，所设弯钩不得向内弯折伸露，以免妨碍导管工作。钢筋笼的内径应比导管接头处外径大 100mm 以上。

（4）从加工、控制变形以及搬运、吊装等综合因素来考虑，钢筋笼不宜过长，应分段制作。钢筋分段长度一般为 8m。但对于长桩，在采取一些辅助措施后，也可为 12m 左右或更长。

（5）为防止钢筋笼在搬运、吊装和安放时变形，可采取下列措施：①每隔 2.0～2.5m 设置一道加劲箍，加劲箍设置在主筋外侧；在钢筋笼内每隔 3～4m 安装一个可拆卸的十字形临时加劲架，在钢筋笼安放入孔后再拆除。②在直径为 2～3m 的大直径桩中，可使用角钢或扁钢作为架立筋，以增大钢筋笼的刚度。③沿着钢筋笼外侧或内侧的轴线方向设置支柱。

（6）钢筋笼的制作允许偏差见表 3-24。

表 3-24　钢筋笼制作允许偏差

序号	项目	允许偏差/mm	序号	项目	允许偏差/mm
1	主筋间距	±10	3	钢筋笼直径	±10
2	箍筋间距或螺旋筋螺距	±20	4	钢筋笼长度	±50

7）钢筋笼的堆放与搬运

钢筋笼的堆放、搬运和起吊应严格按规程执行，并考虑安放入孔的顺序、钢筋笼变形等因素。钢筋笼堆放时，支垫数量要足够，支垫位置要适当，应以堆放 2 层为宜。对于在堆放、搬运和起吊过程中已经发生变形的钢筋笼，应进行修理后再使用。

8) 清孔

钢筋笼入孔前要先进行清孔。清孔时应把泥渣清理干净,保证有效孔深满足设计要求,以免钢筋笼无法达到设计深度。

9) 钢筋笼的安放与连接

钢筋笼安放入孔时要对准孔位,垂直缓慢地放入孔内,避免碰撞孔壁。钢筋笼放入孔内后应立即采取措施固定其位置。当桩长度较大时,钢筋笼应逐段接长放入孔内。先将第一段钢筋笼放入孔中,利用上部架立筋将其暂时固定在护筒(泥浆护壁钻孔桩)或套筒上,然后吊起第二段钢筋笼,对准位置后采用焊接连接接头。钢筋笼安放完毕后,一定要检测确认钢筋笼顶端的高度。

10) 钢筋笼主筋保护层

(1) 为确保钢筋笼主筋的保护层厚度满足要求,可采取下列措施:①在钢筋笼周围的主筋上每隔一定间距设置混凝土垫块,混凝土垫块尺寸根据保护层厚度及孔径确定。②采用导向钢管控制保护层厚度,钢筋笼由导管中放入,导向钢管的长度宜与钢筋笼长度一致,导管可在灌注混凝土过程中分段拔出或灌注完混凝土后一次拔出。③在主筋外侧安设定位器,其外形呈圆弧状突起。定位器可在同一断面上设置 4～6 处,沿桩长的间距为 2～10m。

(2) 主筋的混凝土保护层厚度水下浇筑混凝土桩不应小于 50mm;非水下浇筑混凝土桩不应小于 30mm。

(3) 钢筋笼主筋的保护层允许偏差如下:水下浇筑混凝土桩为 ±20mm;非水下浇筑混凝土桩为 ±10mm。

2. 施工质量控制点

(1) 施工前应对水泥、砂、石子(如现场搅拌)、钢材等原材料进行检查,对施工组织设计中制定的施工顺序、监测手段(包括仪器、方法)也应进行检查。

(2) 施工中应对成孔、清渣、放置钢筋笼、灌注混凝土等过程进行检查,人工挖孔桩应复验孔底持力层土(岩)性。嵌岩桩必须有桩端持力层的岩性报告。

(3) 施工结束后应检查混凝土强度,并对桩体的质量及承载力进行检验。

3. 混凝土灌注桩施工质量验收标准

(1) 混凝土灌注桩的质量应符合表 3-25、表 3-26 的规定。

(2) 人工挖孔桩、嵌岩桩的质量检验应按本节执行。

表 3-25　混凝土灌注桩钢筋笼质量检验标准　　　　　　　　　　mm

项目	序号	检查项目	允许偏差或允许值	检查方法
主控项目	1	主筋间距	±10	用钢尺量
	2	长度	±100	用钢尺量
一般项目	1	钢筋材质检验	设计要求	抽样送检
	2	箍筋间距	±20	用钢尺量
	3	直径	±10	用钢尺量

4. 混凝土灌注桩施工质量检测项目、检测方法及要求说明

1) 混凝土灌注桩钢筋笼质量检测项目、检测方法及要求

(1) 主筋间距:钢筋笼预制加工后用钢尺量测笼顶、笼中、笼底三个断面的主筋间距,

允许偏差值应控制在±10mm范围内,每个笼全数检查。

(2)钢筋笼长度:每个桩全数检查,钢筋笼的总长为每节笼长度(以最短一根主筋为准)相加减去$(n-1)\times$主筋搭接长度,钢筋笼总长度的允许偏差值应控制在±100mm范围内。

表3-26 混凝土灌注桩质量检验标准

项目	序号	检查项目	允许偏差或允许值		检查方法
			单位	数值	
主控项目	1	桩位	见表3-23		基坑开挖前测量护筒,开挖后测量桩中心
	2	孔深	mm	+300	只深不浅,用吊锤测量,或测量钻杆、套管长度,嵌岩桩应确保达到设计要求
	3	桩体质量检验	按基桩检测技术规范,若钻芯取样,大直径嵌岩桩应钻至桩尖50cm		按基桩检测技术规范
	4	混凝土强度	设计要求		试验报告或钻芯取样送检
	5	承载力	按基桩检测技术规范		按基桩检测技术规范
一般项目	1	垂直度	见表3-23		测量套管或钻杆,或用超声波探测,干作法施工时吊垂球
	2	桩径	见表3-23		井径仪或超声波检测,干施工时用钢尺量,人工挖孔桩不包括内衬厚度
	3	泥浆比重(黏土或砂性土中)	1.15~1.20		用比重计测量,清孔后在距孔底50cm处取样
	4	泥浆面标高(高于地下水位)	m	0.5~1.0	目测
	5	沉渣厚度:端承桩 摩擦桩	mm mm	≤50 ≤150	目测
	6	混凝土坍落度:水下灌注 干施工	mm mm	160~220 70~100	用沉渣仪或重锤测量
	7	钢筋笼安装深度	min	±100	用钢尺测量
	8	混凝土充盈系数	>1		检查每根桩的实际灌注量
	9	桩顶标高	mm	+30 -50	水准仪,需扣除桩顶浮浆层及劣质桩体

(3)钢筋材质检验:进场钢筋按规格、批次进行检查和验收,每批应由同牌号、同一炉罐号、同一规格、同一交货状态的钢筋组成,每批重量不大于60t。冷拉钢筋应分批进行验收,每批由重量不大于20t的同级别、同直径的冷拉钢筋组成。钢筋笼应根据设计要求的规格在现场按批进行验收,由见证员陪同进行随机取样,并送至有资质、对外检验的试验室进行复验,检测合格后才允许加工使用。

(4)箍筋间距:用钢尺连续测量3次,取最大值,每个钢筋抽检笼顶、笼底1m范围和笼中部3处,其最大值允许偏差值在±20mm范围内为合格。

(5)钢筋笼直径:每个笼量测笼顶、笼中、笼底3个断面,每个断面用钢尺测量两个垂直相交的直径,其允许偏差值在±10mm范围内为合格。

2)混凝土灌注桩施工质量检测项目、检测方法及要求

(1)桩位:桩位允许偏差和桩的位置及成孔方法不同而不同;桩位采用钢尺测量检查,见表3-27。

表 3-27 桩位允许偏差 mm

桩 位	沉浆护壁钻孔桩,套管成孔桩				干成孔桩	人工挖孔桩	
	$D\leqslant1000$	$D>1000$	$D\leqslant500$	$D>500$		混凝土护壁	钢套管护壁
1～3根,单排桩径垂直中线方向和群桩基础的边桩	$D/6$,且不大于100mm	$100+0.01H$	70	100	70	50	100
条形基础沿中心线方向和群桩基础的中间桩	$D/6$,且不大于100mm	$100+0.01H$	150	150	150	150	200

(2)孔深:全数测量。检测方法:用钻杆或套筒成孔的,在一次清孔前利用钻杆或套管入孔长度测量计算,在二次清孔后用吊锤测量,孔深要求只深不浅,允许偏差值为+300mm。对于设计要求规定嵌岩深度的嵌岩桩,应按地质剖面的走向选择岩层埋藏较深的部位进行钻芯取样,以检测嵌岩深度和嵌芯强度,若满足嵌岩深度,但岩芯显示有严重风化的应请设计和勘察单位确认。

(3)桩体质量检验:检验数量和方法根据设计规定,若设计无规定时,可按《建筑工程基桩检测技术规范》(JGJ/T 106—2002)选用,若选用钻芯取样检验,大直径嵌岩桩应钻至桩尖以下500mm。当设计规定按一定比例抽检时,采用随机抽样和全过程监测控制的方法,对有异议的桩应重新抽取样本。对甲级设计等级的基础和地质条件复杂的场地,检验数量不应少于总数的30%,且不应少于20根;其他桩基工程的抽验数量不应少于总数的20%,且不少于10根。

(4)桩身混凝土强度:单桩混凝土灌注量小于50m³的,每桩留置一组试件,灌注量大于50m³的,每50m³留置一组试件,全数检查混凝土的试件报告;对桩体质量检验中有缺陷的桩可采用钻芯取样送检的方法进行检验,依此对桩身强度和桩体完整性有一个全面的评价。

(5)承载力:检验方法和检验标准按《建筑工程基桩检测技术规范》(JGJ/T 106—2002)规定进行,检测数量和检测方法有设计要求时按设计要求实施,设计没有规定时,应采用静载荷试验方法,检验桩数不少于总数的1%且不少于3根,当桩总数少于50根时不少于2根。

(6)垂直度:人工挖孔混凝土护壁桩的垂直度小于0.5%;其他桩的垂直度小于1%。可通过套筒、钻杆的垂直度或采用吊垂球进行检查。

(7)桩径:套管成孔、干作业成孔的桩径允许偏差值为-20mm;泥浆护壁钻孔允许偏差值为±50mm;人工挖孔允许偏差值为+50mm。用井径仪、钢尺测量检查。

(8)泥浆比重(黏土、砂性土中)应在1.15～1.20范围内。用比重计测量。

(9)泥浆面标高(高于地下水位)允许偏差值控制在0.5～1.0m范围内。通过观察检查。

（10）沉渣厚度：沉渣厚度对端承桩不大于 50mm，摩擦桩不大于 150mm。全数检测，水泥混凝土灌注桩用沉渣仪或重锤测量，记录在二次清孔后隐蔽工程验收记录中。干作业成孔灌注桩孔底不允许有沉渣，在下完钢筋笼后再次进行彻底清孔后，用钢尺量测有无沉渣，并记录在沉放钢筋笼隐蔽工程验收记录中。

（11）混凝土坍落度：水下混凝土灌注桩混凝土坍落度要求控制在 160～220mm 范围内，干作业成孔灌注桩混凝土坍落度要求控制在 70～100mm 范围内，每根桩最少检测一次，坍落度有变化时需重测，数据应按混凝土灌注深度记录在水下混凝土灌注记录或混凝土灌注记录中。

（12）钢筋笼安装深度：允许偏差值应控制在 ±100mm 范围内，采用钢尺测量检查。

（13）混凝土充盈系数：计量检查每根桩的实际灌注量并与桩体积进行比较，其值应大于 1。

（14）桩顶标高：挖土完成后，凿除桩顶浮浆层和劣质桩体，采用水准仪对每根桩的桩顶标高进行测量，桩顶标高偏差应控制在 +30～-50mm 范围内，不允许桩顶低于混凝土垫层面，并将每根桩的桩顶标高记录在桩位竣工平面图中。

3.4 基坑工程

建筑基坑工程是指建筑物或构筑物地下部分施工时，需开挖基坑进行施工降水和对基坑周边进行围挡，同时还要对基坑四周的建筑物、构筑物、道路和地下管线进行监测和维护，以确保正常、安全施工的一项综合性工程，包括勘探、设计、施工环境监测和信息反馈等内容。

建筑基坑工程是地下基础施工中内容丰富且富于变化的领域，它涉及工程地质、土力学、基础工程、结构力学、原位测试技术、施工技术、土与结构相互作用以及环境岩土工程学等多学科问题。基坑工程大多是临时性工程，工程经费限制紧，而影响基坑工程的因素又很多，如地质条件、地下水情况、具体工程要求、天气变化的影响、施工顺序及管理、场地周围环境等，因此可以说它是综合性的系统工程。

3.4.1 基坑工程支护结构分类

建筑基坑工程支护结构通常可分为桩（墙）式支护体系和重力式支护体系两大类，并根据工程类型和具体情况的不同派生出多种支护结构型式。

1. 桩（墙）式支护体系

桩（墙）式支护体系一般由围护墙结构、支撑（或锚杆）结构以及防水帷幕等部分组成。根据围护墙材料的不同，桩（墙）式支护体系又可分为钢筋混凝土地下连续墙、柱列式钻孔灌注桩、钢板桩和钢筋混凝土板桩等形式。根据围护墙支撑方式的不同，又可以分为内支撑体系和土层锚杆体系两类。桩（墙）式支护体系的墙体厚度相对较小，通常是借助墙体在开挖面以下的插入深度和设置在开挖面以上的支撑或锚杆系统来平衡墙后的水、土压力和维持边坡稳定。对于开挖深度不大的基坑,经过验算也可采用无支撑、无锚杆的悬臂桩(墙)式支护体系。

2. 重力式支护体系

重力式支护体系一般指不使用支撑及锚杆的自立式墙体结构,这类结构厚度相对较大,主要借助其自重、墙底与地基之间的摩擦力以及墙体在开挖面以下受到的土体被动土压力来平衡墙后的水平压力和维持边坡稳定。在基坑工程中,重力式支护体系的墙体在开挖面以下往往需要有一定的埋置深度。目前,在我国各地常用的水泥土支护体系以及结构式地下连续墙一般都归类于重力式支护体系中,其受力特性与悬臂状的桩(墙)式支护结构类似。在桩(墙)式支护结构中一般不考虑墙体自重及墙体摩阻力对墙体稳定的影响。

3.4.2 排桩墙支护工程

1. 排桩墙支护的分类

排桩墙支护可分为柱列式排桩支护、连续排桩支护和组合式排桩支护。

1) 柱列式排桩支护

当边坡土质尚好、地下水位较低时,可利用土拱作用,采用稀疏钻孔灌注桩或挖孔桩支挡土坡,如图 3-3(a)所示。

2) 连续排桩支护,如图 3-3(b)所示。

在软土地基中一般不能形成土拱,支挡桩应该连续密排。密排的钻孔桩可以互相搭接,或在桩身混凝土强度尚未形成时在相邻桩之间制作一根索混凝土树根桩将钻孔桩排连起来,如图 3-3(c)所示;也可以采用钢板桩、钢筋混凝土板桩,如图 3-3(d)、(e)所示。

3) 组合式排桩支护

在地下水位较高的软土地区,可采用钻孔灌注桩排桩与水泥土桩防渗墙组合的支护形式,如图 3-3(f)所示。

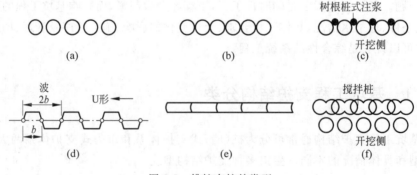

图 3-3 排桩支护的类型

2. 排桩墙支护施工技术要求

1) 施工工艺要求

排桩墙支护结构包括灌注桩、预制桩、板桩等类型桩构成的支护结构。灌注桩、预制桩的质量标准、工程质量控制要求见 3.3 节,在此不再赘述。

2）钢筋混凝土灌注桩排桩墙支护工程

（1）用于排桩墙的灌注桩，应根据土质情况制定排桩施工间隔距离，以免后续施工机具破坏成桩的桩身混凝土。

（2）在成孔机械的选择上，尽量选用有导向装置的机具，减少钻头晃动造成的扩径，从而避免影响相邻桩的钻进施工。

（3）施工前应进行试成孔，确定不同土层孔径与转速的关系，根据试成孔获得的参数钻进，防止扩孔（以上测试可由打桩单位自检完成，不需委外检测）。

（4）当水泥土搅拌桩作隔水帷幕时，应先施工水泥搅拌桩。

（5）混凝土灌注桩质量检查要点见3.3节。

3）钢板桩排桩墙支护工程

（1）深度大于10m的槽钢钢板桩打入时，应选用屏风式打入法，将10～20根钢板桩成排插入导架内，呈屏风状，然后施打。此法不易使板桩发生屈曲、扭转、倾斜和墙面凹凸，打入精度高，宜实现封闭合拢，从而避免出现板桩之间漏泥冒水的事故。

（2）在钢板桩转角和封闭施工时，应采用按实际丈量尺寸加工异形转角桩或封闭桩的方法和措施。常用U型钢板桩的异形板桩。

（3）钢板桩接长时，接头应尽量错开，错开长度应大于1m，接桩应间隔设置。钢板桩的接头应牢固。

4）混凝土板桩排墙支护工程

（1）矩形截面两侧有阴、阳榫的钢筋混凝土桩，第一根桩打到一定深度（以桩能不依靠桩架自己站立不倾倒为界，且桩尖须平直，垂直入土）后接着打第二、第三根桩。打桩顺序应依次逐块进行，并使桩尖倾斜面指向打桩前进方向，板桩应紧密连接，确保板桩榫间缝不大于25mm。此外在打入板桩时榫口应互相咬合，以便更好地结合成一个整体，减少桩顶位移，使其充分发挥挡土、截水作用。

（2）打桩前拉好轴线内外两条控制线，控制线的间距等于桩宽度加100mm，板桩位置偏差应控制在100mm范围内。

（3）控制线范围内，宜挖一条深0.5～0.8m的沟槽，打桩时可采用一台经纬仪在轴线顶端控制垂直度，将桩垂直度控制在1‰之内。

3．施工质量控制点

（1）排桩墙支护结构包括灌注桩、预制桩、板桩等类型桩构成的支护结构。

（2）排桩墙支护的基坑，开挖后应及时支护，每道支撑施工时应确保基坑变形满足设计要求。

（3）对于含水地层范围内的排桩支护基坑，应采用确实可靠的止水措施，以确保基坑施工及邻近构筑物的安全。

4．质量验收标准

灌注桩、预制桩的质量应符合3.3节的规定。钢板桩均为工厂成品，新桩可按出厂标准进行检验，重复使用的钢板桩的质量应符合表3-28的规定，混凝土板桩的质量应符合表3-29的规定。

表 3-28　重复使用的钢板桩检验标准

序号	检查项目	允许偏差或允许值		检验方法
		单位	数值	
1	桩垂直度	%	<1	用钢尺量
2	桩身弯曲度		<2%l	用钢尺量,其中 l 为桩长
3	齿槽平直度及光滑度	无电焊渣或毛刺		用1m长的桩段进行通过试验
4	桩长度	不小于设计长度		用钢尺量

表 3-29　混凝土板桩制作标准

项目	序号	检查项目	允许偏差或允许值		检查方法
			单位	数值	
主控项目	1	桩长度	mm	+10 0	用钢尺量
	2	桩身弯曲度		<0.1%l	用钢尺量,l 为桩长
一般项目	1	保护层厚度	mm	±5	用钢尺量
	2	模截面相对两面之差	mm	5	用钢尺量
	3	桩尖对桩轴线的位移	mm	10	用钢尺量
	4	桩厚度	mm	+10 0	用钢尺量
	5	凹凸槽尺寸	mm	±3	用钢尺量

3.4.3　地下连续墙

一般把先成孔或成槽后现浇或插入预制板形成的截水挡土、刚度相对较大的连续壁称为地下连续墙,也称为连续壁,泥浆墙,简称地下墙。

连续墙和板桩的结构实际上无严格区别,但有一点明显不同的是板桩是打入土中的。目前,地下连续墙一般采用机械成槽,现场浇筑混凝土的地下墙。地下连续墙施工时一般需要经过 6 个工艺过程,即导墙、成槽、放接头管、吊放钢筋笼、浇捣水下混凝土和拔接头管成墙。

1. 地下连续墙施工质量要求

1) 地下连续墙墙面倾斜度和平整度要求

墙面倾斜度要求达到 1/250～1/300;墙面表面局部突出和墙面倾斜之和不应大于100mm;地下连续墙上预埋连接的铁件的偏差不大于 50mm。

2) 地下连续墙变形引起周围地面沉降的控制要求

基坑开挖过程中地下连续墙的变形将引起坑周地面沉降,其沉降量控制时应以保证相邻建筑物、市政管线等不受损害、不影响其安全使用为原则。具体控制标准应视基坑工程情况而定。

3) 地下连续墙墙体移动或转动达到破坏状态时的控制值

地下连续墙墙体移动或转动达到破坏状态时的控制值详见表 3-30 及图 3-4。

表 3-30　墙体移动或转动达破坏状态时的控制值

土　质	x/H	
	主动	被动
密实无黏性土	0.001	0.02
松散无黏性土	0.004	0.04
密实黏性土	0.01	0.02
松散黏性土	0.02	0.04

注：x 为水平位移，H 为墙体高度。

4）地下连续墙支护深基坑开挖的环境控制要求

（1）应保证周围的煤气管、水管、下水道、各种电缆、市政道路等的变位、错位均控制在设计允许范围内，对重要水电煤气管道、通信电缆等应保证每节管道的绝对沉降差不超过 10mm 或相对沉降量不超过 1/850。

（2）对周围的建筑物、构筑物的影响，应保证其沉降、倾斜、差异沉降等均在允许范围内。

（3）应避免坑外地面出现开放式扩展的裂缝。

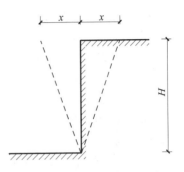

图 3-4　墙体移动或转动状态

5）现场监测

（1）现场监测是指在整个基坑开挖的全过程及运营阶段，对基坑岩土性状、地下连续墙与支撑系统受力状态和变位及其对周围环境的影响等进行各种观测工作，并将观测结果及时反馈，以便及时采取防治措施。

（2）设计人员应根据工程情况，按照图纸要求，对现场监测的内容、测点布置、观测仪器、观测方法、报警要求、监测结果处理及反馈等作出详细的规定。

（3）监测的内容如下：①对地下连续墙结构顶部位移、墙体变形及倾斜、墙面不平度、墙体垂直沉降及各点沉降差、墙底沉渣量及嵌入持力层深度的变化，墙身混凝土质量等进行监测，必要时还应对墙身主要受力部位及支撑结构的受力情况进行监测。②周围环境的监测，包括基坑开挖深度 3 倍范围内建筑物或构筑物地下管线的沉降、变形、倾斜和裂缝发生时间、速率、发展状况等。③在离基坑 2 倍深度的范围内应对土体表层沉降，水平位移、深层沉降及滑动等进行监测。④监测基坑开挖后土体隆起及土层孔隙水压力变化。⑤监测地下水位变化及渗漏、管涌、冲刷、抽水影响等。⑥肉眼巡视观测。对邻近地面的裂缝、塌陷、支撑及墙体裂缝等进行巡视观察。

2. 地下连续墙施工质量控制点

（1）地下连续墙均应设置导墙，导墙有预制及现浇两种形式，现浇导墙有 L 型和倒 L 型，可根据不同土质选用。

（2）地下墙施工前宜先试成槽，以检查泥浆的配比、成槽机的选型是否符合要求，同时可对地质资料进行复核。

（3）作为永久结构的地下连续墙，其抗渗质量标准可按现行国家标准《地下防水工程施工质量验收规范》（GB 50202—2002）执行。

（4）地下墙槽段间的连接接头形式应根据地下墙的使用要求选用，且应考虑施工单位的工程经验,无论选用何种接头,在浇注混凝土前必须将接头处刷洗干净,不留任何泥沙和污物。

(5)地下墙与地下室结构顶板、楼板、底板及梁之间连接可预埋钢筋和接驳器(锥螺纹或直螺纹),接驳器也应根据原材料检验要求抽样复验。检测数量以每500套为一个检验批,每批应抽查3件,复验内容为外观、尺寸、抗拉试验等。

(6)施工前应检验进场的钢材、电焊条。已完工的导墙应检查其净空尺寸,墙面平整度与垂直度。检测泥浆所使用的仪器、泥浆循环系统应完好。地下连续墙应采用商品混凝土。

(7)施工中应检查成槽的垂直度、槽底的淤积物厚度、泥浆比重、钢筋笼尺寸、浇注导管位置、混凝土上升速度、浇筑面标高、地下墙连接面的清洗程度、商品混凝土的坍落度、锁口管或接头箱的拔出时间及速度等。

(8)成槽结束后应对成槽的宽度、深度及倾斜度进行检验,重要结构的每个槽段都应检查,一般结构可抽查总槽段数的20%,每个槽段应抽查1个段面。

(9)永久性结构的地下墙在钢筋笼沉放后应做二次清孔,沉渣厚度应符合要求。

(10)每50m³地下墙应制备1组试件,每个槽段不得少于1组,在试件强度满足设计要求后方可开挖土方。

(11)作为永久性结构的地下连续墙,土方开挖后应进行逐段检查,钢筋混凝土底板应符合现行国家标准《混凝土结构工程施工质量验收规范》(GB 50204—2002)的规定。

3.质量验收标准

地下墙的钢筋笼质量应符合表3-31的规定,其他质量应符合表3-32的规定。

表 3-31　混凝土灌注桩钢筋笼质量检验标准　　　　　　　　　　　　　mm

项目	序号	检查项目	允许偏差或允许值	检查方法
主控项目	1	主筋间距	±10	用钢尺量
	2	长度	±100	用钢尺量
一般项目	1	钢筋材质检验	设计要求	抽样送检
	2	箍筋间距	±20	用钢尺量
	3	直径	±10	用钢尺量

表 3-32　地下墙质量检验标准

项目	序号	检查项目		偏差或允许值		检查方法
				单位	数值	
主控项目	1	墙体强度		设计要求		检查试件记录或取芯试压
	2	垂直度	永久结构		1/300	用声波测槽仪或成槽机上的监测系统
			临时结构		1/150	
一般项目	1	导墙尺寸	宽度	mm	W+40	钢尺量,W 为地下墙设计厚度
			墙面平整度	mm	<5	用钢尺量
			导墙平面位置	mm	±10	用钢尺量
	2	沉渣厚度	永久结构	mm	≤100	重锤测量或沉积物测定仪测
			临时结构	mm	≤200	

续表

项目	序号	检查项目		偏差或允许值		检查方法
				单位	数值	
一般项目	3	槽深		mm	+100	重锤测量
	4	混凝土坍落度		mm	180～220	坍落度测定器
	5	钢筋笼尺寸		见表 3-31		见表 3-31
	6	地下墙表面平整度	永久结构	mm	<100	此为均匀黏土层,松散及易坍土层由设计决定
			临时结构	mm	<150	
			插入式结构	mm	<20	
	7	永久结构时的预埋件位置	水平向	mm	≤10	用钢尺量
			垂直向	mm	≤20	水准仪

4. 地下连续墙施工质量检测项目、检测方法及要求说明

地下连续墙由两部分组成,钢筋笼的验收按钢筋混凝土灌注桩钢筋笼的标准进行,地下墙的验收按《建筑地基基础工程施工质量验收规范》(GB 50202—2002)的规定进行。永久结构的抗渗质量按《地下防水工程施工质量验收规范》(GB 50202—2002)验收,也应符合《混凝土结构工程施工质量验收规范》(GB 50204—2002)的规定。

1) 墙体强度

检查试件试压报告或现场取芯试压。对永久地下墙、混凝土,每一个单元槽段留置一组抗压强度试件,每 5 个单元槽段留置一组抗渗试件;临时结构每个槽段留置不少于 1 组抗压强度试块,对于一个槽段大于 50m³ 的地下墙,按 50m³ 留置一组试块。

2) 垂直度

重要结构应全数检查;一般结构抽查总槽段数的 20%,每槽段检查 1 个断面。检查成槽机监测系统的记录或声波测槽监测系统的记录,也可用声波测槽仪检测。

3) 导墙尺寸

需测量导墙宽度、墙面平整度和导墙平面位置,每槽段各测 2 点。导墙宽度与平面位置可用钢尺测量,墙面平整度可用托尺和塞尺配合测量。

4) 槽深

对永久结构,每个槽段在清孔结束后测 2 点,临时结构抽查槽段总数的 20%,每槽段测 2 点。采用重锤测定。

5) 混凝土坍落度

采用坍落度测定器测量。商品混凝土每 50 车测定 1 次;现场搅拌混凝土应扣除砂石含水量调整好加水量,每拌一次混凝土测定一次,目测坍落度有变化时再次测定,坍落度在 180～220mm 范围内为合格,测定频次以能符合配合比要求为准。

6) 钢筋笼尺寸

用钢尺测量,根据表 3-31 的标准检验全数检测。

7) 地下墙表层平整度

利用拉线钢尺测量或利用 2m 托尺和楔形塞尺测量。每个槽段测 2 处,表层平整度的允许偏差见表 3-32,当遇到松散及易坍土层由设计决定允许偏差值。

8）永久结构时的预埋件位置

全数检查。水平向放好轴线后用钢尺测量，以偏差不大于 10mm 为合格；垂直向用水准仪测量，以偏差不大于 20mm 为合格。

思考题

1. 反铲挖土机开挖基坑时，预留土层的厚度是多少？

2. 用于回填的土料有哪些要求？

3. 某工程采用灰土地基，处理面积为 2700m²，检测地基承载力时至少需要布置几个测点？

4. 混凝土灌注桩如何确保钢筋笼主筋的保护层厚度？

5. 地下连续墙的现场监测都有哪些内容？

第4章

砌体工程质量检测

本章学习要点

现场拌制砌筑砂浆的质量控制要点及使用要求；

砖砌体、小型砌块砌体、配筋砌体、填充墙砌体施工质量控制要点及质量检验；

冬期施工的基本规定和对材料的要求。

砌筑工程施工是指通过砂浆类粘结材料,将砖、砌块或石块等块状材料粘结成一个整体(砌体)的施工过程。砌筑施工所形成的砌体形态以墙(包括墙基础)为主,也包括少量的拱。影响砌体工程质量的主要因素是砌筑材料和施工方法。砌筑材料包括砌筑砂浆和砌筑块体,其中砂浆的质量变数较大,砌筑块体的种类较多;砌筑砂浆和砌筑块体对施工方法的要求各异,是砌体工程质量控制的重点。

4.1 基本规定

4.1.1 对"人、机、料、法、环"的控制

1. 对"人"的控制

到目前为止,砌筑施工仍然以手工作业为主,施工质量与操作工人的技术水平关系紧密。因此,除了要保证一定数量的高级工人外,还应当在班组的组合时适当考虑工人的年龄、体质和技术级别,以实现在工人操作技术水平方面的"传、帮、带",这也是技术培训的最佳形式。

2. 对"机"的控制

通常砌筑施工所用的砂浆应在现场机械搅拌,随拌随用。与砌筑工程施工关系比较密切的机械设备主要有砂浆搅拌机和用于配料的计量器具。施工前应当检查确认搅拌机的生产能力是否与施工需求配套、状态是否完好,计量器具是否经过了定期计量检定、安放位置是否水平(倾斜放置会影响计量精度),砂浆稠度测定仪是否完好。

3. 对"料"的控制

对"料"的控制应当以事前控制为主,事中控制为辅。

开工前应当核查工程施工所涉及的各种材料的进场验收记录和材料进场复检报告,并

检查是否有砂浆配合比的书面通知书。

施工过程中,应随时监控砂浆的质量。按标准规定的检验批次抽样,按标准中规定的方法制作砂浆抗压试块。在此需要说明一点:实配砂浆强度的检测结果要 28d 以后才能得出。在实际施工中一定要把监控的重点放在砂浆配料的计量、搅拌时间的控制以及砂浆稠度的检测上,并根据成品砂浆的消耗速度调整砂浆的生产节奏(砂浆应随拌随用,正常天气下应在 3~4h 内用完,用不完的必须废弃)。通过对上述各环节的综合监控来弥补砂浆强度检测结果滞后的不足。

4. 对"法"的控制

"法"指砌筑的操作方法,主要是事中的过程控制。主要内容有:施工所用砖或砌块是否按规定的时间提前浇水湿润,湿润的程度是否达到工艺的要求;砂浆配置工序中的各环节是否符合操作规范和工序要求;是否能够根据砂浆的消耗周期主动调控砂浆的生产节奏;砌筑施工中各项操作是否符合规定;砂浆饱满度是否符合规定要求。

5. 对"环"的控制

"环"是指受控目标的前提环境和周围环境主要体现在事前控制环节上。如开工前的准备工作是否就绪、紧前工作质量是否合格、施工现场交叉作业的影响、施工材料运输和供应的节奏以及气候条件的变化对砂浆稠度的影响等。

4.1.2 相关的基本规定

1. 放线尺寸

砌筑基础前应校核放线尺寸,其偏差应符合表 4-1 的规定

表 4-1 放线尺寸允许偏差

长度 L、宽度 B/m	允许偏差/mm	长度 L、宽度 B/m	允许偏差/mm
L(或 B)≤30	±5	60<L(或 B)≤90	±15
30<L(或 B)≤60	±10	L(或 B)>90	±20

注:本表摘自《砌体工程质量验收规范》(GB 50203—2011)。

2. 砌筑顺序

(1)基底标高不同时,应从低处砌起,且应由高处向低处搭砌。当无设计要求时,搭接长度不应小于基底高差,搭接长度范围内下层基础应扩大砌筑。

(2)砌体转角处和交接处是砌体结构的薄弱环节,同时砌筑可以保证墙体的整体性和坚固性,可以明显提高砌体结构的抗震能力。通过震害调查,很多砖混结构建筑都是由于砌体的转角处和交接处接槎不良而导致外墙甩出和砌体倒塌。因此,砌体的转角处和交接处应同时砌筑,不能同时砌筑时,应严格按照《砌体工程施工质量验收规范》(GB 50203)的有关规定进行留槎并做好接槎处理。

3. 临时施工洞口的留置

在墙上留置临时施工洞口时,其侧边离交接处墙面不应小于 500mm,洞口净宽度不应超过 1m。洞顶部应设置过梁。抗震设防烈度为 9 度的地区建筑物的临时施工洞口位置应

会同设计单位确定。临时施工洞口应做好补砌,保证墙体的整体性、连续性。

4. 脚手眼

不得在下列墙体或部位设置脚手眼:

(1) 120mm 墙、料石墙、清水墙、独立柱和附墙柱;

(2) 过梁上与过梁成 60°角的三角形范围内及过梁净跨度 1/2 的高度范围内;

(3) 宽度小于 1m 的窗间墙;

(4) 砌体门窗洞口两侧 200mm (石砌体为 300mm)和转角处 450mm(石砌体为 600mm)范围内;

(5) 梁或梁垫下及其左右 500mm 范围内;

(6) 设计不允许设置脚手眼的部位。

5. 脚手眼的补砌

脚手眼补砌前应清除脚手眼内掉落的砂浆、灰尘,脚手眼处砖及填塞用砖应先湿润,并用砂浆填实,不得用砖填塞。

6. 洞口、管道、沟槽的留置

设计要求的洞口、管道、沟槽应在砌筑时正确留出或预埋,未经设计同意,不得在已砌筑的墙体上打凿墙体或在墙体上开凿水平沟槽。宽度超过 300mm 的洞口上部,应设置钢筋混凝土过梁。不应在截面边长小于 500mm 的承重墙体、独立柱内埋设管线。多孔砖、空心砖、小砌块墙体表面不得留置水平槽。

7. 墙和柱的自由高度

尚未铺设楼板或屋面的墙或柱,当可能遇到大风时,其允许自由高度不得超过表 4-2 的规定。如超过表中限制高度时,必须采用临时支撑等有效措施加以防护。

表 4-2 墙和柱的允许自由高度　　　　　　　　　m

墙(柱)厚/mm	砌体密度>1600/(kg/m³)			砌体密度 1300～1600/(kg/m³)		
	风荷载/(kN/m²)			风荷载/(kN/m²)		
	0.3 (约7级风)	0.4 (约8级风)	0.5 (约9级风)	0.3 (约7级风)	0.4 (约8级风)	0.5 (约9级风)
190	—	—	—	1.4	1.1	0.7
240	2.8	2.1	1.4	2.2	1.7	1.1
370	5.2	3.9	2.6	4.2	3.2	2.1
490	8.6	6.5	4.3	7.0	5.2	3.5
620	14.0	10.5	7.0	11.4	8.6	5.7

注:1. 本表适用于施工处相对标高(H)在 10m 范围内的情况。如 10m<H≤15m,15m<H≤20m 时,表中的允许自由高度应分别乘以 0.9、0.8 的系数;如 H>20m 时,应通过抗倾覆验算确定其允许自由高度。

　　2. 当所砌筑的墙有横墙或其他结构与其连接,而且间距小于表列限值的 2 倍时,砌筑高度可不受本表的限制。

　　3. 当砌体密度小于 300kg/m³ 时,墙和柱的允许高度应另行验算确定。

　　4. 本表摘自《砌体工程质量验收规范》(GB 50203—2011)。

8. 砌体的轴线和标高

砌筑完基础或每一楼层后,应校核砌体的轴线和标高。在允许偏差范围内,轴线偏差可在基础顶面或楼面上校正,标高偏差宜通过调整上部砌体灰缝厚度校正。

9. 预制梁板安装

安装预制梁、板的砌体顶面应采用 1∶2.5 的水泥砂浆座浆找平,有设计要求时,应按设计要求进行施工,以防止预制梁、板与砌体接触不实、受力不均匀或安装不平整、不稳定。

10. 雨天施工

雨天不宜在露天砌筑墙体。对下雨当天砌筑的墙体应进行覆盖,雨后继续施工时,应复核墙体的垂直度,如垂直度超过允许偏差,应拆除重新砌筑。

11. 防水

厕浴间和有防水要求的楼面,墙底部应浇筑高度不小于 120mm 的混凝土坎。

12. 楼、屋面荷载

砌体施工时,楼面和屋面堆载不得超过楼板的允许荷载值。施工层进料口楼板下,宜采取临时支撑措施。在楼面上砌筑施工时,应注意防止出现以下几种超载现象:集中卸料造成局部超载;为抢进度或遇停电时,提前超量备料造成超载;采用井架或门架上料时吊篮停置位置偏高,而接料平台倾斜有坎,此时运料车推出吊篮将对进料口房间楼面产生较大的冲击荷载。这些超载现象会使楼板底面产生裂缝,严重时会导致安全事故。

4.2　砌筑砂浆

4.2.1　对砂浆材料的要求

1. 水泥

对水泥的要求,应按照 2.4.4 节的有关规定执行。

2. 砂

(1)砌筑砂浆用砂宜采用中砂,且不得含有有害杂物。

(2)砂的含泥量应满足下列要求:①水泥砂浆和强度等级不小于 M5 的水泥混合砂浆,含泥量不应超过 5%;②强度等级小于 M5 的水泥混合砂浆,含泥量不应超过 10%;③人工砂、山砂及特细砂,经试配应能满足砌筑砂浆的技术条件要求。

3. 掺合料

(1)配置水泥石灰砂浆时,不得采用脱水硬化的石灰膏。生石灰熟化成石灰膏时,其陈伏期不得少于 7d。储灰池中的石灰膏表面应有一层水,以隔绝空气,防止石灰膏碳化。

(2)消石灰粉不得直接在砌筑砂浆中使用。

4. 拌制砂浆用水

水质应符合国家现行标准《混凝土用水标准》(JGJ 63)的规定。

4.2.2　对砂浆的要求

对砂浆的品种、强度等级、稠度、分层度等的要求如下。

（1）砂浆的品种和强度等级必须符合设计要求。砌筑砂浆的强度等级宜采用 M20、M15、M10、M7.5、M5、M2.5。

（2）砂浆的稠度（也称流动性）应符合表 4-3 的规定。

表 4-3　砌筑砂浆的稠度　　　　　　　　mm

砌 体 种 类	砂浆稠度	砌 体 种 类	砂浆稠度
烧结普通砖砌体	70～90	烧结普通砖平拱式过梁空斗墙,筒拱普通混凝土小型空心砌块砌体加气混凝土砌块砌体	50～70
轻骨料混凝土小型空心砌块砌体	60～90		
烧结多孔砖,空心砖砌体	60～80	石砌体	30～50

注：1. 采用薄灰砌筑法砌筑蒸压加气混凝土砌块砌体时,加气混凝土砌块粘结砂浆的加水量按照其产品说明书控制。

　　2. 当砌筑其他砌块时,其砌筑砂浆的稠度可根据块体的吸水特性及气候条件确定。雨天施工可取下限,炎热、干燥环境可取上限。

　　3. 本表摘自《砌体工程施工质量验收规范》(GB 50203—2011)。

（3）砂浆的分层度（也称保水性）不得大于 30mm,且不应小于 1mm。

（4）水泥砂浆中水泥用量不应小于 200kg/m³,水泥混合砂浆中水泥和掺合料总量宜为 300～350kg/m³;水泥砂浆的密度不宜小于 1900kg/m³,水泥混合砂浆的密度不宜小于 1800kg/m³。

（5）具有冻融循环次数要求的砌筑砂浆,经冻融试验后,质量损失率不得大于 5%,抗压强度损失率不得大于 25%。

4.2.3　砂浆的现场拌制

对砂浆的现场拌制要求如下。

（1）砌筑砂浆的配合比,应在实验室通过试配确定。当砂浆的组成材料变更时,应重新确定配合比。

（2）砂浆现场拌制时,各组分材料采用质量计量。

（3）砌筑砂浆应采用机械搅拌,搅拌时间（自投料结束算起）应符合下列规定：①水泥砂浆和水泥混合砂浆不得少于 2min；②水泥粉煤灰砂浆和掺用外加剂的砂浆不得少于 3min；③掺用有机塑化剂的砂浆,应为 3～5min。

（4）砂浆在现场拌制时,必须根据抽样批次、抽样方法和抽样数量的有关规定留置砂浆抗压强度试块。如有条件,还应同时在现场进行砂浆稠度和分层度的检测,检测结果应符合表 4-3 的要求。砂浆稠度和砂浆分层度的现场检测方法详见 9.5 节、9.6 节介绍。

（5）砌筑砂浆试块强度检测时其强度合格标准必须符合以下规定：①同一验收批砂浆试块抗压强度平均值必须大于或等于设计强度等级的 1.1 倍；②同一验收批砂浆试块抗压强度的最小组平均值必须大于或等于设计强度等级的 85%。

注：a. 砌筑砂浆的验收批,同一类型、同一强度等级的砂浆抗压试块应不少于 3 组。当同一验收批只有一组或二组试块时,每组试块抗压强度的平均值必须大于或等于设计强度等级的 1.1 倍。对于建筑结构的安全等级为一级或设计使用年限为 50 年或 50 年以上的房

屋,同一验收批,砂浆抗压试块的数量不得小于 3 组,每组砂浆抗压试块共有 6 个试块。

b. 砂浆强度应以标准养护条件下、龄期为 28d 的试块抗压试验结果为准(砂浆的标准养护条件:水泥砂浆为温度 20±3℃,相对湿度 90% 以上;水泥石灰混合砂浆为温度 20±3℃,相对湿度 60%～80%)。

c. 制作砂浆试块的砂浆稠度应与配合比设计一致。

(6) 抽检数量:每一检验批不超过 250m³ 的砌体的砌筑砂浆,每台搅拌机应至少抽检一次。检验批的予拌砂浆、蒸压加气混凝土砌块专用砂浆可抽检 3 组。

(7) 检验方法:在砂浆搅拌机出料口随机取样制作砂浆试块(同一盘砂浆只应制作一组试块),检查试块强度试验报告单。

(8) 当施工中或验收时出现下列情况,可采用现场检验方法对砂浆和砌体强度进行原位检测或取样检测以判定其强度:①砂浆试块缺乏代表性或试块数量不足;②对砂浆试块的试验结果有怀疑或有争议;③砂浆试块的试验结果不能满足设计要求,需要确定砂浆或砌体强度;④发生工程事故,需要进一步分析事故原因。

4.2.4　砂浆的使用

对砂浆的使用要求如下。

(1) 砂浆应随拌随用。水泥砂浆和水泥混合砂浆应分别在拌成后 3h 和 4h 内使用完毕;当施工期间最高气温超过 30℃时,应分别在拌成后 2h 和 3h 内使用完毕。

(2) 对掺用缓凝剂的砂浆,其使用时间可根据具体情况延长。

(3) 水泥混合砂浆不得用于潮湿环境中的砌体工程(如基础等地下工程)。

(4) 施工中采用水泥砂浆代替水泥混合砂浆时,应重新确定砂浆的强度等级。

4.3　砖砌体工程

本节适用于烧结普通砖、烧结多孔砖、混凝土多孔砖、混凝土实心砖、蒸压灰砂砖、蒸压粉煤灰砖等砌体工程。

4.3.1　对砖的要求

对砌体结构中砖的要求如下。

(1) 砖的品种、强度、质量等级必须符合设计要求,且经验收合格,进场复检合格。

(2) 欠火砖不得用于工程中。

(3) 砌筑时,蒸压灰砂砖、粉煤灰砖、混凝土多孔砖和混凝土实心砖的产品龄期(加工成为成品砖后的自然天数)不得少于 28d。

(4) 有冻胀环境的地区,地面或防潮层以下的砌体不应采用多孔砖。

(5) 不同品种的砖不得在同一楼层混砌。

(6) 砌筑砖砌体时,砖应提前 1～2d 浇水湿润,严禁采用干砖或吸水饱和砖。烧结类砖块的含水率宜为 60%～70%；混凝土类砖块(不含蒸压加气混凝土砌块)不需浇水湿润,只需施工前喷水润湿；其他类砖块的含水率宜为 40%～50%。

施工现场抽查砖含水率的简单方法：将砖敲断,观察砖截面四周的渗水情况,渗水深度为 15～20mm 即满足要求。

4.3.2 砖砌体施工质量控制要点

1. 轴线和标高

(1) 建筑物的标高应引自标准水准点或设计指定的水准点。基础施工前,应在建筑物的主要轴线部位设置标志板,标志板上应标明基础、墙身和轴线的位置及标高。

(2) 砌筑前应弹好墙基大放脚外边沿线、墙身线、轴线、门窗洞口位置线,且必须使用钢尺校核放线尺寸。

(3) 砌筑基础前,校核放线尺寸允许偏差应符合表 4-1 的规定。

(4) 根据设计要求,在基础及墙身的转角及某些交接处立好皮数杆,每隔 10～15m 立 1根。皮数杆上应划有每皮砖、灰缝厚度和门窗洞口、过梁、楼板等竖向构造的变化位置,以及控制楼层和各部位构件的标高。砌筑完每一楼层(或基础)后,应校正砌体的轴线和标高。

2. 砌体工作段的划分

(1) 相邻工作段的分段位置宜设在伸缩缝、沉降缝、防震缝构造柱或门窗洞口处；

(2) 相邻工作段的高度差不得超过一个楼层的高度,且不得大于 4m；

(3) 砌体临时间断处的高度差不得超过一步脚手架的高度。

3. 组砌方法

(1) 砖柱不得采用先砌四周后填心的包心砌法。柱面上下皮砖的竖缝应相互错开 1/2砖长或 1/4 砖长,使柱心无通天缝。

(2) 砖砌体应上下错缝、内外搭砌。实心砖砌体宜采用一顺一丁、梅花丁或三顺一丁的砌筑形式,多孔砖砌体宜采用一顺一丁、梅花丁的砌筑形式。

(3) 每层承重墙(240mm 厚)的最上一皮砖、砖砌体的阶台水平面上以及挑出层(挑檐、腰线等)应整砖丁砌。

(4) 砖柱和宽度小于 1m 的墙体,宜整砖砌筑。

(5) 半砖和断砖应分散使用在受力较小的部位。

4. 砌体留槎和拉结筋

(1) 砖砌体接槎时必须将接槎处的表面清理干净,浇水湿润,填实砂浆并保持灰缝平直。

(2) 多层砌体结构中,后砌的非承重砌体隔墙,应沿墙高每隔 500mm 配置 2 根 ϕ6 钢筋与承重墙或柱拉结,每边伸入墙内不应小于 500mm。抗震设防烈度为 8 度和 9 度的地区,长度大于 5m 的后砌隔墙的墙顶应与楼板或梁拉结。隔墙砌至梁板底时应预留一定空隙,间隔一周后再补砌挤紧。

5. 砖砌体灰缝

(1) 水平灰缝砌筑方法宜采用"三一"砌砖法,即"一铲灰、一块砖、一揉挤"的操作方法。

竖向灰缝宜采用揉挤法或加浆法使其砂浆饱满,严禁用水冲浆灌缝。采用铺浆法砌筑时,铺浆长度不得超过 750mm。施工期间气温超过 30℃时,铺浆长度不得超过 500mm。水平灰缝的砂浆饱满度不得低于 80％,竖向灰缝不得出现透明缝、瞎缝和假缝。

(2)清水墙面不应有上下二皮砖搭接长度小于 25mm 的通缝,不得有三分头砖,不得在上部随意变活、乱缝。

(3)空斗墙的水平灰缝厚度和竖向灰缝厚度一般为 10±3mm。

(4)砖砌体的灰缝应横平竖直、厚薄均匀,并应用砂浆填满。当墙厚 370mm 以上时,宜采用双面挂线砌筑。

(5)筒拱拱体灰缝应全部用砂浆填满。拱底灰缝宽度宜为 5～8mm。筒拱的纵向缝应与拱的横断面垂直,其纵向两端不宜砌入墙内。

(6)为保证清水墙面的立缝垂直一致,当砌至一步脚手架高时,水平间距每隔 2m 在丁砖竖缝位置弹两道垂直立线,以控制游丁走缝。

(7)清水墙勾缝时应采用加浆勾缝。勾缝砂浆宜采用细砂拌制的 1∶1.5 水泥砂浆,凹缝深度宜为 4～5mm,多雨地区或多孔砖可采用稍浅的凹缝或平缝。

(8)砖砌平拱过梁的灰缝应砌成楔形缝。灰缝宽度在过梁底面不应小于 5mm,在过梁的顶面不应大于 15mm。拱脚下面应伸入墙内不小于 20mm,拱底应有 1％的起拱。

(9)砌体伸缩缝、沉降缝和防震缝应保持清洁,不得夹有砂浆、碎砖和遗落杂物。

6. 砖砌体预留洞口和预埋件

(1)砌体中的预埋件应作防腐处理,预埋木砖的木纹应与钉子垂直。

(2)预留外窗洞口处上下挂线,以保证上下楼层洞口位置垂直。洞口尺寸应准确。其余控制要点见 4.1.2 节第 3、4、6 条,这里不再赘述。

7. 构造柱

(1)构造柱纵筋应穿过圈梁,以保证纵筋上下贯通;构造柱箍筋在楼层上下 500mm 范围内应进行加密,箍筋间距宜为 100mm。

(2)墙体与构造柱连接处应砌成马牙槎,从每层柱脚开始砌筑,先退后进,马牙槎的高度不应大于 300mm。应先砌墙,后浇混凝土构造柱。

(3)浇筑构造柱混凝土前必须对砌体留槎部位和模板进行浇水湿润;将模板内的落地灰、砖渣和其他杂物清理干净;在结合面处注入适量的、与构造柱混凝土相同的去石水泥砂浆,振捣时应避免触及墙体,严禁通过墙体传振。

4.3.3　砖砌体工程质量控制项目及检验规则

主控项目的检验结果必须符合规范合格质量标准的要求;一般项目的检验结果应有不少于 80％的检查点符合规范合格质量标准的要求,且最大值不应超过允许偏差值的 1.2 倍。

(1)砖砌体工程质量主控项目检验见表 4-4。

表 4-4　主控项目检验

序号	项目	合格质量标准	检验方法	检查数量
1	砖和砂浆	砖和砂浆的强度等级必须符合设计要求	检查砖和砂浆试块试验报告	砖的检验批次及抽检数量见表 2-7。砂浆试块：每一检验批不超过 250m³ 的砌体的砌筑砂浆，每台搅拌机应至少抽检一次
2	水平灰缝砂浆饱满度	砌体水平灰缝的砂浆饱满度不得小于 80%，砖柱水平灰缝和竖向灰缝的砂浆饱满度不得小于 90%	用百格网检查砖与砂浆的粘结面积，每处检测 3 块砖，取平均值	每检验批抽查不应少于 5 处
3	斜槎留置	砖砌体的转角处和交接处应同时砌筑，严禁无可靠措施的内外墙分砌施工。在抗震烈度为 8 度及 8 度以上地区，对不能同时砌筑而又必须留置的临时间断处应砌成斜槎，普通砖砌体斜槎水平投影长度应不小于高度的 2/3(图 4-1)；多孔砖砌体应根据砖规格尺寸，留置斜槎的长高比不应小于 1/2。斜槎高度不应超过一步脚手架的高度	观察检查	每检验批抽查 20% 接槎，且不应少于 5 处
4	直槎拉结筋及接槎处理	非抗震设防及抗震设防烈度为 6 度、7 度地区的临时间断处，当不能留斜槎时(转角处除外)可留直槎，但直槎必须做成凸槎。留直槎处应加设拉结钢筋，拉结钢筋的数量为每 120mm 墙厚放置 1 φ6 拉结钢筋(120mm 厚墙放置 2 φ6 拉结筋)，间距沿墙高不应超过 500mm 且竖向间距偏差不应超过 100mm；埋入长度从留槎处算起每边均应不小于 500mm，对抗震设防烈度 6 度、7 度的地区，应不小于 1000mm，末端应设有 90°弯钩(图 4-2) 合格标准：留槎正确，拉结钢筋设置数量、直径正确，竖向间距偏差不超过 100mm，留置长度基本符合规定	观察和尺量检查	
5	砌体位置及垂直度允许偏差	砖砌体的位置及垂直度允许偏差应符合表 4-5 的规定	见表 4-5	① 轴线：查全部承重墙柱； ② 外墙垂直度及全高：查阳角，应不少于五处，且每层、每 20m 查一处； ③ 内墙：按有代表性的自然间抽 10%，但应不少于 3 间，每间不应少于 2 处； ④ 柱：不少于 5 根

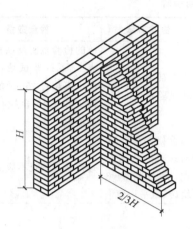

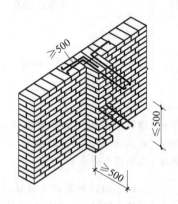

图 4-1　斜槎留置图　　　　图 4-2　直槎拉结钢筋埋设及接槎

表 4-5　砖砌体的位置及垂直度允许偏差　　　　　　　　　　mm

序号	项　　目			允许偏差	检 验 方 法	检 查 数 量
1	轴线位置偏移			10	用经纬仪和尺检查或其他测量仪器检查	承重墙、柱全检
2	垂直度	每层		5	用2m托线板检查	每检验批不应少于5处，每层、每20m查一处
		全高	≤10m	10	用经纬仪、吊线和尺检查，或其他测量仪器检查	外墙全部阳角
			>10m	20		

注：本表摘自《砌体工程施工质量验收规范》（GB 50203—2011）。

（2）砖砌体工程质量一般项目检验见表 4-6。

表 4-6　一般项目检验

序号	项目	合格质量标准	检验方法	检查数量
1	组砌方法	砖砌体组砌方法应正确，上下错缝，内外搭砌，砖柱不得采用包心砌法。合格标准：除符合本条要求外，清水墙、窗间墙应无通缝；混水墙中长度大于或等于300mm的通缝每间不超过3处，且不得位于同一面墙体上	观察检查	外墙，每20m抽查一处，每处3～5m，且不应少于3处；内墙，按有代表性的自然间抽10%，且不应少于3间
2	灰缝质量	砖砌体的灰缝应横平竖直、厚薄均匀，水平灰缝厚度宜为10±2mm	用尺量10皮砖砌体高度折算	每步脚手架施工的砌体，每20m抽查1处
3	砖砌体一般尺寸允许偏差	砖砌体的一般尺寸允许偏差应符合表4-7的规定	见表4-7	见表4-7

表 4-7 砖砌体一般尺寸允许偏差　　　　　　　　mm

序号	项　目		允许偏差	检 验 方 法	检 查 数 量
1	基础顶面和楼面标高		±15	用水平仪和尺检查	应不少于 5 处
2	表面平整度	清水墙、柱	5	用 2m 靠尺和楔形塞尺检查	有代表性自然间 10%，应不少于 3 间，每间不应少于 2 处
		混水墙、柱	8		
3	门窗洞口高、宽(后塞口)		±5	用尺检查	检验批的 10%，且不应少于 5 处
4	外墙上下窗口偏移		20	以底层窗口为准，用经纬仪或吊线检查	
5	水平灰缝平直度	清水墙	7	拉 10m 线和尺检查	有代表性自然间 10%，应不小于 3 间，每间不应少于 2 处
		混水墙	10		
6	清水墙游丁走缝		20	吊线和尺检查，每层第一皮砖	

注：本表摘自《砌体工程施工质量验收规范》(GB 50203—2011)。

4.4　小砌块砌体工程

小砌块包括普通混凝土小型空心砌块和轻骨料混凝土小型空心砌块。

4.4.1　对材料的要求

(1) 小砌块的产品龄期达到 28d 之前，收缩速度较快，28d 以后收缩速度减慢，强度趋于稳定。为有效控制砌体收缩裂缝和保证砌体强度，规定砌体施工时所用小砌块的产品龄期不应小于 28d。

(2) 小砌块砌筑时，应清除表面污物和芯柱用小砌块孔洞底部的毛边，剔除外观质量不合格的小砌块。

(3) 普通小砌块砌筑时可为自然含水率，当天气干燥炎热时可提前洒水湿润。轻骨料小砌块吸水率大，宜提前 2d 浇水湿润。当小砌块表面有浮水时，不应进行砌筑，以避免游砖。

(4) 施工时所用的砂浆应选用专用的小砌块砌筑砂浆。

(5) 底层室内地面及防潮层以下的砌体，均应采用强度等级不低于 C20 的混凝土灌实小砌块的孔洞。

(6) 砌筑承重墙体的小砌块应完整、无破损、无裂缝，严禁使用断裂的小砌块。

4.4.2　小砌块砌筑施工质量控制要点

1. 小砌块砌筑

(1) 小砌块砌筑前应预先绘制砌块平、立面排列图，并确定皮数。不够主规格尺寸的部位,应采用辅助规格小砌块。

(2) 在使用小砌块砌筑墙体时应对孔、对肋、错缝搭砌;当不能对孔砌筑时,搭接长度不得小于90mm;当个别部位不能满足时,应在水平灰缝中设置拉结钢筋网片,网片两端距竖缝长度均不得小于300mm。竖向通缝不得超过两皮。小砌块砌筑应将生产时的底面(壁、肋稍厚的一面)朝上反砌于墙上。

上述砌筑方法可简单归纳为6个字:对孔、错缝、反砌。所谓对孔,即上皮小砌块的孔洞对准下皮小砌块的孔洞,上下皮小砌块的壁、肋可较好传递竖向荷载,有助于保证砌体的整体性及强度。所谓错缝,即上下皮小砌块错开砌筑(搭砌),以增强砌体的整体性,这属于砌筑工艺的基本要求。所谓反砌,即小砌块底面朝上砌筑于墙体上,易于铺放砂浆和保证水平灰缝砂浆的饱满度,这也是保证砌体强度指标的基本砌法。

(3) 常温下普通混凝土小砌块日砌高度不应超过1.8m,轻骨料混凝土小砌块日砌高度不应超过2.4m。

(4) 需要移动砌体中的小砌块时或砌体被撞动后,小砌块应重新铺砌。

(5) 雨天砌筑时应采取防雨措施,砌筑完毕应对砌体进行遮盖。

2. 小砌块砌体灰缝

(1) 小砌块墙体宜逐块坐浆砌筑,砌体铺灰长度不宜超过两块主规格块体的长度;

(2) 小砌块清水墙的勾缝应采用加浆勾缝,当设计无具体要求时宜采用平缝。

3. 小砌块混凝土芯柱

(1) 砌筑芯柱(构造柱)部位的墙体,应采用不封底的通孔小砌块,砌筑时要保证上下孔通畅且不错孔,确保混凝土浇筑时拌合物不侧向流窜。

(2) 在芯柱部位,每层楼的第一皮块体应采用开口小砌块或U形小砌块砌出操作孔,操作孔侧面宜预留连通孔;砌筑开口小砌块或U形小砌块时,应随时刮去灰缝内凸出的砂浆,直至达到一个楼层高度。

(3) 浇灌芯柱的混凝土,宜选用专用的小砌块灌孔混凝土。当采用普通混凝土时,其坍落度不应小于90mm。

(4) 浇灌芯柱混凝土时应遵守下列规定:①清除孔洞内的砂浆等杂物,并用水冲洗;②在浇灌芯柱混凝土前,应先注入适量与芯柱混凝土相同的去石水泥砂浆,然后再浇灌混凝土;③砌筑砂浆强度大于1MPa时,每次连续浇筑高度宜为半个楼层,且不超过1.8m,每浇筑400~500mm高度捣实一次,或边浇筑边捣实。

4.4.3 小砌块砌体工程质量控制项目及检验规则

1. 小砌块砌体工程质量主控项目检验

小砌块砌体工程质量主控项目检验见表4-8。

2. 小砌块砌体工程质量一般项目检验

小砌块砌体工程质量一般项目检验见表4-9。

表 4-8　主控项目检验

序号	项目	合格质量标准	检验方法	检查数量
1	小砌块和砂浆	小砌块和砂浆的强度等级必须符合设计要求	查小砌块、芯柱混凝土和砂浆抗压强度试验报告	每一生产厂家,每 1 万块小砌块至少应抽检一组。用于多层建筑基础和底层的小砌块抽检数量应不少于 2 组。砂浆试块:每一检验批次且不超过 250m³ 的砌体的砌筑砂浆,每台搅拌机应至少抽验一次
2	砌体灰缝	砌体水平灰缝和竖向灰缝的砂浆饱满度,净面积不得低于 90%;竖缝凹槽部位应用砌筑砂浆填实;不得出现瞎缝,透明缝	用百格网检测小砌块与砂浆粘结痕迹,每处检测 3 块小砌块,取平均值	每检验批不应少于 5 处
3	砌筑留槎	墙体转角处和纵横墙交接处应同时砌筑。临时间断处应砌成斜槎,斜槎水平投影长度应不小于高度。施工洞口可留直槎,但在洞口砌筑或补砌时,应在直槎上下的小砌块孔洞内用强度等级不低于 C20(或 Cb20)的混凝土浇实	观察检查	每检验批抽查 20% 接槎,且应不少于 5 处
4	混凝土芯柱	小砌块砌体的混凝土芯柱在楼盖处应贯通,不得削弱芯柱截面尺寸,芯柱混凝土不得漏灌	观察检查	每检验批抽查不应于 5 处
5	轴线与垂直度允许偏差	砌体的轴线偏移和垂直度偏差应符合表 4-5 的规定	见表 4-5	① 轴线:检查全部承重墙柱; ② 外墙垂直度及全高:查阳角,应不少于五处,且每层、每 20m 查一处; ③ 内墙:按有代表性的自然间抽 10%,但应不少于 3 间,每间不应少于 2 处; ④ 柱:不少于 5 根

表 4-9　一般项目检验

序号	项目	合格质量标准	检验方法	检查数量
1	墙体灰缝厚度	墙体的水平灰缝厚度和竖向灰缝宽度宜为 10±2mm	用测尺测量 5 皮小砌块的高度和 2m 砌体长度折算	每层楼的检测点不应少于 3 处
2	墙体一般尺寸允许偏差	小砌块墙体的一般尺寸允许偏差应符合表 4-7 的规定	见表 4-7	见表 4-7

4.5 石砌体工程

本节适用于毛石、毛料石、粗料石、细料石等石砌体工程。

4.5.1 对材料的要求

(1) 石砌体采用的石材应质地坚实,无明显风化剥落和裂纹。用于清水墙、柱表面的石材,色泽应均匀。石料的放射性检验应符合《建筑材料放射性核素限量》(GB 6566)的有关规定。

(2) 石材表面的泥垢、水锈等杂质在砌筑前应清除干净。

(3) 当有振动荷载时,墙、柱不宜采用毛石砌筑。

(4) 细料石:通过细加工,外表规则;叠砌面凹入深度不应大于10mm;截面宽度、高度不宜小于200mm,且不宜小于长度的1/4。

(5) 半细料石:其规格、尺寸方面的要求与细料石相同,但叠砌面凹入深度不应大于15mm。

(6) 粗料石:其规格、尺寸方面的要求与细料石相同,但叠砌面凹入深度不应大于20mm。

(7) 毛料石:外形大致方正,高度不应小于200mm,叠砌面凹入深度不应大于25mm。

4.5.2 石砌体施工质量控制要点

1. 石砌体基础

(1) 砌筑毛石基础的第一皮石块应坐浆,并将大面向下。每个楼层(包括基础)砌体的最上一皮宜选用较大的毛石砌筑。毛石基础如果做成梯形,上级阶梯的石块应至少压砌下级阶梯的1/2,相邻阶梯应错缝搭砌。

(2) 砌筑料石基础的第一皮石块应采用丁砌层坐浆法砌筑。对于阶梯形料石基础,其上级阶梯的料石应至少压砌下级阶梯的1/3。

2. 石砌体砌筑

(1) 石砌体的转角处、交接处应同时砌筑。在不能同时砌筑而必须留置的临时间断处,应砌成踏步槎。

(2) 在毛石和实心砖的组合墙中,毛石砌体与实心砖砌体应同时砌筑,且每隔4~6皮砖用2~3皮丁砖与毛石砌体拉结砌合。两种砌体间的间隙应用砂浆填满。

(3) 毛石墙和砖墙相接的转角处和交接处应同时砌筑,转角处应自纵墙(或横墙)每隔4~6皮砖高度引出不小于120mm与横墙(或纵墙)相接;交接处应自纵墙每隔4~6皮砖高度引出不小于120mm与横墙相接。

(4) 在料石和毛石(或砖)的组合墙中,料石砌体和毛石砌体(或砖砌体)应同时砌筑,且每隔2~3皮料石层应用丁砌层与毛石砌体(或砖砌体)拉结砌合。丁砌料石长度应与组合墙厚度相同。

3.　石砌块错缝与灰缝

（1）毛石砌体应分皮卧砌,各皮石块间应利用自然形状敲打修整,使其能与先砌石块基本吻合、搭砌紧密,并应上下错缝、内外搭砌,不得采用外面侧立石块、中间填芯的砌筑方法,中间不得有铲口石（尖石倾斜向外的石块）、斧刀石和过桥石（仅在两端搭砌的石块）。

（2）料石砌体应上下错缝搭砌,砌体厚度不小于两块料石的宽度时,如果同皮内全部采用顺砌,则每砌两皮后应砌一层丁砌层;如果同皮内采用丁顺组砌,则丁砌石应交错设置,且其中心距不应大于 2m。

（3）毛石砌体的砂浆应饱满,石块间不得直接接触,石块间空隙较大时应先填砂浆,然后用碎石嵌实,不得采用先摆碎石块后填砂浆或干填碎石块的方法。

（4）石砌体的灰缝厚度:细料石不宜大于 5mm;粗料石和毛料石不宜大于 20mm;毛石宜为 20~30mm;砌筑时,砂浆铺层厚度应略高于规定的灰缝厚度。

（5）当设计未作规定时,石墙勾缝应采用凸缝或平缝,毛石墙应保持石料砌合的自然缝。

4.　石砌挡土墙

（1）毛石的中部厚度不宜小于 200mm。

（2）毛石每砌 3~4 皮为一分层高度,每个分层高度应将顶层石块砌平。两个分层高度间分层处的错缝不得小于 80mm。

（3）石砌体灰缝应均匀。灰缝厚度应符合下列规定:毛石砌体外露面的灰缝厚度不宜大于 40mm;毛料石和粗料石砌体的灰缝不宜大于 20mm;细料石砌体的灰缝不宜大于 5mm。

（4）料石挡土墙宜采用同皮内丁顺相间的砌筑形式。当中间部分采用毛石填砌时,丁砌料石伸入毛石部分不应小于 200mm。

（5）当湿砌挡土墙泄水孔无设计要求时,应符合以下规定:泄水孔应均匀设置,在每米高度上水平间隔 2m 左右设置一个泄水孔;泄水孔与土体间铺设长宽各为 300mm、厚为 200mm 的卵石或碎石作为疏水层。

（6）挡土墙内侧回填土必须分层夯填,分层松土厚度为 300mm。墙顶土应有一定坡度,以保证水流流向挡土墙外侧。

（7）毛石墙和砖墙相接的转角处和交接处应同时砌筑。转角处、交接处应自纵墙（或横墙）每隔 4~6 皮砖高引出不小于 120mm 与横墙（或纵墙）相接。

5.　石砌体的组砌形式

石砌体的组砌形式应符合下列规定:

（1）内外搭砌、上下错缝、拉结石、丁砌石应交错布置;

（2）毛石墙拉结石每 0.7m² 墙面不应少于一块。

4.5.3　石砌体工程质量控制项目及检验规则

1.　石砌体工程质量主控项目检验

石砌体工程质量主控项目检验见表 4-10。

表 4-10　主控项目检验

序号	项目	合格质量标准	检验方法	检查数量
1	石材和砂浆强度等级	必须符合设计要求	检查产品质量证明书,石材、砂浆检查抗压强度试验报告	同一产地的石材至少应抽检一组。砂浆试块:每一检验批且不得超过 250m³ 的砌体的各种类型及强度等级的砌筑砂浆,每台搅拌机至少抽检一次
2	砂浆饱满度	不少于 80%	观察检查	每检验批抽查不应少于一处

2. 石砌体工程质量一般项目检验

石砌体工程质量一般项目检验(一般尺寸偏差)见表 4-11。

表 4-11　石砌体一般尺寸偏差　　　　　　　　　　　　mm

序号	项目		允许偏差						检验方法(每检验批抽查不应少于 5 处)
			毛石砌体		料石砌体				
					毛料石		粗料石	细料石	
			基础	墙	基础	墙	基础	墙	墙、柱	
1	轴线位置		20	15	20	15	15	10	10	用经纬仪和尺检查或用其他测量仪器检查
2	基础和墙顶标高		±25	±15	±25	±15	±15	±15	±10	用水准仪和尺检查
3	砌体厚度		±30	+20 −10	+30	+20 −10	+15	+10 −5	+10 −5	用尺检查
4	墙面垂直度	每层	—	20	—	20		10	7	用经纬仪、吊线和尺检查或用其他测量仪器检查
		全高	—	30		30		25	10	
5	表面平整度	清水墙、柱	—	—		20		10	5	细料石用 2m 靠尺和楔形塞尺检查,其他料石用两直尺垂直于灰缝拉 2m 线和尺检查
		混水墙、柱	—	—		20		15	—	
6	清水墙水平灰缝平直度		—	—				5		拉 10m 线和尺检查

注:本表摘自《砌体工程施工质量验收规范》(GB 50203—2011)。

4.6　配筋砌体工程

4.6.1　对材料的要求

1) 用于砌体工程的钢筋的品种、规格和强度等级必须符合设计要求。进场验收、复检应合格。

2) 设置在潮湿或有化学侵蚀性介质环境中的砌体灰缝内的钢筋,应采用镀锌钢材、不锈钢或有色金属材料,或在钢筋表面涂刷防腐涂料或防锈剂。

3) 砌筑配筋小砌块砌体剪力墙时,应采用专用的小砌块砌筑砂浆,专用小砌块灌孔混凝土浇筑芯柱。

4) 砌体自身材料应符合该砌体对材料的要求。

4.6.2　配筋砌体砌筑施工质量控制要点

1. 配筋砖砌体配筋

1) 砌体水平灰缝中钢筋的锚固长度不宜小于 $50d$,且其水平或垂直弯折段长度不宜小于 $20d$ 和 150mm;钢筋的搭接长度不应小于 $55d$(d 为钢筋直径)。

2) 配筋砌块砌体剪力墙的灌孔混凝土中竖向受拉钢筋,钢筋搭接长度不应小于 $35d$,且不小于 300mm。

3) 砌体与构造柱、芯柱的连接处应设 $2\phi6$ 拉结筋或 $\phi4$ 钢筋网片,间距沿墙高不应超过 500mm(小砌块为 600mm);埋入墙内长度每边不宜小于 600mm;抗震设防地区不宜小于 1m;钢筋末端应有 90°弯钩。

4) 钢筋网可采用连弯网或方格网,钢筋直径宜采用 3~4mm;当采用连弯网时,钢筋直径不应大于 8mm。

5) 钢筋网中钢筋的间距不应大于 120mm,且不应小于 30mm。

6) 设置在灰缝内的钢筋应居中于灰缝内,水平灰缝厚度应大于钢筋直径 4mm 以上。

2. 构造柱、芯柱

1) 构造柱浇灌混凝土前,必须将砌体留槎部位和模板浇水湿润,将模板内的落地灰、砖渣和其他杂物清理干净,并在结合面处注入适量与构造柱混凝土相同的去石水泥砂浆。振捣时应避免触碰墙体,严禁通过墙体传震。

2) 配筋砌块芯柱在楼盖处应贯通,且不得削弱芯柱截面尺寸。

3) 构造柱纵筋应穿过圈梁,保证纵筋上下贯通;构造柱箍筋在楼层上下 500mm 范围内应进行加密,间距宜为 100mm。

4) 墙体与构造柱连接处应砌成马牙槎,从每层柱脚起先退后进,马牙槎的高度不应大于 300,且应先砌墙后浇混凝土构造柱。

5) 小砌块墙中设置构造柱时,与构造柱相邻的砌块孔洞应按以下原则处理:当设计无具体要求时,6 度设防(抗震设防烈度,下同)时宜灌实,7 度设防时应灌实,8 度设防时应灌实并插筋;当设计有具体要求时,应按设计要求处理。

3. 构造柱、芯柱中的箍筋

1) 当纵向钢筋的配筋率大于 0.25%,且柱承受的轴向力大于受压承载力设计值的 25% 时,应设置箍筋;当配筋率等于或小于 0.25%,或柱承受的轴向力小于受压承载力设计值的 25% 时,可不设置箍筋。

2) 箍筋直径不宜小于 6mm。

3) 箍筋的间距不应大于 16 倍纵向钢筋直径、48 倍箍筋直径及柱截面短边尺寸中的较小者。

4) 箍筋应设置在灰缝或灌孔混凝土中,做成封闭式,端部应弯钩。

4.6.3　配筋砌体工程质量控制项目检验规则

1. 配筋砌体工程质量主控项目检验

配筋砌体工程质量主控项目检验见表4-12。

表 4-12　主控项目检验

序号	项目	合格质量标准	检验方法	检验数量
1	钢筋	钢筋的品种、规格和数量应符合设计要求	检查钢筋的出厂合格证书,钢筋性能试验报告、隐蔽工程施工及验收记录	全数检查
2	混凝土、砂浆强度	构造柱、芯柱、组合砌体构件、配筋砌体剪力墙构件的混凝土或砂浆的强度等级应符合设计要求	检查混凝土或砂浆抗压试验报告	各类构件每一检验批砌体至少应制备一组试块
3	马牙槎拉结筋	构造柱与墙体的连接处应砌成马牙槎,马牙槎应先退后进、对称砌筑;预留的拉结钢筋应位置正确,施工中不得任意弯折 合格标准:钢筋竖向移位不应超过100mm,马牙槎凹凸尺寸不宜小于60mm,每一马牙槎沿高度方向尺寸不应超过300mm,钢筋竖向位移和马牙槎尺寸偏差每一构造柱不应超过2处	观察检查	每检验批抽查20%构造柱,且不少于3处
4	拉结钢筋	预留拉结钢筋的规格、尺寸、数量及位置应正确,拉结钢筋应沿墙高每隔500mm设2φ6,伸入墙内不少于600mm,钢筋的竖向移位不应超过100mm,且竖向移位每一构造柱不得超过2处。拉结钢筋不得任意弯折	观察检查和尺量	每检验批抽查不少于5处
5	构造柱位置及垂直度允许偏差	构造柱位置及垂直度的允许偏差应符合表4-13的规定	见表4-13	每检验批抽查10%,且不应少于5处
6	芯柱	对配筋混凝土小型空心砌块砌体,芯柱混凝土应在装配式楼盖处贯通,不得削弱芯柱的截面尺寸	观察检查	每检验批抽查10%,且不应少于5处

表 4-13　构造柱尺寸允许偏差　　　　　　　　　　mm

序号	项目			允许偏差	抽检方法(每检验批抽查不得少于5处)
1	柱中心线位置			10	用经纬仪和尺检查或用其他测量仪器检查
2	柱层间错位			8	
3	柱垂直度	每层		10	用2m托线板检查
		全高	≤10m	15	用经纬仪、吊线和尺检查,或用其他测量仪器检查
			>10m	20	

注:本表摘自《砌体工程施工质量验收规范》(GB 50203—2011)。

2. 配筋砌体工程质量一般项目检验

配筋砌体工程质量一般项目检验见表 4-14、表 4-15。

表 4-14 一般项目检验

序号	项目	合格质量标准	检验方法	检查数量
1	水平灰缝钢筋	设置在砌体水平灰缝内的钢筋,应居中置于灰缝中间。水平灰缝厚度应大于钢筋直径 4mm 以上,钢筋外露面砂浆保护层厚度应不小于 15mm	观察检查,辅以钢尺检测	每检验批抽检 3 个构件,每个构件检查 3 处
2	钢筋防腐	设置在潮湿环境或化学侵蚀性介质的环境中的砌体灰缝内的钢筋应采取防腐措施 合格标准:防腐涂料无漏刷(喷浸),无起皮脱落、擦痕及肉眼可见裂纹,应符合设计要求	观察检查	每检验批抽检 10% 的钢筋且不应少于 5 处
3	网状配筋	网状配筋砌体中,钢筋网及其放置间距应符合设计规定 合格标准:钢筋网沿砌体高度位置超过设计规定一皮砖厚者,不得多于 1 处	钢筋规格检查:钢筋网成品。钢筋网放置间距检查:局部剔缝观察,或用探针刺入灰缝内检查,或用钢筋位置测定仪测定	
4	组合砌体拉结筋	组合砖砌体构件,竖向受力钢筋保护层应符合设计要求,距砖砌体表面距离应不小于 5mm;拉结筋两端应设弯钩,拉结筋及箍筋的位置应正确 合格标准:钢筋保护层符合设计要求;拉结筋位置及弯钩设置 80% 及以上符合要求;箍筋间距超过规定的,每件不得多于 2 处,每处不得超过一皮砖	支模前观察和尺量检查	
5	砌块砌体钢筋搭接	配筋砌块砌体剪力墙中,采用搭接接头的受力钢筋搭接长度应不小于 35d,且应不少于 300mm	尺量检查	每检验批每类构件(墙、柱、连梁)抽查 20%,且不应少于 3 件

表 4-15 钢筋安装位置的允许偏差和检验方法   mm

项 目		允许偏差	检验方法(每检验批抽查不应少于 5 处)
受力钢筋保护层厚度	网状配筋砌体	±10	检查钢筋网成品,钢筋网放置位置局部剔缝观察,或用针刺入灰缝内检查,或用钢筋位置测定仪测定
	组合砖砌体	±5	支模前观察和尺量检查
	配筋小砌块砌体	±10	浇筑灌孔混凝土前观察和尺量检查
配筋小砌块砌体墙凹槽中水平钢筋间距		±10	钢尺量连续三挡,取最大值

4.7　填充墙砌体工程

4.7.1　对材料要求

1）蒸压加气混凝土砌块和轻骨料混凝土小型空心砌块砌筑时，其产品龄期应超过28d。蒸压加气混凝土砌块的含水率宜小于30％。

2）在空心砖、蒸压加气混凝土砌块和轻骨料混凝土小型空心砌块等运输、装卸过程中，严禁抛掷和倾倒。进场后应按品种和规格分开堆放整齐，堆置高度不宜超过2m。加气混凝土砌块应防止雨淋。

3）采用普通砌筑砂浆砌筑填充墙时，烧结空心砖和吸水率较大的轻骨料混凝土小型空心砌块应提前1～2d浇水湿润。蒸压加气混凝土砌块采用蒸压加气混凝土砌块砌筑砂浆或普通砌筑砂浆砌筑时，应在砌筑当天对砌块的砌筑面进行喷水湿润。吸水率较小的轻骨料混凝土小型空心砌块及采用薄灰砌筑法施工的蒸压加气混凝土砌块，在砌筑前不应对其进行浇水湿润。在气候干燥炎热情况下，宜在砌筑前对吸水率较小的轻骨料混凝土小型空心砌块进行喷水湿润。块体湿润程度宜符合下列规定：烧结空心砖的相对含水率60％～70％；吸水率较大的轻骨料混凝土小型空心砌块，蒸压加气混凝土砌块的相对含水率为40％～50％。

4）用轻骨料混凝土小型空心砌块或蒸压加气混凝土砌块砌筑墙体时，墙底部应砌筑烧结普通砖、多孔砖、普通混凝土小型空心砌块或现浇混凝土坎台等，其高度不宜小于200mm。

5）加气混凝土砌块不得在以下部位砌筑：①建筑物底层地面以下部位；②长期浸水或经常干湿交替的部位；③受化学环境侵蚀的部位；④经常处于80℃以上高温环境中的部位。

4.7.2　填充墙砌筑施工质量控制要点

1）蒸压加气混凝土砌块和轻骨料混凝土小型空心砌块不应与其他块体混砌，不同强度等级的同类块体也不应混砌。

2）轻骨料小砌块、加气砌块和薄壁空心砖（如三孔砖）在砌筑时，墙底部应砌筑烧结普通砖、多孔砖、普通小砖块（采用混凝土灌孔更好）或浇筑混凝土坎台，其高度不宜小于200mm。

3）厨、厕、浴间和有防水要求的房间，应在墙底部150mm高度范围内现浇筑混凝土坎台。

4）轻骨料小砌块和加气砌块砌体的干缩值较大（是烧结黏土砖的数倍），不应与其他块材混砌。但对于因构造需要的墙底部、顶部和门窗固定部位等地，可适量镶嵌其他块材。不同砌体交接处可采用构造柱连接。

5）填充墙的水平灰缝砂浆饱满度均应不小于80％；小砌块和加气砌块砌体的竖向灰缝也不应小于80％；其他砖砌体的竖向灰缝应填满砂浆，且不得有透明缝、瞎缝和假缝。

6）填充墙砌筑时应错缝搭砌。单排孔小砌块应对孔错缝砌筑，当不能对孔时，搭接长度不应小于90mm；加气砌块搭接长度不小于砌块长度的1/3，当不能满足时，应在水平灰缝中设置钢筋加强。

7）填充墙砌至梁、板底部时应留一定空隙，至少间隔 7 天后再砌筑、挤紧，或采用坍落度较小的混凝土或水泥砂浆填嵌密实。在封砌施工洞口及外墙井架洞口时，不得一次砌筑到顶。

8）钢筋混凝土结构中砌筑填充墙时，应沿框架柱（剪力墙）全高每隔 500mm（砌块模数不能满足时可为 600mm）设 2 φ6 拉结筋，拉结筋伸入墙内的长度应符合设计要求。在设计对拉结筋伸入墙内的长度无具体要求的情况下：当非抗震设防及抗震设防烈度为 6 度和 7 度时不应小于墙长的 1/5 且不小于 700mm；当烈度为 8 度和 9 度时宜沿墙长全长贯通。

9）填充墙砌体的砌筑应在承重主体结构检验批验收合格后进行，填充墙与主体结构间空隙部位的施工应在填充墙砌筑 14d 后进行。

4.7.3　填充墙砌体工程质量控制项目检验规则

1. 填充墙砌体工程质量主控项目检验

填充墙砌体工程质量主控项目检验，见表 4-16。

表 4-16　主控项目检验

项　　目	合格质量标准	检验方法	检查数量
砖、砌块和砌筑砂浆	砖、砌块和砌筑砂浆的强度等级应符合设计要求	检查砖或砌块的产品合格证书、产品性能检测报告和砂浆抗压强度试验报告	按相关材料国家标准中有关规定执行
填充墙砌体与主体结构的连接	连接构造应符合设计要求，填充墙与柱的拉结筋的位置移位超过一皮砌块高度的数量不得多于 1 处	观察检查	每检验批抽查不应少于 5 处
连接钢筋的锚固性能	填充墙与承重墙、柱、梁的连接钢筋经锚固性能试验后，基材无裂缝、纵筋无滑移、无宏观裂损，持荷 2min 荷载值降低不大于 5%	化学植筋应进行实体检测，锚固钢筋原位试验的轴向受拉非破坏荷载值应为 6.0kN	见表 4-17～表 4-19

表 4-17　检验批抽检锚固钢筋样本最小容量

检验批容量	样本最小容量	检验批容量	样本最小容量
≤90	5	281～500	20
91～150	8	501～1200	32
151～280	13	1201～3200	50

表 4-18　正常一次性抽样判定

样本容量	合格判定数	不合格判定数	样本容量	合格判定数	不合格判定数
5	0	1	20	2	3
8	1	2	32	3	4
13	1	2	50	5	6

表 4-19　正常二次性抽样的判定

抽样次数 — 样本容量	合格判定数	不合格判定数	抽样次数 — 样本容量	合格判定数	不合格判定数
(1)—5	0	2	(1)—20	1	3
(2)—10	1	2	(2)—40	3	4
(1)—8	0	2	(1)—32	2	5
(2)—16	1	2	(2)—64	6	7
(1)—13	0	3	(1)—50	3	6
(2)—26	3	4	(2)—100	9	10

注：本表应用参照《建筑结构检测技术标准》(GB/T 50344—2004)第 3.3.4 条文说明。

2. 填充墙砌体工程质量一般项目的检验

填充墙砌体工程质量一般项目检验见表 4-20。

表 4-20　一般项目检验

序号	项目	合格质量标准	检验方法	检查数量
1	填充墙砌体一般尺寸允许偏差	填充墙砌体一般尺寸的允许偏差应符合表 4-21 的规定	见表 4-21	检验批中抽检不应少于 5 处
2	无混砌现象	蒸压加气混凝土砌块砌体和轻骨料混凝土小型空心砌块砌体不应与其他块材混砌	外观检查	在检验批中抽检 20%，且不应少于 5 处
3	砂浆饱满度	填充墙砌体的砂浆饱满度及检验方法应符合表 4-22 的规定	见表 4-22	见表 4-22
4	拉结钢筋网片	填充墙砌体留置的拉结钢筋或网片的位置应与块体皮数相符合。拉结钢筋或网片应置于灰缝中，埋置长度应符合设计要求，竖向位置偏差不应超过一皮砌体高度	观察和尺量检查	在检验批中抽检不应少于 5 处
5	错缝搭砌	填充墙砌筑时应错缝搭砌，蒸压加气混凝土砌块搭砌长度应不小于砌块长度的 1/3，轻骨料混凝土小型空心砌块搭砌长度应不小于 90mm，竖向通缝不应大于 2 皮	观察和用尺检查	
6	填充墙灰缝	填充墙的砌体的灰缝厚度和宽度应正确。空心砖、轻骨料混凝土小型空心砌块的砌体灰缝应为 8～12mm。蒸压加气混凝土砌块砌体当采用水泥砂浆、水泥混合砂浆或蒸压加气混凝土砌块砌筑砂浆时，水平灰缝厚度及竖向灰缝宽度应不超过 15mm。当蒸压加气混凝土砌块砌体采用蒸压加气混凝土砌块粘结砂浆时，水平灰缝厚度和竖向灰缝厚度宜为 3～4mm	用尺量 5 皮空心砖或小砌块的高度和 2m 砌体长度折算	

表 4-21　填充墙砌体一般尺寸允许偏差　　　　　　　　　mm

序号	项　目		允许偏差	检验方法 （每检验批抽查不少于 5 处）
1	轴线位移		10	用尺检查
	垂直度	≤3m	5	用 2m 托线板或吊线、靠尺检查
		>3m	10	
2	表面平整度		8	用 2m 靠尺和楔形塞尺检查
3	门窗洞口高、宽（后塞口）		±10	用尺检查
4	外墙上下窗口偏移		20	用经纬仪或吊线检查

注：本表摘自《砌体工程施工质量验收规范》（GB 50203—2011）。

表 4-22　填充墙砌体的砂浆饱满度及检验方法

砌 体 分 类	灰缝	饱满度及要求	检验方法	检查数量
空心砖砌体	水平	≥80%	用百格网检查块材底面砂浆的粘结痕迹面积	每检验批中抽检不应少于 5 处
	垂直	填满砂浆,不得有透明缝、瞎缝、假缝		
加气混凝土砌块和轻骨料混凝土小砌块砌体	水平	≥80%		
	垂直			

注：本表摘自《砌体工程施工质量验收规范》（GB 50203—2011）。

4.8　冬期施工

4.8.1　冬期施工的基本规定

1）当室外连续 5d 日平均气温低于 5℃ 或连续 5d 日最低气温低于 0℃ 时,砌体工程应采取冬期施工措施。

2）冬期施工应符合《砌体工程施工质量验收规范》（GB 50203）及国家现行标准《建筑工程冬期施工规程》（JGJ 104）的规定。

3）砌体工程冬期施工应有完整的冬期施工方案。

4）基土有冻胀性时,应在未冻的地基上砌筑。在施工期间和回填土前应防止地基冻结。

5）烧结普通砖、多孔砖和空心砖在气温高于 0℃ 条件下砌筑时应浇水湿润。在气温低于、等于 0℃ 条件下砌筑时可不浇水,但必须增大砂浆稠度。抗震设防烈度为 9 度的建筑物,普通砖、多孔砖和空心砖无法浇水湿润时,如无特殊措施,不得进行砌筑施工。

4.8.2　冬期施工对材料的要求

1）烧结普通砖、灰砂砖、空心砖、混凝土小型空心砌块、加气混凝土砌块和石材在砌筑前应清除表面污物、冰雪等,不得使用遭水浸和受冻后的砖或砌块。

2）砌筑砂浆宜优先采用普通硅酸盐水泥拌制。

3）石灰膏、黏土膏或电石膏等宜保温防冻，如遭冻结，应经融化后使用。

4）拌制砂浆所用的砂不得含有冰块和直径大于 10mm 的冻结块。

5）拌制砂浆时，水的温度不得超过 80℃，砂的温度不得超过 40℃，砂浆稠度宜较常温适当增大。

6）砂浆试块留置时，除满足常温规定要求外，还应增设不少于两组与砌体同条件养护的试块。

4.8.3 砌体工程冬期施工质量控制要点

1. 外加剂法

外加剂法是在砌筑砂浆中掺入适量外加剂，使砂浆在砌筑和养护过程中不致冻结和加速硬化。

1）外加剂可使用氯盐或亚硝酸钠等盐类，其中氯盐以氯化钠为主，当气温低于 −15℃时，也可与氯化钙复合使用。氯盐掺量应按表 4-23 选用。

表 4-23 氯盐外加剂掺量（占用水重量的百分比）

氯盐及砌体材料种类		日最低温度/℃			
		≥−10	−11～−15	−16～−20	−21～−25
氯化钠	砖、砌块	3	5	7	—
	石	4	7	10	—
复盐	氯化钠	砖、砌块、	—	—	5	7
	氯化钙		—	—	2	3

注：掺盐量以无水盐计。

2）砌筑时砂浆温度不应低于 5℃。采用外加剂法配制的砌筑砂浆，当设计无要求时，且最低气温等于或低于 −15℃时，砌筑承重砌体的砂浆强度等级应比常温下砂浆强度等级提高 1 级。

3）配筋砌体不得采用掺氯盐的砂浆施工。

4）氯盐砂浆用于砌体施工时，每日砌筑高度不宜超过 1.2m，墙体留置的洞口距交接处不应小于 500mm。

5）氯盐砂浆砌体不得在下列情况下采用：

（1）对装饰工程有特殊要求的建筑物；

（2）使用温度大于 80% 的建筑物；

（3）配筋和钢埋件无可靠的防腐处理措施的砌体；

（4）接近高压电线的建筑物（如变电所、发电站等）；

（5）经常处于地下水位变化范围内的结构，以及在地下未设防水层的结构。

2. 暖棚法

暖棚法是将砌体置于搭设的棚中，棚内设置散热器、排管、电热器或火炉等加热棚内空气，使砌体处于正温环境下养护的方法。该方法适用于地下工程、基础工程以及工程量小又急需砌筑使用的砌体结构。

1) 采用暖棚法施工时,砖石、砌块和砂浆在砌筑时的温度不应低于5℃,且距离砌体底面0.5m处的棚内温度也不应低于5℃。

2) 砌体在暖棚内的养护时间,应根据暖棚内的温度,按表4-24确定。

表 4-24　暖棚法砌体的养护时间

暖棚内温度/℃	5	10	15	20
养护时间/天	≥6	≥5	≥4	≥3

3. 冻结法

冻结法是采用普通水泥砂浆铺砌完毕后,允许砌体冻结的施工方法。

1) 采用冻结法砌筑时,砂浆的最低温度应符合表4-25的规定。

表 4-25　冻结法砌筑时砂浆最低温度　　　　　　　　　　℃

室外空气温度	−10~0	−25~−11	低于−25
砂浆最低温度	10	15	25

2) 当日最低气温高于−25℃时,砌筑承重砌体砂浆强度等级应较常温施工提高1级;当日最低气温等于或低于−25℃时,应提高2级。砂浆强度等级不得小于M2.5,重要结构的砂浆强度等级不得小于M5。

3) 采用冻结法施工时,在楼板水平面位置墙的拐角、交接和交叉处应配置拉结钢筋,并根据墙厚计算,每120mm配一根φ6钢筋,其伸入相邻墙内的长度不得小于1m。拉结钢筋的末端应设置弯钩。

4) 在采用冻结法砌筑的墙体和已经沉降墙体的交接处应设置沉降缝。

5) 施工应按水平分段进行,工作段宜划分在变形缝处。每日砌筑高度和临时间断处的高度差均不得大于1.2m。

6) 在门窗框上部应留出缝隙,其宽度在砖砌体中不应小于50mm,在料石砌体中不应小于30mm。留置在砌体中的洞口和沟槽等宜在解冻前填砌完毕。

7) 下列砌体不得采用冻结法施工:

(1) 混凝土小型空心砌块砌;

(2) 毛石砌体;

(3) 承受侧压力的砌体;

(4) 在解冻期间可能受到振动或其他动力荷载的砌体;

(5) 在解冻时,不允许产生沉降的砌体。

思考题

1. 砌体结构施工质量的薄弱环节在哪里?如何处置?
2. 在砌体结构墙体中,不允许设置脚手眼的部位有哪些?

3. 雨后,继续砌筑施工时,首先应作的工作是什么?

4. 简述在楼面上进行砌筑施工时可能发生超载的现象有哪些?

5. 砌筑砂浆强度检验的合格标准有哪些规定?

6. 简述砌筑砂浆抗压强度试件的取样规则。

7. 新拌砂浆的有效期是多长时间?

8. 哪些砖和小砌块在砌筑时有产品龄期的要求?是多少天?

9. 砖在砌筑前应提前几天浇水湿润?如何在现场判断砖的含水率?

10. 砌筑墙体时对水平灰缝有何要求?如何检测?

11. 砖砌体的转角处、交接处如无法同时砌筑时,应采取哪些措施?

12. 砖和小砌块的墙体砌筑时对铺灰长度各有什么规定?

13. 配筋砌体对所用的钢筋有什么规定?

14. 简述浇筑构造柱混凝土施工时的质量控制要点。

15. 简述填充墙砌筑施工质量主控项目。

16. 哪些砌体不得采用冻结法施工?

17. 施工质量检验的主控项目、一般项目的合格标准各有什么规定?

第5章

混凝土结构工程质量检测

本章学习要点

模板安装与支撑施工质量控制要点和质量检验;

模板拆除的时机、拆除顺序的确定原则;

钢筋加工的质量控制要点和质量检验;

钢筋绑扎和钢筋各种连接方式的接头质量控制要点和质量检验;

混凝土拌合质量控制要点和质量检验;

混凝土浇注、振捣、养护施工质量控制要点和质量检验;

预应力工程材料、安装、张拉、放张、灌浆、封锚各工序质量控制要点和质量检验;

现浇混凝土外观质量控制要点和质量检验;

预制构件及装配施工质量控制要点和质量检验。

混凝土结构按其构成的材料可分为素混凝土结构、钢筋混凝土结构、预应力混凝土结构。根据结构的施工方法可以分为现浇混凝土结构、装配式混凝土结构。混凝土结构工程施工过程一般由模板分项工程、钢筋分项工程和混凝土分项工程这 3 个首尾相接的基本分项工程所组成。紧前工作的质量必将影响到紧后工作的施工进度和施工质量,最终影响整个工程的质量。

5.1 模板分项工程

模板工程就是设计、制作一个有一定形状的临时性容器(模板),将它架设安装在特定的空间位置上,然后向容器里浇注混凝土并使之密实地充满临时容器,待混凝土硬化成形且有一定强度后再将容器和支架拆除。

在模板工程中,我们把模板的制作与架设安装称为"模板安装",把模板和支架的拆除称为"模板拆除"。模板根据材质的不同有木模板和钢模板之分。

5.1.1 一般规定

模板工程的一般规定有:

(1) 模板及其支架应有足够的承载能力、刚度和稳定性,应能承受所浇混凝土拌合物的自重和浇筑混凝土时的冲击力、振捣力和其他施工荷载。

(2) 在浇筑混凝土之前必须根据模板的设计文件和施工技术方案对模板的安装质量进行验收。

(3) 在浇筑混凝土时,应对模板及其支架进行观察维护,以便对可能发生的跑模、胀模等情况进行应急处理。

(4) 模板及其支架拆除前,混凝土必须具有足够的强度和刚度,否则可能导致混凝土垮塌。模板及其支架拆除时需按照一定的拆除顺序并采取安全措施,以防发生安全事故。

5.1.2 模板安装施工质量控制要点

1. 对模板支架的要求

(1) 支放模板的地坪、胎膜等应平整、光洁、坚实,不得产生下沉、裂缝、起砂或起鼓等现象。

(2) 支架的立柱底部应铺设合适的木垫板,以防止立柱滑动或沉陷;支承在疏松土质上时,地基土必须经过夯实,并应通过计算确定其有效支承面积,同时采取可靠的排水措施。

(3) 立柱与立柱之间的带锥销横杆应用锤子敲紧,防止立柱失稳,支撑架设完毕后应由专业人员进行检查。

(4) 安装现浇结构的上层模板及支架时,下层楼板应具有承受上层荷载的能力或加设支架辅助支撑,确保上层模板具有足够的刚度和稳定性。多层楼板支架系统的立柱应安装在同一垂直线上以利于荷载的传递。

2. 对模板的要求

(1) 模板的接缝不得漏浆。在浇筑混凝土前,木模板应浇水湿润,且模板内不应有积水。

(2) 模板与混凝土的接触面应清理干净并涂刷隔离剂、脱模剂,不得采用影响结构性能或妨碍装饰施工的隔离剂。

(3) 模板轴线放线时,应考虑建筑装饰装修工程的厚度尺寸,留出装饰余量。

(4) 安装过程中应加强检查,复核垂直度、中心线、标高及各部分尺寸是否符合设计要求,保证结构部分的几何尺寸和位置关系符合设计要求和验收规范中关于偏差的要求。

(5) 模板安装的底部及顶部应设标高标记,通过采取限位措施确保标高尺寸准确。支模时应拉水平通线,设竖向垂直度控制线,以确保模板横平竖直、位置正确。

(6) 基础的杯芯模板应刨光直拼,并设有排气孔,以减少浮力;杯口模板中心线位置应准确,模板钉牢;模板厚度应一致,格栅面应平整,格栅木料应有足够强度和刚度。墙模板的穿墙螺栓直径、间距和垫块规格应符合设计要求。

(7) 柱子支模前必须先校正钢筋位置。成排柱支模时应先立两端柱模,在底部弹出通线、定出位置并兜方找中,校正与复核位置无误后,再在顶部拉通线,立中间柱模。柱箍间距根据柱截面大小及高度决定,一般控制在50～100cm,根据柱距选用剪刀撑、水平撑或四面斜撑撑牢,以保证柱模板位置准确。

(8) 梁模板上口应设临时撑头,侧模下口应紧贴底模或墙面,斜撑应与上口钉牢,保持上口呈直线;深梁应根据梁的高度及核算的荷载及侧压力适当设置横档。

(9) 控制模板的起拱高度,消除在施工中因结构自重、施工荷载作用引起的挠度。对跨度不小于4m的现浇钢筋混凝土梁、板,其模板应按设计要求起拱;当设计无具体要求时,起拱高度宜为跨度的1/1000~3/1000,对钢模板可取偏小值,对木模板可取偏大值。

（10）梁柱节点连接处下料尺寸一般略小,采用边模包底模,拼缝应严密,支撑应牢靠,且应及时发现错位并采取有效、可靠的措施予以纠正。

（11）浇筑混凝土前,模板内的杂物应清理干净。

（12）对清水混凝土工程及装饰混凝土工程,应使用能达到设计效果的模板。

（13）用作模板的地坪、胎膜等应平整光洁,不得产生下沉、裂缝、起砂或起鼓等现象。

（14）高度超过3m的大型模板的侧模应留门子板,模板应留清扫口。

（15）浇筑混凝土高度应控制在允许范围内,浇筑时应均匀、对称下料,避免局部侧压力过大造成胀模。

5.1.3　模板安装工程质量控制项目及检验规则

1. 模板安装工程质量主控项目检验

模板安装工程质量主控项目检验见表5-1。

表5-1　主控制项目检验

序号	项目	合格质量标准	检验方法	检查数量
1	模板与支架	安装现浇混凝土结构的上层模板及其支架时,下层楼板应具有承受上层荷载的能力,或加设支架;上、下层支架的立柱应对准,并铺设垫板	对照模板设计文件和施工技术方案进行观察	全数检查
2	避免隔离剂污染	在涂刷模板隔离剂或脱模剂时,不得玷污钢筋和混凝土接槎处	观察检查	

2. 模板安装工程质量一般项目检验

模板安装工程质量一般项目检验见表5-2。

表5-2　一般项目检验

序号	项目	合格质量标准	检验方法	检查数量
1	模板安装质量	（1）模板的接缝不应漏浆;在浇筑混凝土前,木模板应浇水湿润,且模板内不应有积水 （2）模板与混凝土的接触面应清理干净并涂刷隔离剂,不得采用影响结构性能或妨碍装饰工程施工的隔离剂 （3）浇筑混凝土前,模板内的杂物应清理干净 （4）对清水混凝土工程及装饰混凝土工程,应使用能达到设计效果的模板	观察检查	全数检查
2	用作模板的地坪、胎膜质量	用作模板的地坪、胎膜等应平整光洁,不得产生影响构件质量的下沉、裂缝、起砂或起鼓等现象		

续表

序号	项目	合格质量标准	检验方法	检查数量
3	模板起拱高度	对跨度不小于4m的现浇钢筋混凝土梁、板,其模板应按设计要求起拱;当设计无具体要求时,起拱高度宜为跨度的1/1000～3/1000	水准仪或拉线、钢尺检查	对同一检验批的梁、柱和独立基础,应抽查构件数量的10%,且不少于3件;对墙和板,应按具代表性的自然间抽查10%,且不少于3间;对大空间结构,墙可按相邻轴线间高度5m左右划分检查面,板可按纵、横轴线划分检查面,均抽查10%,且不少于3面
4	模板安装允许偏差	预制构件模板安装的偏差应符合表5-3的规定 现浇结构模板安装的偏差应符合表5-4的规定	钢尺检查,见表5-3～表5-5	
5	预埋件、预留孔和预留洞允许偏差	固定在模板上的预埋件、预留孔和预留洞均不得遗漏,且应安装牢固,其偏差应符合表5-5的规定		

表 5-3　预制构件模板安装的允许偏差及检验方法　　　　　mm

项　　目		允 许 偏 差	检 验 方 法
长度	板、梁	±5	钢尺量两角边,取较大值
	薄腹梁、桁架	±10	
	柱	0,−10	
	墙板	0,−5	
宽度	板、墙板	0,−5	钢尺量一端及中部,取较大值
	梁、薄腹梁、桁架、柱	2,−5	
高(厚)度	板	2,−3	
	墙板	0,−5	
	梁、薄腹梁、桁架、柱	2,−5	
侧向弯曲	梁、板、柱	$l/1000$,且≤15	拉线、钢尺量最大弯曲处
	墙板、薄腹梁、桁架	$l/1500$,且≤15	
板的表面平整度		3	2m靠尺和塞尺检查
相邻两板表面高低差		1	钢尺检查
对角线差	板	7	钢尺量两个对角线
	墙板	5	
翘曲	板、墙板	$l/1500$	调平尺在两端测量
设计起拱	薄腹梁、桁架、梁	±3	拉线、钢尺量跨中

注:1. l 为构件长度,mm;

　　2. 本表摘自《混凝土结构工程施工质量验收规范》(GB 50204—2011)。

表 5-4　现浇结构模板安装的允许偏差及检验方法　　　　　mm

项　　目	允 许 偏 差	检 验 方 法
轴线位置	5	钢尺检查
底模上表面标高	±5	水准仪或拉线、钢尺检查

续表

项 目		允许偏差	检 验 方 法
截面内部尺寸	基础	±10	钢尺检查
	柱、墙、梁	+4,−5	
层高垂直度	不大于5m	6	经纬仪或吊线、钢尺检查
	大于5m	8	
相邻两板表面高低差		2	钢尺检查
表面平整度		5	2m靠尺和塞尺检查

注：1. 检查轴线位置时,应沿纵、横两个方向量测,并取其中的较大值;

2. 本表摘自《混凝土结构工程施工质量验收标准》(GB 50204—2011)。

表 5-5　预埋件和预留孔洞的允许偏差　　　　　　　　　　　mm

项 目		允 许 偏 差
预埋钢板中心线位置		3
预埋管、预埋孔中心线位置		3
插筋	中心线位置	5
	外露长度	+10,0
预埋螺栓	中心线位置	2
	外露长度	+10,0
预留洞	中心线位置	10
	尺寸	+10,0

注：1. 检查中心线位置时,应沿纵、横两个方向量测,并取其中的较大值;

2. 本表摘自《混凝土结构工程施工质量验收标准》(GB 50204—2011)。

5.1.4　模板拆除施工质量控制要点

模板拆除时施工质量控制要点如下：

(1) 模板及其支架的拆除时间和顺序应事先在施工技术方案中确定,拆模必须按顺序进行,一般是后支的先拆,先支的后拆,非承重部分先拆,承重部分后拆。重大复杂的模板拆除,应有专门制定的拆模方案。

(2) 要严格控制拆除底模和支架的时间。模板应在确认混凝土强度达到允许拆模的设计强度后拆除。拆除模板之前,应对该部分混凝土的同条件养护试块进行抗压强度检测,以便根据混凝土的实际强度确定模板的拆除时间。

(3) 现浇楼板采用早拆模法施工时,经理论计算复核后将其支模形式由大跨度楼板改为小跨度楼板(≤2m),当浇筑楼板的混凝土实际强度达到设计强度标准值的50%以后,可拆除模板,拆模时应保留支架,严禁调换支架。

(4) 多层建筑施工,当上层楼板正在浇筑混凝土时,下1层楼板的模板支架不得拆除,下2层楼板的支架仅可拆除一部分;跨度4m及4m以上的梁下均应保留支架,其间距不得大于3m。

(5) 高层建筑梁、板模板,完成一层结构,应针对所用混凝土的强度发展情况分层进行计算,控制其底模及其支架的拆除时间,确保下层梁及楼板混凝土能承受上层全部荷载。

(6) 侧模拆除时,混凝土强度应能保证其表面及棱角不受损伤。

(7) 模板拆除时,不应对楼层形成冲击荷载。已拆除的模板及支架应分散堆放。

(8) 拆除时应先清理脚手架上的垃圾杂物,再拆除连接杆件,经检查安全可靠后,方可按顺序拆除。拆除时需要进行统一指挥、指派专人监护、设置警戒区、防止交叉作业,拆下物品应及时清运、整修、保养。

(9) 后张法预应力结构构件的侧模宜在预应力张拉前拆除;底模及支架的拆除应满足施工技术方案的要求,当无具体要求时,应在结构构件建立预应力之后拆除。

(10) 后浇带模板的拆除和支顶应按施工技术方案执行。

5.1.5　模板拆除工程质量控制项目及检验规则

1. 模板拆除工程质量主控项目检验

模板拆除工程质量主控项目检验见表5-6。

表 5-6　主控项目检验

序号	项目	合格质量标准	检验方法	检查数量
1	底模及其支架拆除时的混凝土强度	底模及其支架拆除时的混凝土强度应符合设计要求;当设计无具体要求时,混凝土强度应符合表5-7的规定	检查同条件养护试件强度试验报告	全数检查
2	后张法预应力构件侧模和底模的拆除时间	对后张法预应力混凝土结构构件,侧模宜在预应力张拉前拆除;底模支架的拆除应按施工技术方案执行,当无具体要求时,应在结构构件建立预应力后拆除	观察检查	
3	后浇带拆模和支顶	后浇带模板的拆除和支顶应按施工技术方案执行	观察检查	

表 5-7　底模拆除时的混凝土强度要求

构件类型	构件跨度/m	达到设计的混凝土立方体抗压强度标准值的百分率/%
板	≤2	≥50
	>2,≤8	≥75
	>8	≥100
梁、拱、壳	≤8	≥75
	>8	≥100
悬臂构件	—	≥100

注:本表摘自《混凝土结构工程施工质量验收规范》(GB 50204—2011)。

2. 模板拆除工程质量一般项目检验

模板拆除工程质量一般项目检验见表5-8。

表 5-8　一般项目检验

序号	项　　目	合格质量标准	检验方法	检查数量
1	避免拆模损伤	侧模拆除时的混凝土强度应能保证其表面及棱角不受损伤	观察检查	全数检查
2	模板拆除、堆放和清运	模板拆除时,不应对楼层形成冲击荷载。已拆除的模板和支架宜分散堆放并及时清运		

5.2　钢筋分项工程

5.2.1　钢筋原材料

1. 钢材的进场验收

(1) 检查进场钢材的品种、规格、型号是否与订货合同相符,是否具有随货同行的产品合格证、出厂检验报告,合格证和检验报告上的内容是否符合国家相关标准的规定。

(2) 进场的每捆(盘)钢筋均应有标牌,应按炉罐号、批次及直径分批验收,分类堆放整齐,严防混料,并对其检验状态进行标识,防止混用。

(3) 钢筋应逐批检查,表面不得有裂纹、折叠、结疤及夹杂。盘条允许有压痕及局部的凸块、凹块、划痕、麻面,但其深度或高度(从实际尺寸算起)不得大于 0.20mm;带肋钢筋表面凸块,不得超过横肋高度,钢筋表面其他缺陷的深度和高度不得大于所在部位尺寸的允许偏差;冷拉钢筋不得有局部颈缩。钢筋表面氧化铁皮(铁锈)重量不大于 16kg/t。

(4) 带肋钢筋表面标志应清晰明了,包括强度级别、厂名(汉语拼音字头表示)和直径(mm)。

2. 钢筋复检的见证取样

(1) 钢材进场应按规定进行复检。未经复检或复检不合格的钢材不允许进入仓库。

(2) 检验批次,取样方法,取样数量均应遵照《钢筋混凝土用热轧光圆钢筋》(GB 1499.1)和《钢筋混凝土用热轧带肋钢筋》(GB 1499.2)的相关规定执行。

(3) 取样时应按当地建筑工程质量监督部门关于见证取样的规定执行。

(4) 对样品进行检验的实验室应具有相应的资质。

5.2.2　钢筋加工

1. 钢筋加工质量控制要点

(1) 加工前,必须根据结构施工图认真核查钢筋翻样及配料单的准确性。避免下料失误和加工失误。

(2) 钢筋加工应严格按照配料单进行。

(3) 钢筋加工机械必须经试运行,正常后才可正式投入使用。加工操作必须符合安全操作规程和设计要求。

(4) 在加工过程中如果发生钢筋断裂,应及时上报并对该批钢筋的化学成分进行专项检验。

2. 钢筋加工工程质量控制检验规则

(1) 钢筋加工工程质量主控项目检验见表5-9。

表5-9　主控项目检验

序号	项目	合格质量标准及说明	检验方法	检查数量
1	力学性能	钢筋进场时,应按现行国家标准的规定抽取试件进行力学性能检验,其质量必须符合有关标准的规定	检查产品合格证、出厂检验报告和进场复检报告	按2.3.7节第3、4、5条或2.3.8节第2、3、4条的规定执行
2	抗震用钢筋强度实测值	对有抗震设防要求的结构,其纵向受力钢筋的强度应满足设计要求;当设计无具体要求时,根据一、二、三级抗震等级设计的框架和斜撑结构(含梯级)中的纵向受力钢筋应采用HRB335E、HRB400E、HRB500E、HRBF335E、HRBF400E、HRBF500E钢筋,其强度和最大伸长率的实测值应符合下列规定:①钢筋的抗拉强度实测值与屈服强度实测值的比值不应小于1.25;②钢筋的屈服强度实测值与强度标准值的比值不应大于1.3;③钢筋最大伸长率不应小于9%	检查进场复检报告	
3	化学成分等专项检验	当发生钢筋脆断、焊接性能不良或力学性能显著不正常等现象时,应对该批钢筋进行化学成分或其他专项进行检验	检查化学成分等专项检验报告	按产品的抽样检验方案确定
4	受力钢筋的弯钩和弯折	受力钢筋的弯钩和弯折应符合下列规定:①HPB235级钢筋末端应做180°弯钩,其弯弧内直径应不小于钢筋直径的2.5倍,弯钩的弯后平直部分长度应不小于钢筋直径的3倍;②当设计要求钢筋末端需做135°弯钩时,HRB335级、HRB400级钢筋的弯弧内直径应不小于钢筋直径的4倍,弯钩的弯后平直部分长度应符合设计要求;③钢筋作不大于90°的弯折时,弯折处的弯弧内直径不应小于钢筋直径的5倍	钢尺检查	按每工作班同一类型钢筋、同一加工设备抽查不应少于3件
5	箍筋弯钩形式	除焊接封闭环式箍筋外,箍筋的末端应作弯钩,弯钩形式应符合设计要求;当设计无具体要求时,应符合下列规定:①箍筋弯钩的弯弧内直径除应满足上述表项4的规定外,尚应不小于受力钢筋直径;②对一般结构,箍筋弯钩的弯折角度不应小于90°,对有抗震等级要求的结构,应为135°;③对一般结构,箍筋弯后平直部分长度不宜小于箍筋直径的5倍,对有抗震等要求的结构,不应小于箍筋直径的10倍	钢尺检查	

续表

序号	项目	合格质量标准及说明	检验方法	检查数量
6	钢筋调直	盘条钢筋和直条钢筋调直后的断后伸长率、重量负偏差要求见表5-10,采用无延伸功能的机械设备调直的钢筋,可不进行本条规定的检验	取3个试件进行重量偏差检验,取2个试件经时效处理后进行力学性能检验	同一厂家、同一牌号、同一规格的调直钢筋,以重量不大于30t为一批,每批抽取3件试件,试件长不应小于500mm,切口应平滑且垂直于轴线

表5-10 盘条钢筋和直条钢筋调直后的断后伸长率、重量负偏差要求

钢筋牌号	断后伸长率 A/% 测量标距为5d	重量负偏差$(W_0-W_d)/W_0\times100$		
		直径6~12mm	直径14~20mm	直径22~50mm
HPB235、HPB300	≥21	≤10	—	—
HRB335、HRBF335	≥16	≤8	≤6	≤5
HRB400、HRBF400	≥15			
RRB400	≥13			
HRB500、HRBF500	≥14			

注:1. W_0为钢筋理论重量,kg/m;W_d为调直后钢筋的实际重量,kg/m。

2. 对直径为28~40mm的带肋钢筋,表中断后伸长率可降低1%;对直径大于40mm的带肋钢筋,表中断后伸长率可降低2%。

(2)钢筋加工工程质量一般项目检验见表5-11。

表5-11 一般项目检验

序号	项目	合格质量标准及说明	检验方法	检查数量
1	外观质量	钢筋应平直、无损伤,表面不得有裂纹、油污、颗粒状或片状老锈	观察检查	进场时和使用前全数检查
2	钢筋调直	钢筋调直宜采用机械方法,也可采用冷拉方法;当采用冷拉方法调直钢筋时,HPB235、HPB300光圆钢筋的冷拉率不宜大于4%,HRB335、HRBF335 HRB400、HRBF400、HRB500、HRBF500和RRB400级钢筋的冷拉率不宜大于1%	观察、钢尺检查	按每工作班、同一类型钢筋、同一加工设备分批检查,抽查不应少于3件
3	钢筋加工尺寸偏差	钢筋加工的形状、尺寸应符合设计要求,其偏差应符合表5-12的规定	钢尺检查	

表 5-12　钢筋加工的允许偏差　　　　　　　　mm

项　　目	允许偏差
受力钢筋沿长度方向全长的净尺寸	±10
弯起钢筋的弯折位置	±20
箍筋内净尺寸	±5

注：本表摘自《混凝土结构工程施工质量验收规范》(GB 50204—2011)。

5.2.3　钢筋连接

1. 用于建筑工程的钢筋连接方式

用于建筑工程的钢筋连接方式很多,根据钢筋连接接头形式的不同可分为图 5-1 所示的各种类型。

2. 钢筋连接的基本规定

(1) 进行机械连接、焊接的操作工人必须经过专业技术培训,考核合格后持证上岗。

(2) 钢筋连接的各种焊机及设备,技术状态应完好,技术参数调整正确。

(3) 钢筋连接所用套管、焊剂等各种材料必须符合相关质量标准的要求,验收、复检应合格。

3. 气压焊接头质量控制要点

1) 接头两侧钢筋轴线偏移量 e

当 $e \leqslant 0.15d$ 且 $e \leqslant 4\text{mm}$ 时,合格;当 $0.15d < e <$

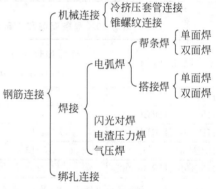

图 5-1　钢筋连接的类型

$0.3d$ 时,应加热矫正;当 $e > 0.3d$ 时,应切除重焊。其中,d 为接头两侧钢筋中较细钢筋的直径。

2) 接头处弯折角度

接头处的弯折角度不得大于 3°,超过规定时应加热矫正。

3) 墩粗部分的直径 d_c

当 $d_c \geqslant 1.4d$ 时,合格;当 $d_c < 1.4d$ 时,应重新加热墩粗。

4) 墩粗部分的长度 L_c

当 $L_c \geqslant 1.0d$ 且凸起部分平缓圆滑时,合格;当 $L_c < 1.0d$ 时,应重新加热墩长。

4. 闪光对焊接头质量控制要点

(1) 接头处不得有横向裂纹;

(2) 与电极相接触的钢筋表面不得有明显烧伤;

(3) 接头处的弯折角不得大于 3°;

(4) 接头处的轴线偏移不得大于钢筋直径的 0.1 倍,且不得大于 2mm。

5. 电弧焊接头质量控制要点

(1) 焊缝表面应平整,不得有凹陷或焊瘤;

(2) 焊接接头区域不得有肉眼可见的裂纹;

(3) 咬边深度、气孔、夹渣等缺陷允许值及接头尺寸的允许偏差应符合表 5-13 的规定;

（4）坡口焊、熔槽帮条焊和窄间隙焊接头的焊缝余高不得大于 3mm。

6. 电渣压力焊接头质量控制要点

（1）四周焊包凸出钢筋表面的高度不得小于 4mm；

（2）钢筋与电极接触处应无烧伤缺陷；

（3）接头处的弯折角不得大于 $3°$；

（4）接头两侧钢筋的轴线偏移量 $e≤0.1d$，且 $e≤2mm$。

表 5-13　钢筋电弧焊接头尺寸偏差及缺陷允许值

名　　称		单位	接头形式		
			帮条焊	搭接焊、钢筋与钢板搭接焊	坡口焊、窄间隙焊、熔槽帮条焊
帮条沿接头中心线的纵向偏移		mm	$0.3d$	—	—
接头处弯折角		(°)	3	3	3
接头处钢筋轴线的偏移		mm	$0.1d$	$0.1d$	$0.1d$
焊缝厚度		mm	$+0.05d$ 0	$+0.05d$ 0	—
焊缝宽度		mm	$+0.1d$ 0	$+0.1d$ 0	—
焊缝长度		mm	$-0.3d$	$-0.3d$	—
横向咬边深度		mm	0.5	0.5	0.5
在长 2d 焊缝表面上的气孔及夹渣	数量	个	2	2	—
	面积	mm²	6	6	—
在全部焊缝表面上的气孔及夹渣	数量	个	—	—	2
	面积	mm²	—	—	6

注：d 为接头两侧钢筋中较细钢筋的直径。

7. 纵向受拉钢筋绑扎接头质量控制要点

（1）钢筋绑扎搭接接头宜设置在受力较小处，同一受力筋不宜有 2 个及 2 个以上的接头。

（2）同一构件中绑扎搭接接头的位置应相互错开。当绑扎搭接纵向受拉钢筋的接头面积百分率不大于 25% 时，其最小搭接长度应符合表 5-14 的规定。钢筋搭接接头面积百分率，如图 5-2 所示，在任一接头中心两侧 $1.3l_l$ 范围内，有接头（按搭接接头中心计）的受力筋截面积占受力筋总截面积的百分比。

（3）当纵向受拉钢筋搭接接头面积百分率为 25%～50% 时，其最小搭接长度应按表 5-14 中的数值再乘以系数 1.2；当接头面积百分率＞50% 时，应按表 5-14 中的数值再乘以系数 1.35。

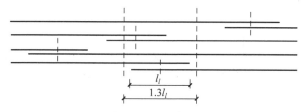

图 5-2　钢筋绑扎搭接接头连接区段及接头面积百分率

注：图中所示搭接接头同一连接区段内的搭接钢筋为两根，当各钢筋直径相同时，接头面积百分率为 50%。

表 5-14　纵向受拉钢筋的最小搭接长度

钢筋类型		混凝土强度等级			
		C15	C20～C25	C20～C25	≥C40
光圆钢筋	HPB235	45d	35d	30d	25d
带肋钢筋	HRB335	55d	45d	35d	30d
	HRB400 RRB400	—	55d	40d	35d

注：两根不同直径钢筋的搭接长度以较细钢筋的直径计算。

(4) 当符合下列条件时，纵向受拉钢筋的最小搭接长度应根据上述(1)、(2)条规定确定后，再按照下列规定进行修正：①当带肋钢筋的直径大于 25mm 时，其最小搭接长度应按相应数值再乘以系数 1.1；②对环氧树脂涂层的带肋钢筋，其最小搭接长度应按相应数值再乘以系数 1.25；③当在混凝土凝固过程中受力钢筋易受扰动时(如滑膜施工)，其最小搭接长度应按相应数值再乘以系数 1.1；④对末端采用机械锚固措施的带肋钢筋，其最小搭接长度可按相应数值再乘以系数 0.7；⑤当带肋钢筋的混凝土保护层厚度大于搭接钢筋直径的 3 倍，且配有箍筋时，其最小搭接长度可按相应数值再乘以系数 0.8；⑥对有抗震设防要求的结构构件，抗震等级为一、二级的，其受力钢筋的最小搭接长度应按相应数值乘以 1.15；抗震等级为三级的，应按相应数值再乘以 1.05。任何情况下受力钢筋的搭接长度不应小于 300mm。

(5) 纵向受压钢筋搭接时，其最小搭接长度应根据上述(1)、(2)条规定确定相应数值后，再乘以系数 0.7。任何情况下受压钢筋的搭接长度不应小于 200mm。

8. 钢筋焊接骨架和焊接网质量控制要点

(1) 焊接骨架和焊接网进行质量检验时应按下列规定抽取试件：①凡钢筋牌号、直径及尺寸相同的焊接骨架和焊接网应视为同一类型制品，每 300 件为一检验批，一周内不足 300 件的亦应按一检验批计算；②尺寸及外观质量检查应按同一类型分批检查，每批抽查 5%，且不得少于 5 件。

(2) 焊接骨架外形尺寸和外观质量的检查结果应符合下列要求：①每件制品的焊点脱落、漏焊数量不得超过焊点总数的 4%，且相邻两焊点不得有漏焊及脱落；②应量测焊接骨架的长度和宽度，并应抽查纵、横方向 3～5 个网络的尺寸，其允许偏差应符合表 5-15 的规定；③当外观检查结果不符合上述要求时，应逐件检查并剔出不合格产品，不合格产品经整修后可提交二次验收。

表 5-15　焊接骨架的允许偏差　　　　mm

项　目		允许偏差
焊接骨架	长度	±10
	宽度	±5
	高度	±5
骨架箍筋间距		±10
受力主筋	间距	±15
	排距	±5

（3）焊接网外形尺寸检查和外观质量检查结果应符合下列要求：①焊接网的长度、宽度及网格尺寸的允许偏差均为±10mm，网片两对角线之差不得大于10mm，网格数量应符合设计规定；②焊接网交叉点开焊数量不得大于整个网片交叉点数的1%，并且任一根横筋上开焊点数不得大于该根横筋交叉点总数的1/2，焊接网最外边的钢筋上的交叉点不得开焊；③焊接网组成的钢筋表面不得有裂纹、折叠、结疤、凹坑、油污及其他影响使用的缺陷，但焊点处可有较小的毛刺和少量的表面浮锈。

9．锥螺纹接头质量控制要点

（1）钢筋下料前应先调直。切口端面应与钢筋轴线垂直，不得有马蹄形或挠曲。下料必须采用切、锯等冷加工方式，不允许使用乙炔气割或电弧割。

（2）钢筋锥螺纹丝头加工工具的规格必须事前检查确认与锥螺纹套筒配套，并经计量检定合格。

（3）加工锥螺纹时应采用水溶液切削润滑液，不得无润滑加工或用机油润滑加工。

（4）钢筋连接时应先用手将钢筋拧入连接套筒，然后用精度为±5%的力矩扳手拧紧，力矩扳手应每半年检定校准一次。

（5）接头连接拧紧力矩应符合表5-16的规定，不得超拧。拧紧后不应有完整丝扣外露，拧紧的接头应进行标识。

表 5-16　接头拧紧力矩

钢筋直径/mm	≤16	18～20	22～25	28～32	36～40
拧紧力矩/(N·m)	100	180	240	300	360

注：本表摘自《钢筋机械连接技术规程》（JGJ 107—2010）。

（6）同一构件内，同一截面受力钢筋的接头位置应相互错开。接头面积百分率应符合下列规定：①受拉区受力钢筋的接头面积百分率应不大于50%；②受拉区的受力筋受力较小时，A级接头的接头面积百分率不受限制；③接头应避开有抗震设防要求的框架梁端和柱端的箍筋加密区，无法避开时应采用A级接头，且接头面积百分率应不大于50%；④受力区和装配式构件中钢筋受力较小部位，A级和B级接头的接头面积百分率可不受限制。

注：A级接头，接头抗拉强度达到母材抗拉强度标准值以上，并具有高延性及反复拉压性能；

B级接头，接头抗拉强度达到母材抗拉强度标准值的1.35倍以上，具有一定得延性及反复拉压性能；

C级接头，仅能承受压力。

（7）接头端头距钢筋弯起点不得小于$10d$。

（8）不同直径钢筋连接时，接头两端钢筋直径差不得超过二级钢筋规格。

（9）连接套筒处的混凝土保护层厚度应符合现行标准的规定，且不得小于15mm，连接套筒的横向净间距不应小于25mm。

（10）锥螺纹连接接头外观检查：①随机抽样数量为10%；②钢筋与连接套筒的规格一致，无完整接头丝扣外露。

10. 带肋钢筋套筒挤压连接质量控制要点

(1) 挤压操作时的各技术参数(挤压力、压模宽度、挤压道数、压痕直径或挤压后套筒长度的波动范围)均应符合挤压套筒出厂前生产厂家经过型式检验确定的相关技术参数。

(2) 挤压施工前必须完成的准备工作:①清除钢筋端头的锈皮、泥砂、油污等杂物;②核查套筒外观尺寸,不同直径钢筋的套筒不得相互串用;③应对钢筋和套筒进行试套,如钢筋有端头马蹄、弯折、纵肋尺寸过大者,应予以矫正;④钢筋连接端应划出明显定位标记,以保证被挤压的长度;⑤检查挤压设备的完好状态并进行试压,符合要求后方可作业。

(3) 挤压操作应符合下列要求:①按标记检查钢筋插入套筒的深度,钢筋端头与套筒中点的距离不应大于 10mm;②挤压机应与钢筋轴线保持垂直;③挤压应从套筒中央开始,依次向两端挤压;④应预先挤压一端套筒,在施工作业区插入待接钢筋后再挤压另一端套筒。

(4) 同一构件内同一截面的挤压端头位置要求与锥螺纹接头要求相同。

(5) 不同直径的钢筋可采用挤压接头连接,当套筒的端头外径和壁厚相同时,被连接钢筋的直径差不应大于 5mm。

(6) 对直接承受动力荷载的结构,其接头应满足设计要求的抗疲劳性能。当无设计要求时,对Ⅱ级钢筋接头,其抗疲劳强度应能满足应力幅为 100MPa、应力上限为 180MPa 的200 万次循环加载;对Ⅲ级钢筋接头,其疲劳强度应能满足应力幅为 100MPa、应力上限为190MPa 的 200 万次循环加载。

(7) 挤压接头处混凝土保护层的厚度除满足现行标准规定外,还应不小于 15mm,且套筒之间的横向净间距不应小于 25mm。

(8) 当挤压接头的工作环境温度低于 −20℃时,应对接头进行低温脆性检验。

(9) 挤压连接接头外观检查:①随机抽样数量为 10%;②挤压后套筒长度应为原长度的 1.10~1.15 倍,或压痕处套筒外径为原外径的 80%~90%;③压痕的道数应符合套筒生产厂家经过型式检验确定的道数;④挤压后的套筒不得有肉眼可见裂纹,接头处弯折角度不得大于 4°。

11. 钢筋连接接头的力学性能检验取样规则

(1) 钢筋焊接接头力学性能检验,应在接头外观检查合格后随机抽取试件,送达相关实验室进行检测试验,检验批次、检验项目取样数量见表 5-17。样品的制取只能采用机械冷切割截取,不允许采用热切割(乙炔割或电弧割)。

(2) 钢筋焊接骨架和焊接网的力学性能试验的试件取样规则:①力学性能检验的试件,应从每批成品中切取,切取过试件的制品,应补焊同牌号、同直径的钢筋,其每边的搭接长度应不小于 2 个孔格的长度;②由几种直径钢筋组合的焊接骨架或焊接网,应对每种组合的焊点作力学性能检验;③热轧钢筋的焊点应作剪切试验,试件应为 3 件,冷轧带肋钢筋焊点除作剪切试验外,还应对纵向和横向冷轧带肋钢筋作拉伸试验,试件应各为 1 件;④焊接网剪切试件应沿同一横向钢筋随机切取;⑤切取剪切试件时,应使制品中的纵向钢筋成为试件的受拉钢筋。

12. 钢筋连接工程质量控制项目及检验规则

(1) 钢筋连接工程质量主控项目的检验见表 5-18。

表 5-17 钢筋连接接头力学性能检验取样规则

接头形式	检测项目	试件数量	取 样 批 次
闪光对焊	拉伸试验	3个	① 在同一台班内,由同一焊工完成的 300 个同牌号、同直径钢筋焊接接头应作为同一批,当同一台班内焊接的接头数量较少,可在一周内累计计算,累计仍不足 300 个接头时,应按一批计算;
	弯曲试验	3个	② 焊接等长的预应力钢筋(包括螺丝端杆与钢筋)时,可按生产时同等条件制作模拟试件; ③ 螺丝端杆接头只可做拉伸试验; ④ 封闭环式箍筋闪光对焊接头以 600 个同牌号、同规格的接头作为一批,只做拉伸试验
气压焊	拉伸试验	3个	在现浇钢筋混凝土结构中,应以 300 个同牌号钢筋接头作为一批;在房屋结构中,应在不超过二楼层中以 300 个同牌号钢筋接头作为一批(含不足 300 个接头);
	弯曲试验(梁、板中水平钢筋接头另加)	3个	注:在同一批中若有几种不同直径的气压焊接头,应在最大直径钢筋接头中切取 3 个试件。以下电弧焊接头、电渣压力焊接头取样均同
电弧焊	拉伸试验	3个	① 在现浇混凝土结构中,应以 300 个同牌号钢筋、同形式接头作为一批;在房屋结构中,应在不超过二楼层中以 300 个同牌号钢筋、同形式接头作为一批; ② 在装配式结构中,可按生产条件制作模拟试件,每批 3 个,做拉伸试验; ③ 钢筋与钢板电弧搭接焊接头只可进行外观检查
电渣压力焊			在现浇钢筋混凝土结构中,应以 300 个同牌号钢筋接头作为一批;在房屋结构中,应在不超过二楼层中以 300 个同牌号钢筋接头作为一批(含不足 300 个接头)
锥螺纹接头冷挤压接头			同一施工条件下的同一批材料的同等级、同型式、同规格接头以 500 个为一验收批(含不足 500 个接头)

注:检验方法按现行国家标准《钢筋机械连接通用技术规程》(JGJ 107)、《钢筋焊接及验收规程》(JGJ 18)的相关规定进行。

表 5-18 主控项目检验

序号	项 目	合格质量标准	检验方法	检查数量
1	纵向受力钢筋的连接	纵向受力钢筋的连接方式应符合设计要求	观察检查	全数检查
2	钢筋机械连接和焊接接头的力学性能	在施工现场,应按国家现行标准《钢筋机械连接通用技术规程》(JGJ 107)、《钢筋焊接及验收规程》(JGJ 18)的规定抽取钢筋机械连接接头、焊接接头试件,进行力学性能检验,其质量应符合规程的相关规定	检查产品合格证、接头力学性能试验报告	按现行国家标准《钢筋机械连接通用技术规程》(JGJ 107)、《钢筋焊接及验收规程》(JGJ 18)的规定抽取

（2）钢筋连接工程质量一般控制项目的检验见表 5-19。

表 5-19　一般项目检验

序号	项　目	合格质量标准	检验方法	检查数量
1	接头位置和数量	钢筋的接头宜设置在受力较小处,同一纵向受力钢筋不宜设置两个或两个以上接头,接头末端至钢筋弯起点的距离应不小于钢筋直径的 10 倍	观察、钢尺检查	全数检查
2	钢筋机械连接焊接的外观质量	在施工现场,应按国家现行标准《钢筋机械连接通用技术规程》(JGJ 107)、《钢筋焊接及验收规程》(JGJ 18)的规定对钢筋机械连接接头、焊接接头的外观进行检查,其质量应符合规程的相关规定	观察检查	
3	纵向受力钢筋机械连接,焊接接头的接头面积百分率	当受力钢筋采用机械连接接头或焊接接头时,设置在同一构件内的接头宜相互错开; 纵向受力钢筋机械连接接头及焊接接头连接区段的长度为 35d(d 为纵向受力钢筋的较大直径)且不小 500mm,凡接头中点位于该连接区段长度内的接头均属于同一连接区段。同一连接区段内,纵向受力钢筋机械连接及焊接的接头面积百分率为该区段内有接头的纵向受力钢筋截面面积与全部纵向受力钢筋截面面积的比值; 同一连接区段内,纵向受力钢筋的接头面积百分率应符合设计要求。当设计无具体要求时,应符合下列规定:①在受拉区不宜大于 50%;②接头不宜设置在有抗震设防要求的框架梁端、柱端的箍筋加密区,当无法避开时,对等强度高质量机械连接机头,不应大于 50%;③直接承受动力荷载的结构构件中,不宜采用焊接接头,当采用机械连接接头时,接头面积百分率应不大于 50%		在同一检验批内,对梁、柱和独立基础,应抽查构件数量的 10%,且不少于 3 件;对墙和板,应按有代表性的自然间抽查 10%,且不少于 3 间;对大空间结构,墙可按相邻轴线间高度 5m 左右划分检查面,板可按纵横轴线划分检查面,抽查 10%,且均不小于 3 面
4	纵向受拉钢筋搭接接头的接头面积百分率和最小搭接长度	同一构件中相邻纵向受力钢筋的绑扎搭接接头宜相互错开。绑扎搭接接头中钢筋横向净距应不小于钢筋直径,且应不小于 25mm; 钢筋绑扎搭接接头连接区段的长度为 $1.3l_l$(l_l 为搭接长度),凡搭接接头中点位于该连接区段长度内的搭接接头均属于同一连接区段。同一连接区段内,纵向钢筋搭接接头面积百分率为该区段内有搭接接头的纵向受力钢筋截面面积与全部纵向受力钢筋截面面积的比值(见图 5-2); 同一连接区段内,纵向受拉钢筋搭接接头面积百分率应符合设计要求。当设计无要求时,应符合下列规定:①对梁类、板类及墙类构件,不宜大于 25%;②对柱类构件,不宜大于 50%;③当工程中确有必要增大接头面积百分率时,对梁类构件应不大于 50%,对其他构件可根据实际情况放宽;④当纵向受拉钢筋的绑扎搭接接头面积百分率不大于 25% 时,其最小搭接长度应符合表 5-14 的规定	观察、钢尺检查	
5	搭接长度范围内的箍筋	在梁、柱类构件的纵向受力钢筋搭接长度范围内,应按设计要求配置箍筋。当设计无具体要求时,应符合下列规定:①箍筋直径应不小于搭接钢筋较大直径的 0.25 倍;②受拉搭接区段的箍筋间距应不大于搭接钢筋较小直径的 5 倍,且应不大于 100mm;③受压搭接区段的箍筋间距应不大于搭接钢筋较小直径的 10 倍,且应不大于 200mm;④当柱中纵向受力钢筋直径大于 25mm 时,应在搭接接头两端面外 100mm 范围内各设置两个箍筋,其间距宜 50mm		

5.2.4　钢筋绑扎安装

1. 钢筋绑扎施工质量控制要点

（1）钢筋绑扎时，钢筋级别、直径、根数和间距应符合设计图纸的要求。

（2）柱子钢筋的绑扎：搭接部位和箍筋间距（尤其是加密区箍筋间距和加密区高度）。

（3）梁钢筋的绑扎：锚固长度和弯起钢筋的弯起点位置。对于抗震结构则要重视梁柱节点、梁端箍筋加密范围和箍筋间距。

（4）楼板钢筋：首先要防止支座负弯矩钢筋被踩塌而失去作用，其次是垫好保护层垫块。

（5）墙板钢筋：控制墙面保护层和内外皮钢筋间的距离，撑好撑铁，防止两皮钢筋向墙中心靠近。

（6）楼梯钢筋、梯段板钢筋的锚固以及钢筋弯折方向不要弄错，防止弄错后在受力时出现裂缝。

（7）钢筋规格、数量、间距等在作隐蔽验收时一定要仔细核实，以保证钢筋配置的准确。钢筋规格不易辨认时，应用卡尺量测。

2. 钢筋绑扎安装工程质量控制项目及检验规则

钢筋绑扎安装工程质量控制项目检验见表5-20。

表 5-20　钢筋绑扎安装质量检验标准

项　　目		合格质量标准及说明	检验方法	检查数量
主控项目	受力钢筋	钢筋安装时，受力钢筋的品种、级别、规格和数量必须符合设计要求	观察、钢尺检查	全数检查
一般项目	钢筋安装允许偏差	钢筋安装位置的偏差应符合表5-21的规定	见表5-21	在同一检验批内，对梁、柱和独立基础，应抽查构件数量的10%，且不少于3件；对墙和板，应按有代表性的自然间抽查10%，且不少于3间；对大空间结构，墙可按相邻轴线高度5m左右划分检查面，板可按纵横轴线划分检查面，均抽查10%，且均不少于3面

表 5-21　钢筋安装位置的允许偏差和检验方法　　　　　　　mm

项　　目			允许偏差	检　验　方　法
绑扎钢筋网	长、宽		±10	钢尺检查
	网眼尺寸		±20	钢尺量连续三挡，取最大值
绑扎钢筋骨架	长		±10	钢尺检查
	宽、高		±5	
受力钢筋	间距		±10	钢尺量两端、中间各一点，取最大值
	排距		±5	
	保护层厚度	基础	±10	钢尺检查
		柱、梁	±5	
		板、墙、壳	±3	

续表

项 目		允许偏差	检 验 方 法
绑扎钢筋、横向钢筋间距		±20	钢尺量连续三挡,取最大值
钢筋弯起点位置		20	钢尺检查
预埋件	中心线位置	5	
	水平高差	+3,0	钢尺和塞尺检查

注:1. 检查预埋件中心线位置时,应沿纵、横两个方向量测,取其中的较大值;
2. 表中梁类、板类构件上部纵向受力钢筋保护层厚度的合格点率应达到90%及以上,且不得有超过表中数值1.5倍的尺寸偏差;
3. 本表摘自《混凝土结构工程施工质量验收规范》(GB 50204—2011)。

5.3 混凝土分项工程

5.3.1 原材料及配合比设计的质量控制

1. 质量控制要点

(1) 配置混凝土的主要原料(水泥、砂、石)进场后必须按相关标准关于代表数量、取样方法和取样数量的规定进行现场取样、复检。

(2) 水泥进场后应有防雨、防潮措施,以防受潮后变质。

(3) 混凝土配合比设计应满足混凝土结构设计的各种要求(包括强度、和易性、耐久性、抗冻性、抗渗性等)。

(4) 进行混凝土配合比试配所用的各种材料必须采用工程中实际使用的原材料,且搅拌方法亦应与生产实际相同。

2. 混凝土原材料质量主控项目检验

混凝土原材料质量主控项目检验见表5-22。

3. 混凝土原材料质量一般项目检验

混凝土原材料质量一般项目检验见表5-23。

表 5-22 主控项目检验

序号	项 目	合格质量标准	检验方法	检查数量
1	水泥	水泥进场时对其品种、代号、强度等级、包装或散装仓号、出厂日期等进行检查,并应对其强度、安定性及其他必要的性能指标进行复验,其质量必须符合现行国家标准《通用硅酸盐水泥》(GB 175)等的规定 当在使用中对水泥质量有怀疑或水泥出厂超过三个月(快硬硅酸盐水泥超过一个月)时,应进行复验,并按复验结果使用 钢筋混凝土结构、预应力混凝土结构中,严禁使用含氯化物的水泥	检查产品合格证、出厂检验报告和进场复检报告	按同一生产厂家、同一等级、同一品种、同一批号且连续进场的水泥,以袋装不超过200t为一批,散装不超过500t为一批,每批抽样不少于一次

续表

序号	项　目	合格质量标准	检验方法	检查数量
2	外加剂	混凝土中掺用外加剂的质量及应用技术应符合现行国家标准《混凝土外加剂》(GB 8076)、《混凝土外加剂应用技术规范》(GB 50119)等和有关环境保护的规定。 预应力混凝土结构中,严禁使用含氯化物的外加剂;钢筋混凝土结构中,当使用含氯化物的外加剂时,混凝土中氯化物的总含量应符合现行国家标准《混凝土质量控制标准》(GB 50164)的规定		按进场的批次和产品的抽样检验方案确定
3	混凝土中氯化物、碱的总含量	混凝土中氯化物和碱的总含量应符合现行国家标准《混凝土结构设计规范》(GB 50010)和设计的要求	检查原材料试验报告和氯化物、碱的总含量计算书	全数检查
4	配合比设计	混凝土应按国家现行标准《普通混凝土配合比设计规程》(JGJ 55)的有关规定,根据混凝土强度等级、耐久性和工作性等要求进行配合比设计。对有特殊要求的混凝土,其配合比设计应符合国家现行标准的规定	检查配合比设计资料	

表 5-23　一般项目检验

序号	项　目	合格质量标准	检验方法	检查数量
1	矿物掺合料	混凝土中掺用矿物掺合料的质量应符合现行国家标准《用于水泥和混凝土中的粉煤灰》(GB 1596)等的规定。矿物掺合料的掺量应通过试验确定	检查出厂合格证和进场复验报告	按进场的批次和产品的抽样检验方案确定
2	粗细骨料	普通混凝土所用的粗、细骨料的质量应符合国家现行标准《普通混凝土用碎石或卵石质量标准及检验方法》(JGJ 53)、《普通混凝土用砂质量标准及检验方法》(JGJ 52)的规定	检查进场复验报告	
3	拌制混凝土用水	拌制混凝土宜采用饮用水,当采用其他水源时,水质应符合国家现行标准《混凝土用水标准》(JGJ 63)的规定	检查水质试验报告	同一水源检查不应少于一次
4	配合比开盘鉴定	首次使用的混凝土的配合比应进行开盘鉴定,其工作性应满足设计配合比的要求。开始生产时应至少留置一组标准养护试件,作为验证配合比的依据	检查开盘鉴定资料和试件强度试验报告	按配合比设计要求确定
5	配合比调整	混凝土拌制前,应测定砂、石含水率并根据测试结果调整材料用量,提出施工配合比	检查含水率测试结果和施工配合比通知单	每工作班检查一次

5.3.2 混凝土搅拌与运输质量控制要点

1. 混凝土搅拌质量控制要点

（1）每一工作台班开始之前，应对各种衡器进行零点校核。各种衡器应定期进行计量标定。

（2）每一工作台班开始前，应检查原材料的质量，测定粗、细骨料的含水率。若当天因天气原因使骨料的含水率发生明显变化时，应增加含水率的测量的次数，并据此及时调整施工配合比。

（3）搅拌混凝土时，应按规定的顺序加料。

（4）搅拌时间应按设备说明书的规定或经试拌试验确定，且每班至少抽查 2 次。

（5）应在搅拌机旁和浇筑地点分别取样检测坍落度，且以浇注点的测量值为准，坍落度每班至少抽查 2 次。

2. 混凝土运输质量控制要点

（1）混凝土运输过程中，应保证混凝土不离析、不分层、组成成分不发生变化、卸料及输送畅通。如在浇筑地点出现离析、分层现象则应对其进行二次搅拌，然后再入仓浇筑。

（2）泵送混凝土时应遵守以下规定：①泵机与浇筑点之间应有联络工具，信号明确。②正式泵送混凝土前应先用水灰比为 0.7 的水泥砂浆湿润泵送管道，需用量约为 0.1m³/m。若中途需要更换节管也应先湿润管道，然后接驳。③泵送过程严禁加水、空泵、停歇，应有备用机泵。④应有专人巡视泵送管道，防止漏浆、漏水。⑤泵送结束后应进行管道清洗。洗管时，布料杆出口前方严禁站人，洗管残浆应排入排浆沟管，不得注入已浇筑好的工程之上。

5.3.3 混凝土浇筑及养护质量控制要点

1. 混凝土浇筑

（1）混凝土浇筑前应对模板、支架、钢筋和预埋件的质量、数量、位置等逐一检查，作好记录，符合要求并经监理工程师完成隐蔽工程验收签字后方能浇筑混凝土；将模板内的杂物和钢筋上的油污等清理干净，将模板的缝隙、孔洞堵严并浇水湿润；在地基或基土上浇筑混凝土时，应清除淤泥和杂物，且应采取排水和防水措施；在干燥的非黏性土上浇筑混凝土时，应先用水湿润；在未风化的岩石上浇筑混凝土时，应先用水清洗岩石表面，但其表面不得留有积水。

（2）混凝土自高处倾落的自由高度，应不超过 2m。当浇筑高度超过 3m 时，应采用串筒、溜管或振动溜管使混凝土下落，以防止混凝土的离析。

（3）采用振捣器振实混凝土应符合下列规定：①每一振点的振捣延续时间，应以混凝土表面呈现浮浆和不再沉落为止；②当采用插入式振捣器时，捣实普通混凝土的移动间距不宜大于振捣器作用半径的 1.5 倍,捣实轻骨料混凝土的移动间距不宜大于其作用半径,振捣器与模板的距离不应大于其作用半径的 0.5 倍,且应避免碰撞钢筋、模板、芯管、吊环、预埋件或空心胶囊等,振捣器插入下层混凝土内的深度应不小于 50mm;③当采用表面振捣器时,其移动间距应保证振动器的平板能覆盖已振实部分的边缘;④当采用附着式振捣器时,其设置间距应通过试验确定,并应与模板紧密连接;⑤当混凝土量小且缺乏设备机具时,亦可用人工借钢钎捣实。

(4) 在浇筑与柱和墙连成整体的梁和板时,应在柱和墙浇筑完毕后停歇 1～1.5h 再继续浇筑,梁和板宜同时浇筑混凝土,拱和高度大于 1m 的梁等结构可单独浇筑混凝土。

(5) 大体积混凝土的浇筑应合理分段分层进行,使混凝土沿高度均匀上升。浇筑应在室外气温较低时进行,混凝土浇筑温度不宜超过 28℃(混凝土浇筑温度系指混凝土振捣后,在 50～100mm 深处的温度)。

(6) 施工缝留置应符合以下规定:①柱,宜留置在基础的顶面、梁或吊车梁牛腿的下面、吊车梁的上面、无梁楼板柱帽的下面;②与板连成整体的大截面梁,留置在板底面以下 20～30mm 处,当板下有梁托时,留置在梁托下部;③单向板,留置在平行于板的短边的任何位置;④有主次梁的楼板宜顺着次梁方向浇筑混凝土,施工缝应留置在次梁跨度的中间 1/3 范围内;⑤墙,留置在门洞口过梁跨中 1/3 范围内,也可留在纵横墙的交接处;⑥双向受力楼板、大体积混凝土结构、拱、穹拱、薄壳、蓄水池、斗仓、多层刚架及其他结构复杂的工程,施工缝的位置应按设计要求留置。

(7) 施工缝的处理应按施工技术方案执行。在施工缝处继续浇筑混凝土时,应符合下列规定:①已浇筑的混凝土,其抗压强度不应小于 1.2MPa;②在已硬化的混凝土接缝面上,清除水泥薄膜、松动石子以及软弱混凝土层,并用水冲洗干净,且不得积水;③在浇筑混凝土前,铺一层厚度 10～15mm 的与混凝土组成成分相同的水泥砂浆;④新浇筑的混凝土应仔细捣实,使新旧混凝土紧密结合;⑤混凝土后浇带的留置位置应按设计要求和施工技术方案确定,后浇带混凝土浇筑应按施工技术方案进行。

2. 混凝土养护

(1) 混凝土浇筑完毕后,应按施工技术方案及时采取有效的养护措施;

(2) 混凝土的养护用水应与拌制用水相同;

(3) 若混凝土的表面不便浇水或使用塑料布养护时,应涂刷养护层,防止混凝土内部水分蒸发;

(4) 混凝土的冬期施工应符合国家现行标准《建筑工程冬期施工规程》(JGJ 104)和施工技术方案的规定。

5.3.4 混凝土工程质量控制项目及检验规则

1. 混凝土工程质量主控项目的检验

混凝土工程质量主控项目检验见表 5-24。

表 5-24　主控项目检验

序号	项目	合格质量标准及检验批次	检验方法	检查数量
1	混凝土强度等级、抗压试件的取样和留置	结构混凝土的强度等级必须符合设计要求。用于检查结构构件混凝土强度的试件,应在混凝土的浇筑地点随机抽取。取样与试件留置应符合下列规定:①每拌制 100 盘且不超过 100m³ 的同配合比的混凝土,取样不得少于一次;②每工作班拌制的同一配合比的混凝土不足 100 盘时,取样不得少于一次;③当一次连续浇筑超过 1000m³ 时,同一配合比的混凝土每 200m³ 取样不得少于一次;④每一楼层、同一配合比的混凝土,取样不得少于一次;⑤每次取样应至少留置一组标准养护试件,同条件养护试件的留置组数应根据实际需要确定	检查施工记录及试件强度试验报告	全数检查
2	混凝土抗渗试件的取样和留置	对有抗渗要求的混凝土结构,其混凝土试件应在浇筑地点随机取样。同一工程、同一配合比的混凝土,取样应不少于一次,留置组数可根据实际需要确定	检查试件抗渗试验报告	
3	原材料每盘称量的允许偏差	混凝土原材料每盘称量的偏差应符合表 5-25 的规定	复称	每工作班抽查不应少于一次
4	混凝土初凝时间	混凝土运输、浇筑及间歇的全部时间不应超过混凝土的初凝时间。同一施工段的混凝土应连续浇筑,并应在底层混凝土初凝前将上一层混凝土浇筑完毕。当底层混凝土初凝后浇筑上一层混凝土时,应按施工技术方案中对施工缝的要求进行处理	观察,检查施工记录	全数检查

表 5-25　原材料每盘称量的允许偏差

材 料 名 称	允许偏差
水泥、掺合料	±2%
粗、细骨料	±3%
水、外加剂	±2%

注:1. 各种衡器应定期校验,每次使用前应进行零点校核,保证计量准确;
　　2. 当遇雨天或含水率有显著变化时,应增加含水率检测次数,并及时调整水和骨料的用量;
　　3. 本表摘自《混凝土结构工程施工质量验收规范》(GB 50204—2011)。

2. 混凝土工程质量 一般项目检验

混凝土工程质量一般项目检验见表 5-26。

表 5-26 一般项目检验

序号	项目	合格质量标准	检验方法	检查数量
1	施工缝	施工缝的位置应在混凝土浇筑前按设计要求和施工技术方案确定,施工缝的处理应按施工技术方案执行	观察,检查施工记录	全数检查
2	后浇带	后浇带的留置位置应按设计要求和施工技术方案确定,后浇带混凝土浇筑应按施工技术方案进行		
3	混凝土养护	混凝土浇筑完毕后,应按施工技术方案及时采取有效的养护措施,并应符合下列规定:①应在浇筑完毕后的 12h 内对混凝土加以覆盖并保湿养护;②混凝土浇水养护的时间,对采用硅酸盐水泥、普通硅酸盐水泥或矿渣硅酸盐水泥拌制的混凝土不得少于 7d,对掺用缓凝型外加剂或有抗渗要求的混凝土不得少于 14d;③浇水次数应能保持混凝土处于湿润状态,混凝土养护用水应与拌制用水相同;④采用塑料布覆盖养护的混凝土,其敞露的全部表面应覆盖严密,并应保持塑料布内有凝结水;⑤混凝土强度达到 1.2MPa 前,不得在其上踩踏或安装模板及支架 注:1. 当日平均气温低于 5℃ 时,不得浇水 2. 当采用其他品种水泥时,混凝土的养护时间应根据所采用水泥的技术性能确定 3. 混凝土表面不便浇水或使用塑料布时,应刷养护剂 4. 大体积混凝土的养护,应根据气候条件按施工技术方案采取控温措施		

5.4 预应力工程

5.4.1 对材料质量的控制

1. 材料质量控制要点

(1) 预应力钢筋(钢绞线)和预应力筋用锚具在进场验收的同时,必须按规定见证取样进行复检。

(2) 预应力张拉机具及仪表应定期维护、校准;张拉设备应进行配套计量标定,配套使用,标定期不应超过半年,重新组合或液压系统检修、调整后均应进行重新标定。

2. 预应力工程材料质量控制项目及检验规则

(1) 预应力工程材料质量主控项目检验见表 5-27。

表 5-27 主控项目检验

序号	项目	合格质量标准	检验方法	检查数量
1	预应力筋质量	预应力筋进场时,应按现行国家标准《预应力混凝土用钢绞线》(GB/T 5224)的规定抽取试件做力学性能检验,其质量必须符合有关标准的规定	检查产品合格证、出厂检验报告和进场复检报告	按进场的批次和产品的抽样检验方案确定

序号	项目	合格质量标准	检验方法	检查数量
2	无粘结预应力筋的涂包质量	无粘结预应力筋涂包质量应符合无粘结预应力钢绞线标准的规定	观察、检查产品合格证、出厂检验报告和进场复验报告	每60t为一批,每批抽取一组试件
3	锚具、夹具和连接器的性能	预应力筋用锚具、夹具和连接器应按设计要求采用,其性能应符合现行国家标准《预应力筋用锚具、夹具和连接器》(GB/T 14370)的规定 注:对锚具用量较少的一般工程,如供货方提供有效的试验报告,可不作静载锚固性能试验		
4	孔道灌浆用水泥和外加剂	孔道灌浆用水泥应采用普通硅酸盐水泥,其质量应符合2.3.4节的规定。孔道灌浆用外加剂的质量应符合《混凝土结构工程施工质量验收规范》(GB 50204—2011)第7.2.2条的规定 注:1. 对孔道灌浆用水泥和外加剂用量较少的一般工程,当有可靠依据时,可不作材料性能的进场复验。2.《混凝土结构工程施工质量验收规范》(GB 50204—2011)中第7.2.2条原文如下: 7.2.2 混凝土中掺用外加剂的质量及应用技术应符合国家标准《混凝土外加剂》(GB 8076)、《混凝土外加剂应用技术规范》(GB 50119)等和有关环境保护的规定 预应力混凝土结构中,严禁使用含氯化物的外加剂。钢筋混凝土结构中,当使用含氯化物的外加剂时,混凝土中氯化物的总含量应符合国家现行标准《混凝土质量控制》(GB 50164)的规定 检查数量:按进场的批次和产品的抽样检验方案确定 检验方法:检查产品合格证、出厂检验报告进场复验报告	检查产品合格证、出厂检验报告和进场复验报告	按进场批次和产品的抽样检验方案确定

(2) 预应力工程材料质量一般项目检验见表5-28。

表5-28　一般项目检验

序号	项目	合格质量标准	检验方法	检查数量
1	预应力筋外观质量	预应力筋使用前应进行外观检查,其质量应符合下列要求:①有粘结预应力筋展开后平顺,不得有弯折,表面不应有裂纹、小刺、机械损伤、氧化铁皮和油污等;②无粘结预应力筋护套应光滑、无裂缝,无明显褶皱 注:无粘结预应力筋护套轻微破损者应外包防水塑料胶带修补,严重破损者不得使用	观察检查	全数检查
2	锚具、夹具和连接器的外观质量	预应力筋用锚具、夹具和连接器使用前应进行外观检查,其表面应无污物、锈蚀、机械损伤和裂纹		

续表

序号	项　目	合格质量标准	检验方法	检查数量
3	金属螺旋管的尺寸和性能	预应力混凝土用金属螺旋管的尺寸和性能应符合国家现有标准《预应力混凝土用金属螺旋管》(JG/T 3013)的规定 注：对金属螺旋管用量较少的一般工程，当有可靠依据时，可不作径向刚度、抗渗漏性能的进场复验	检查产品合格证、出厂检验报告和进场复验报告	按进场批次的产品的抽样检验方案确定
4	金属螺旋管的外观质量	预应力混凝土用金属螺旋管在使用前应进行外观检查，其内外表面应清洁，无锈蚀，不应有油污、孔洞和不规则的褶皱，咬口不应有开裂或脱扣	观察检查	全数检查

5.4.2　对预应力筋制作与安装施工质量的控制

1. 质量控制要点

(1)预应力筋的下料长度，应根据任务单的要求严格控制。

(2)固定成孔管道的钢筋马蹬的间距应符合以下规定：①对钢管，不应大于1.5m；②对金属螺旋管或波纹管，不应大于1.0m；③对胶管，不应大于0.5m；④对进线孔道应在上述基础上适当加密。

(3)预应力筋的保护层厚度应符合设计要求及有关规范的规定。无粘结预应力筋成束布置时，其数量及排列形状应能保证混凝土的密实。

2. 预应力筋制作与安装工程质量主控项目检验

预应力筋制作与安装工程质量主控项目检验见表5-29。

表5-29　主控项目检验

序号	项　目	合格质量标准	检验方法	检查数量
1	预应力筋	预应力筋安装时，其品种、级别、规格、数量必须符合设计要求	观察、钢尺检查	全数检查
2	避免隔离剂玷污	先张法预应力施工时应选用非油质类模板隔离剂，且应避免玷污预应力钢筋	观察检查	
3	避免电火花损伤预应力筋	施工过程中应避免电火花损伤预应力筋，受损伤的预应力筋应予以更换		

3. 预应力筋制作与安装工程质量一般项目检验

预应力筋制作与安装工程质量一般项目检验见表5-30。

表 5-30　一般项目检验

序号	项目	合格质量标准	检验方法	检查数量
1	预应力筋加工	预应力筋下料应符合下列要求：①预应力筋应采用砂轮锯或切断机切断，不得采用电弧切割；②当钢丝束两端采用镦头锚具时，同一束中各根钢丝长度的极差应不大于钢丝长度的 1/5000，且应不大于 5mm，当成组张拉长度不大于 10m 的钢丝时，同组钢丝长度的极差不得大于 2mm	观察、钢尺检查	每工作班抽查预应力筋总数的 3%，且不少于 3 束
2	锚具制作质量	预应力筋端部锚具的制作质量应符合下列要求：①挤压锚具制作时压力表油压应符合操作说明书的规定，挤压后预应力筋外端应露出挤压套管 1~5mm；②钢绞线压花锚成形时，表面应清洁、无油污，梨形头尺寸和直线段长度应符合设计要求；③钢丝镦头的强度不得低于钢丝强度标准值的 98%	观察、钢尺检查、检查镦头强度试验报告	对挤压锚，每工作班抽查 5%，且应不少于 5 件；对压花锚，每工作班抽查 3 件；对钢丝镦头强度，每批钢丝检查 6 个镦头试件
3	预留孔道	后张法有粘结预应力筋预留孔道规格、数量、位置和形状除应符合设计要求外，尚应符合下列规定：①预留孔道的定位应牢固，浇筑混凝土时不应出现移位和变形；②孔道应平顺，端部的预埋锚垫板应垂直于孔道中心线；③成孔用管道应密封良好，接头应严密且不得漏浆；④灌浆孔的间距，对预埋金属螺旋管不宜大于 30m，对抽芯成形孔道不宜大于 12m；⑤在曲线孔道的曲线波峰部位应设置排气兼泌水管，必要时可在最低点设置排水孔；⑥灌浆孔及泌水管的孔径应能保证浆液畅通	观察、钢尺检查	全数检查
4	预应力筋束形控制	预应力筋束形控制点的竖向位置偏差应符合表 5-31 的规定 注：束形控制点的竖向位置偏差合格点率应达到 90% 及以上，且不得有超过表中数值 1.5 倍的尺寸偏差	钢尺检查	在同一检验批内，抽查各类型构件中预应力筋总数的 5%，且对各类型构件均不少于 5 束，每束应不少于 5 处
5	无粘结预应力筋铺设	无粘结预应力筋的铺设除应符合上条的规定外，尚应符合下列要求：①无粘结预应力筋的定位应牢固，浇筑混凝土时不应出现移位和变形；②端部的预埋锚垫板应垂直于预应力筋；③内埋式固定端垫板不应重叠，锚具与垫板应贴紧；④无粘结预应力筋成束布置时应能保证混凝土密实并能握裹住预应力筋；⑤无粘结预应力筋的护套应完整，局部破损处应采用防水胶带缠绕紧密	观察检查	全数检查
6	预应力筋防锈措施	浇筑混凝土前穿入孔道的后张法有粘结预应力筋，宜采取防止锈蚀的措施		

表 5-31 束形控制点的竖向位置允许偏差   mm

截面高（厚）度	$h \leqslant 300$	$300 < h \leqslant 1500$	$h > 1500$
允许偏差	± 5	± 10	± 15

注：本表摘自《混凝土结构工程施工质量验收规范》（GB 50204—2011）。

5.4.3 预应力张拉、放张、灌浆、封锚施工质量的控制

1. 质量控制要点

1）张拉和放张

（1）后张法预应力工程的张拉施工，应由具备相应资质等级的专业施工单位承担。

（2）使用张拉设备张拉直线预应力筋时，应使张拉力的作用线与孔道中心线重合；张拉曲线预应力筋时，应使张拉力的作用线与孔道中心线的末端切线重合。

（3）预应力筋的张拉和放张顺序及张拉工艺均应符合设计及施工技术方案的要求。

（4）在预应力筋锚固过程中，张拉端预应力筋的内缩量（由锚具零件之间和锚具与预应力筋之间的相对移动和局部塑性变形造成的）应符合设计要求。

2）灌浆及封锚

（1）根据水泥浆配合比的设计严格控制水泥浆的稠度和泌水率，以获得良好的灌浆效果。对空隙大的孔道可采用砂浆灌浆，水泥浆或砂浆的抗压强度均应不小于 30MPa，当需要增加孔道灌浆密实度时，可掺配对预应力筋无腐蚀作用的外加剂。

（2）灌浆前孔道应清洁、湿润；灌浆顺序应从下层开始，灌浆速度应均匀、缓慢、连续灌浆直至出浆口排出的浆体与进浆口一致；灌满孔道后应继续加压 0.5～0.6MPa，然后封闭灌浆孔。

（3）不掺外加剂的水泥浆可采用二次灌浆法，封闭时沿灌注方向依次进行。

（4）灌浆工作应在水泥浆初凝前完成。每个工作班组留置一组（6 块）水泥砂浆立方体抗压试块（边长 70.7mm），标准养护 28d，进行抗压强度试验。

（5）锚固后外露部分的预应力筋应采用机械方法切割（不允许采用乙炔气割或电弧割），剩余部分应不小于预应力筋直径的 1.5 倍，且不小于 30mm。

（6）预应力筋外露锚具必须有严格有效的密封保护措施，以防止机械损伤或腐蚀。

2. 张拉、放张、灌浆、封锚施工质量主控项目检验

张拉、放张、灌浆、封锚施工质量主控项目检验见表 5-32。

表 5-32 主控项目检验

序号	项 目	合格质量标准	检验方法	检查数量
1	张拉和放张时的混凝土强度	预应力筋张拉或放张时，混凝土强度应符合设计要求；当设计无具体要求时，不应低于混凝土立方体抗压强度标准值的 75%	检查同条件养护试件试验报告	全数检查

序号	项　目	合格质量标准	检验方法	检查数量
2	张拉和放张	预应力筋的张拉力、张拉或放张顺序及张拉工艺应符合设计及施工技术方案的要求,并应符合下列规定:①当施工需要超张拉时,最大张拉应力应不大于国家现行标准《混凝土结构设计规范》(GB 50010)的规定。②张拉工艺应能保证同一束各根预应力筋应力一致。③后张法施工中,当预应力筋时逐根或逐束张拉时,应保证各阶段不出现对结构不利的应力状态,同时应考虑后批张拉预应力钢筋所产生的结构构件的弹性压缩对先批张拉预应力筋的影响,以确定张拉力。④先张法预应力筋放张时,宜缓慢放松锚固装置,使各根预应力筋同时缓慢放松。⑤当采用应力控制方法张拉时,应校核预应力筋的伸长值。实际伸长值与设计计算理论伸长值的相对允许偏差为±6%	检查张拉记录	全数检查
3	实际预应力值允许偏差	预应力筋张拉锚固后实际建立的预应力值与工程设计规定检验值的相对允许偏差为5%	对先张法施工,检查预应力筋应检测记录;对后张法施工,检查见证张拉记录	对先张法施工,每工作班抽查预应力筋总数的1%,且不少于3根;对后张法施工,在同一检验批内,抽查预应力筋总数的3%,且不少于5束
4	预应力筋断裂或滑脱	张拉过程中应避免预应力筋断裂或滑脱;当发生断裂或滑脱时,必须符合下列规定:①对后张法预应力结构构件,断裂或滑脱的数量严禁超过同一截面预应力筋总根数的3%,且每束钢丝不得超过一根;对多跨双向连续板,其同一截面应按每跨计算。②对先张法预应力构件,在浇筑混凝土前发生断裂或滑脱的预应力筋必须予以更换	观察、检查张拉记录	全数检查
5	孔道灌浆	后张法有粘结预应力筋张拉后应尽早进行孔道灌浆,孔道内水泥浆应饱满、密实	观察、检查灌浆记录	
6	锚具的封闭保护	锚具的封闭保护应符合设计要求;当设计无具体要求时,应符合下列规定:①应采取防止锚具腐蚀和遭受机械损伤的有效措施;②凸出式锚固端锚具的保护层厚度应不小于50mm;③外露预应力筋的保护层厚度处于正常环境时,不应小于20mm;处于易受腐蚀的环境时,不应小于50mm	观察、钢尺检查	在同一检验批内,抽查预应力筋总数的5%,且不少于5处

3. 张拉、放张、灌浆、封锚施工质量一般项目检验

张拉、放张、灌浆、封锚施工质量一般项目检验见表5-33。

表5-33　一般项目检验

序号	项　目	合格质量标准	检验方法	检查数量
1	预应力筋内缩量	锚固阶段张拉端预应力筋的内缩量应符合设计要求;当设计无具体要求时,应符合表5-34的规定	钢尺检查	每工作班抽查预应力筋总数的3%,且不少于3束
2	先张法预应力筋张拉后位置	先张法预应力筋张拉后与设计位置的偏差不得大于5mm,且不得大于构件截面短边边长的4%		
3	外露预应力筋切断	后张法预应力筋锚固后的外露部分应采用机械方法切割,其外露长度不宜小于预应力筋直径的1.5倍,且不宜小于30mm	观察、钢尺检查	在同一检验批内,抽查预应力筋总数的3%,且不少于5束
4	灌浆用水泥浆的水灰比和泌水率	灌浆用水泥浆的水灰比不应大于0.45;搅拌后3h泌水率不宜大于2%,且不应大于3%;泌水应能在24h内全部重新被水泥浆吸收	检查水泥浆试件强度试验报告	同一配合比检查一次
5	灌浆用水泥浆的抗压强度	灌浆用水泥浆的抗压强度不应小于30N/mm² 注:一组试件由6个试件组成,试件应标准养护28d		每工作班留置一组边长为70.7mm的立方体试件

表5-34　张拉端预应力筋的内缩量限值　　　　　　　　　　mm

锚具类别		内缩量限值
支承式锚具(镦头锚具等)	螺帽缝隙	1
	每块后加垫板的缝隙	
锥塞式锚具		5
夹片式锚具	有预压	6~8
	无预压	

注:本表摘自《混凝土结构工程施工质量验收规范》(GB 50204—2011)。

5.5　现浇结构混凝土工程

5.5.1　现浇结构混凝土外观质量缺陷的界定

1. 外观质量缺陷的界定及等级划分

(1)现浇结构的外观质量缺陷,应由监理(建设)单位、施工单位等各方根据外观质量对结构性能和使用功能影响的严重程度按表5-35确定。

表 5-35　现浇结构外观质量缺陷

名称	现象	严重缺陷	一般缺陷
露筋	构件钢筋未被混凝土包裹而外露	纵向受力钢筋有露筋	其他钢筋有少量露筋
蜂窝	混凝土表面缺少水泥砂浆石子外露	构件主要受力部位有蜂窝	其他部位有少量蜂窝
孔洞	混凝土中孔穴深度和长度均超过保护层厚度	构件主要受力部位有孔洞	其他部位有少量孔洞
夹渣	混凝土中夹有杂物且深度超过保护层厚度	构件主要受力部位有夹渣	其他部位有少量夹渣
疏松	混凝土中局部不密实	构件主要受力部位有疏松	其他部位有少量疏松
裂缝	缝隙从混凝土表面延伸至混凝土内部	构件主要受力部位有影响结构性能或使用功能的裂缝	其他部位有少量不影响结构性能或使用功能的裂缝
连接部位缺陷	构件连接处混凝土缺陷及连接钢筋、连接件松动	连接部位有影响结构传力性能的缺陷	连接部位有基本不影响结构传力性能的缺陷
外形缺陷	缺棱掉角、棱角不直、翘曲不平、飞边凸肋等	清水混凝土构件有影响使用功能或装饰效果的外观缺陷	其他混凝土构件有不影响使用功能的外形缺陷
外表缺陷	构件表面麻面、掉皮、起砂、玷污等	具有重要装饰效果的清水混凝土构件有外表缺陷	其他混凝土构件有不影响使用功能的外表缺陷

（2）现浇结构拆模后，施工单位应及时会同监理（建设）单位对混凝土外观质量和尺寸偏差进行检查，并作记录。不论何种缺陷都应及时进行处理，并重新检查验收。

2. 现浇结构尺寸允许偏差和检验方法

现浇结构尺寸的允许偏差和检验方法见表 5-36。

表 5-36　现浇结构尺寸允许偏差和检验方法　　　　　　　　　　mm

项　目		允许偏差	检验方法
轴线位置	基础	15	钢尺检查
	独立基础	10	
	墙、柱、梁	8	
	剪力墙	5	
垂直度	层高　≤5m	8	经纬仪或吊线、钢尺检查
	层高　>5m	10	
	全高（H）	$H/1000$ 且≤30	经纬仪、钢尺检查
标高	层高	±10	水准仪或拉线、钢尺检查
	全高	±30	
截面尺寸		+8，−5	钢尺检查
电梯井	井筒长、宽对定位中心线	+25，0	经纬仪、钢尺检查
	井筒全高（H）垂直度	$H/1000$ 且≤30	
表面平整度		8	2m 靠尺和塞尺检查
预埋设施中线位置	预埋件	10	钢尺检查
	预埋螺栓	5	
	预埋管	5	
预留洞中心线位置		15	

注：1. 检查轴线、中心线位置时，应沿纵、横两个方向量测，并取其中的较大值；

　　2. 本表摘自《混凝土结构工程施工质量验收规范》（GB 50204—2011）。

3. 现浇结构混凝土设备基础尺寸允许偏差和检验方法

现浇结构混凝土设备基础尺寸允许偏差和检验方法见表5-37。

表 5-37　混凝土设备基础尺寸允许偏差和检验方法　　　　　　　　mm

项　　目		允 许 偏 差	检 验 方 法
坐标位置		20	钢尺检查
不同平面的标高		0,−20	水准仪或拉线、钢尺检查
平面外形尺寸		±20	钢尺检查
凸台上平面外形尺寸		0,−20	
凹穴尺寸		+20,0	
平面水平度	每米	5	水平尺、塞尺检查
	全长	10	水准仪或拉线、钢尺检查
垂直度	每米	5	经纬仪或吊线、钢尺检查
	全高	10	
预埋地脚螺栓	标高(顶部)	+20,0	水准仪或拉线、钢尺检查
	中心距	±2	钢尺检查
预埋地脚螺栓孔	中心线位置	10	
	深度	+20,0	
	孔垂直度	10	吊线、钢尺检查
预埋活动地脚螺栓锚板	标高	+20,0	水准仪或拉线、钢尺检查
	中心线位置	5	钢尺检查
	带槽锚板平整度	5	钢尺、塞尺检查
	带螺纹孔锚板平整度	2	

注：1. 检查坐标、中心线位置时,应沿纵、横两个方向量测,并取其中的较大值;
　　2. 本表摘自《混凝土结构工程施工质量验收规范》(GB 50204—2011)。

5.5.2　外观质量的检查验收

1. 外观质量

现浇混凝土结构外观质量检验见表5-38。

表 5-38　外观质量项目检验

检查项目	合格质量标准	检查方法	检查数量
外观质量(主控项目)	现浇结构的外观质量不应有严重缺陷;对已经出现的严重缺陷,应有施工单位提出技术处理方案,并经监理(建设)单位认可后进行处理,经过处理的部位,应重新检查验收	观察、检查技术处理方案	全数检查
外观质量一般缺陷(一般项目)	现浇结构的外观质量不宜有一般缺陷;对已经出现的一般缺陷,应由施工单位按技术处理方案进行处理,并重新检查验收		

2. 尺寸偏差

现浇混凝土结构尺寸偏差的检验见表5-39。

表 5-39   尺寸偏差项目检验

项　目	合格质量标准	检验方法	检查数量
超出允许值的尺寸偏差处理及验收(主控项目)	现浇结构不应有影响结构性能和使用功能的尺寸偏差,混凝土设备基础不应有影响结构性能和设备安装的尺寸偏差,对超过尺寸允许偏差且影响结构性能和安装、使用功能的部位,应由施工单位提出处理方案,经监理单位认可后实施。经过处理的部位,应重新检查验收	量测、检查技术处理方案	全数检查
混凝土设备基础尺寸的允许偏差及检验方法(一般项目)	混凝土设备基础拆模后的尺寸偏差应符合表 5-37 的规定	见表 5-37	

5.6   装配式结构混凝土工程

5.6.1   基本规定

装配式结构混凝土工程的基本规定如下:

(1) 应对预制构件进行结构性能检验,结构性能应符合设计要求,结构性能检验不合格的不能用于混凝土工程;

(2) 叠合结构中预制构件的叠合面应符合设计要求;

(3) 装配式结构外观质量、尺寸偏差的验收及对缺陷的处理应按现浇结构构件的相关规定执行。

5.6.2   预制构件质量控制项目及检验规则

1. 预制构件质量主控项目检验

预制构件质量主控项目检验见表 5-40。

表 5-40   主控项目检验

序号	项　目	合格标准	检验方法	检查数量
1	预制构件	预制构件应在明显部位标明生产单位、构件型号、生产日期、质量验收标准。构件上的预埋件、插筋、预留孔的规格、数量位置应符合标准图集或设计要求	观察检查	
2	预制构件的外观质量	预制构件的外观质量不应有严重缺陷;对已经出现的严重缺陷,应按技术处理方案进行处理,并重新检查验收	观察、检查技术处理方案	全数检查
3	预制构件的尺寸偏差	预制构件不应有影响性能和安装、使用功能的尺寸偏差;对超过允许尺寸偏差且影响结构性能和安装、使用功能的部位,应按技术处理方案进行处理,并重新检查验收		

2．预制构件质量一般项目检验

预制构件质量一般项目检验见表5-41。

表 5-41　一般项目检验

序号	项　　目	合　格　标　准	检验方法	检验数量
1	预制构件的外观质量	预制构件的外观质量不宜有一般缺陷；对已经出现的一般缺陷，应按技术处理方案进行处理，并重新验收	观察、检查技术处理方案	全数检查
2	预制构件的尺寸偏差	预制构件的尺寸偏差应符合表5-42的规定	见表5-42	同一工作班生产的、同类型构件抽查5%，且不得少于3件

表 5-42　预制构件尺寸允许偏差及检验方法　　　　mm

项　　目		允　许　偏　差	检验方法
长度	板、梁	+10，-5	钢尺检查
	柱	+5，-10	
	墙板	±5	
	薄腹梁、桁架	+15，-10	
宽度、高(厚)度	板、梁、柱、墙板、薄腹梁、桁架	±5	钢尺量一端及中部，取其中大值
侧向弯曲	梁、柱、板	$L/750$ 且≤20	拉线、钢尺量最大侧向弯曲处
	墙板、薄腹梁、桁架	$L/1000$ 且≤20	
预埋件	中心线位置	10	钢尺检查
	螺栓位置	5	
	螺栓外露长度	+10，-5	
预留孔	中心线位置	5	
预留洞	中心线位置	15	
主筋保护层厚度	板	+5，-3	钢尺或保护层厚度测定仪量测
	梁、柱、墙板、薄腹梁、桁架	+10，-5	
对角线差	板、墙板	10	钢尺量两对角线
表面平整度	板、墙板、柱、梁	5	2m靠尺和塞尺检查
预应力构件预留孔道位置	梁、墙板、薄腹梁、桁架	3	钢尺检查
翘曲	板	$L/750$	调平尺在两端量测
	墙板	$L/1000$	

注：1. L 为构件长度，mm；

　　2. 检查中心线、螺栓和孔道位置时，应从纵、横两个方向量测并取其中的较大值；

　　3. 对形状复杂或有特殊要求的构件，其尺寸偏差应符合标准图集或设计要求。

5.6.3　装配式预制构件装配施工质量控制项目及检验规则

1．装配式结构施工质量主控项目检验

装配式结构施工质量主控项目检验见表5-43。

表 5-43　主控项目检验

序号	项　　目	合格质量标准	检验方法	检查数量
1	预制构件	进场预制构件,其外观质量、尺寸偏差及结构性能应符合标准图或设计要求	检查构件出厂合格证	按批检查
2	预制构件的连接	预制构件与结构之间的连接应符合设计要求。连接处钢筋或埋件采用焊接或机械连接时,接头质量应符合国家现行标准《钢筋机械连接技术规程》(JGJ 107)、《钢筋焊接及验收规程》(JGJ 18)的要求	观察、检查施工记录	全数检查
3	接头和拼缝处的混凝土强度	承受内力的接头和拼缝,当与之相关的混凝土强度未达到设计要求时,不得安装上一层结构构件;当无设计要求时,应在混凝土强度不小于10MPa或具有足够支撑能力时,方可安装上一层结构构件。已安装完毕的装配式结构,应在混凝土强度达到设计要求后,方可承受全部设计荷载	检查施工记录及混凝土抗压试块强度试验报告	

2. 装配式结构施工质量一般项目检验

装配式结构施工质量一般项目检验见表 5-44。

表 5-44　一般项目检验

序号	项　　目	合格质量标准	检验方法	检查数量
1	预制构件码放与支撑	预制构件码放和运输时的支撑位置和方法应符合标准图集或设计要求	观察检查	全数检查
2	预制构件安装标高	预制构件吊装前,应按设计要求在构件和相应的支撑结构上标记中心线、标高等控制尺寸,按标准图集或设计文件校核预埋件及连接钢筋等,并作出标记	观察、钢尺检查	
3	预制构件吊装	预制构件应按标准图集或设计要求吊装。起吊时,吊绳与构件水平面的夹角不宜小于45°,否则应采用吊架或经验算确定	观察检查	
4	临时固定措施和位置校正	预制构件安装就位后,应采取保障构件稳定的临时固定措施,并应根据水准点和轴线校正位置	观察、钢尺检查	
5	接头和拼缝的质量要求	装配式结构中的接头和拼缝应符合设计要求;当无设计要求时,应符合下列规定:①对承受内力的接头和拼缝应采用混凝土浇筑,其强度等级应比构件混凝土强度等级提高一级;②对不承受内力的接头和拼缝应采用混凝土或砂浆浇筑,其强度等级不应低于 C15 或 M15;③用于接头和拼缝的混凝土和砂浆,宜采用微膨胀措施和快硬措施,在浇筑过程中应振捣密实,并采取必要的养护措施	检查施工记录及混凝土抗压试件强度试验报告	

思 考 题

1. 安装现浇混凝土结构的上层模板及支架时应注意哪些问题？

2. 如果需要提前拆除模板与支架，为什么要先确认该部分混凝土的实际强度？如何确认？

3. 模板拆除的一般程序是什么？

4. 拆除模板时，为什么要轻拆轻放、分散堆放、及时清运、及时保养？

5. 简述电弧焊接头质量控制要点和质量检验。

6. 简要叙述钢筋连接施工质量控制的项目及其检验规则。

7. 简要叙述钢筋绑扎施工质量控制要点有哪些。

8. 简述混凝土拌合质量控制要点。

9. 泵送混凝土结束后，洗管残浆应如何处置？

10. 混凝土工程质量检验主控项目有哪些？

11. 简述混凝土抗压试块、抗渗试块的取样规则。

12. 混凝土浇筑入仓时应如何防止混凝土的离析？

13. 混凝土机械振捣有哪些规定？

14. 铺设无粘结预应力筋时有哪些要求？

15. 预应力筋张拉和放张时对混凝土的强度有什么要求？

16. 有哪些现象属于现浇混凝土结构的外观质量缺陷？严重缺陷和一般缺陷是如何划分的？

17. 简述预制混凝土构件质量主控项目的内容。

第6章

钢结构工程质量控制与检测

本章学习要点

原材料及制成品质量控制要点和质量检验；

焊接准备和施工质量控制要点和质量检验；

螺栓紧固连接施工质量控制要点和质量检验；

钢零、部件(切割下料、节点球及杆件、螺栓孔)加工制造质量控制要点和质量检验；

钢结构件组装、预拼装工程施工质量控制要点和质量检验；

钢结构、网架安装工程质量控制要点和质量检验；

压型板制作安装工程质量控制要点和质量检验；

钢结构涂装工程质量控制要点和质量检验。

上世纪以来,随着钢铁冶炼、轧制技术的快速发展,高强度、高性能的钢材品种不断出现,为钢结构建筑的应用与发展提供了可靠的物质基础,高层、超高层钢结构建筑由此产生,并且得到了快速的发展。钢结构建筑的制造过程就是把型钢或钢板切割加工成一定形状,再通过焊接、螺栓连接、铆接等手段将它们拼装组合成一体——钢构件,然后再以同样的工艺将钢构件拼装组合成各种钢结构。

钢结构工程的主要材料有钢材、焊接材料、紧固件、钢网架材料、涂装材料。这些材料的品种、形式及规格繁多,质量标准高、消耗量大,因此严控材料进货质量是控制钢结构工程质量的第一个关键环节。钢材的切割、钢构件的制作、钢结构的拼装过程复杂、加工质量要求高,影响因素众多,严控每一道加工制作工序的质量是控制钢结构工程质量的又一关键环节。

《钢结构工程施工质量验收规范》(GB 50205—2001)规定:钢结构工程施工单位应具备相应的钢结构工程施工资质,施工现场质量管理应有相应的施工技术标准、施工组织设计、施工方案、质量管理体系、质量控制及检验制度。用于钢结构工程施工及质量验收的计量器具必须经计量检验、校准,并且应严格按照有关规定正确操作。

6.1 钢结构工程的原材料及制成品

6.1.1 原材料及制成品的质量控制要点

1. 验收

(1) 材料进场验收时,应查验正式的出厂合格证明、材质证明、中文标识、质量检验报告、出厂日期、保质期等，并根据有关规定进行现场见证抽样复检。验收、复检不合格的材料不得进入工地。

（2）进口材料应进行商检。

（3）材料质量抽样规则和检验方法应符合国家有关标准和设计要求。

（4）材料的替代要经设计方同意，并下达设计变更通知书，且替代材料的质量检验应合格。

2. 仓库管理

（1）材料必须验收合格、质量复检合格后才能入库，仓库应有严格的管理制度。

（2）钢材应按种类、材质（牌号）、炉号、规格等分类平整堆放，并挂牌标记，不得混堆混放。

（3）焊材必须分类堆放、设置明显标识，库房应保持干燥通风。

（4）高强螺栓应按类型、规格和批号分别堆放，保管时应注意防潮、防雨、防粉尘和防锈，如因长期保管或保管不善造成螺栓生锈及沾染污染物等，应视情况进行清洗、除锈处理，同时还应再次对螺栓进行扭矩系数或预拉应力检验，检验合格后方能使用，如不合格应另外堆放、明显标识、及时处理。

（5）金属压型板应按材质、规格分批堆放、妥善保管，防止发生擦痕、泥沙油污、明显凹凸和皱折等局部变形。

（6）对油漆、耐火涂料等具有时效性的材料，应尽量减少库存、防止积压，随用随进、先进先用，并采用按生产日期分批堆放的方法。如果材料超出保质期，则应根据相关标准再次进行质量检测。

6.1.2 建筑结构用钢

1. 建筑结构钢的主要品种

（1）热轧钢板包括厚钢板、薄钢板和钢带。

（2）热轧型钢包括工字钢（普通工字钢、轻型工字钢和宽翼缘工字钢）、槽钢（普通槽钢、轻型槽钢）、角钢（等边角钢、不等边角钢）、方钢、T 型钢和钢管（无缝钢管、焊接钢管）。

（3）冷轧型钢包括等边弯曲角钢、Z 型钢、等边弯曲槽钢、方钢管和圆钢管等。

2. 钢材的质量检验

（1）钢材的质量主控项目检验见表 6-1。

表 6-1　主控项目检验

项目	合格质量标准	检验方法	检验数量
性能质量	钢材、钢铸件的品种、规格、性能应符合现行国家产品标准和设计要求；进口钢材产品的质量应符合设计和合同规定的要求	检查产品合格证明、出厂质量检验报告、中文标识、复检报告	全数检查
抽样复检	①进口钢材；②钢材混批；③板厚不小于 40mm 且设计有 Z 向性能要求的厚板；④建筑结构安全等级为一级，大跨度钢结构中主要受力构件所用的钢材；⑤设计有复验要求的钢材；⑥对质量有疑义的钢材应进行抽样复检，结果应符合现行国家产品标准和设计要求	检查复验报告	全数检查

（2）钢材的质量一般项目检验见表 6-2。

表 6-2　一般项目检验

项目	合格质量标准	检验方法	检查数量
外形尺寸	钢板、型钢规格尺寸及偏差应符合其产品标准中关于允许偏差的规定	用游标卡尺量测	每一品种、每一规格抽查不少于 5 处
外观质量	钢材外观质量应符合现行国家标准要求，钢材表面的锈蚀、麻点、划痕等缺陷，其深度不得大于该钢材厚度允许偏差负值的 1/2；钢材表面锈蚀等级应符合现行国家标准《涂装前钢材表面锈蚀等级和除锈等级》(GB 8923)规定的 C 级及 C 级以上的要求；钢材端边及断口处不应有分层、夹渣等缺陷	观察检查	全数检查

注：此处是 GB 50205—2001 的原文。

6.1.3　焊接材料

焊接是钢结构主要连接方法，其优点有：连接的强度效率高，刚度大、省工、省料、构造简单、施工方便、焊接工艺方法多样。焊接方法主要有：手工电弧焊、自动焊、埋弧焊、气体保护焊、栓焊等。不同焊接方法需要使用不同的焊接材料，不同材质（化学组成）的钢材需要不同材质的焊接材料，如有差错将会严重影响焊接质量。

1. 基本规定

焊接材料应按类别、牌号及品种分别保管和使用，不允许混堆、混放、混发和混用，同时要特别注意焊接材料的防潮。应认真执行《焊条质量管理规程》(JB 3223)的规定，相关焊接材料的国家标准见表 6-3。

表 6-3　焊接材料国家标准

序号	标准名称	标准号	序号	标准名称	标准号
1	碳钢焊条	GB/T 5117	5	气体保护电弧焊用碳钢、低合金钢焊丝	GB/T 8110
2	低合金钢焊条	GB/T 5118	6	埋弧焊用碳钢焊丝和焊剂	GB 5293
3	熔化焊用钢丝	GB/T 14957	7	埋弧焊用低合金钢焊丝和焊剂	GB 12470
4	碳钢药芯焊丝	GB 10045	8	电弧螺栓焊用圆柱头焊钉	GB/T 10433

2. 焊接材料质量主控项目检验

焊接材料质量主控项目检验见表 6-4。

表 6-4　主控项目检验

项目	合格质量标准	检验方法	检查数量
性能质量	焊接材料的品种、规格、性能等应符合现行国家产品标准和设计要求	检查产品合格证、出厂质量检验证、中文标识、复检报告	全数检查

3．焊接材料质量一般项目检验

焊接材料质量一般项目检验见表 6-5。

表 6-5　一般项目检验

项目	合格质量标准	检验方法	检查数量
规格尺寸	焊钉及焊接瓷环的规格、尺寸及偏差应符合现行国家标准《圆柱头焊钉》(GB 10433)的规定	用钢尺和游标卡尺量测	抽查 1%，且不应少于 10 套
外观质量	焊条外观不应有药皮脱落、焊芯生锈等缺陷，焊剂不应受潮结块	观察检查	抽查 1%，且不应少于 10 包

6.1.4　紧固标准件

栓接是钢结构零部件连接的主要方法之一，分为：普通螺栓连接，高强螺栓连接及自攻钉、拉铆钉、射钉、锚栓(机械型和化学试剂型)、地脚螺栓等多种。

1．铆钉和普通螺栓

(1) 铆连接是将铆钉穿入被连接件上预制的孔中，利用铆钉机铆合而成，铆钉的材质需要有良好的塑性。

(2) 普通螺栓连接，常用的普通螺栓有：六角螺栓、双头螺栓、地脚螺栓。

2．高强螺栓

高强螺栓采用优质碳素钢或低合金高强度钢制成，因强度高而得名，适用于钢结构，桥梁结构，重型起重机械及其他重要结构的连接。高强螺栓按其工作时的受力状态分为：摩擦型高强螺栓、扭剪型高强螺栓和抗拉型高强螺栓三种；按其性能等级(强度)分为 10.9S 和 8.8S 两个等级。钢结构用扭剪型高强螺栓的性能等级为 10.9S，屈服强度为 940MPa，抗拉强度为 1040～1240MPa。制造材料为 20MnTiB、40B 或 35VB。

3．连接用紧固件的质量检验规则

(1) 连接用紧固件质量主控项目检验见表 6-6。

表 6-6　主控项目检验

项目	合格质量标准	检验方法	检查数量
性能质量	钢结构连接用高强度大六角头螺栓连接副(一个连接副由 1 个螺栓、1 个螺母和 2 个垫圈组成)、扭剪型高强度螺栓连接副、钢网架用高强度螺栓、普通螺栓、铆钉、自攻钉、拉铆钉、射钉、锚栓(机械型和化学试剂型)、地脚锚栓等紧固件及垫圈，其品种、规格、性能和材质应符合现行国家产品标准和设计要求。 注：高强度大六角头螺栓副和扭剪型高强度螺栓副出厂时应分别随包装箱带有扭矩系数和紧固轴力(预拉力)的检验报告	检验产品的出厂合格证，质量检测报告、中文标识、复检报告	全数检查
扭矩系数和紧固轴力	按有关规定对高强度大六角头螺栓副和扭剪型高强度螺栓副进行现场见证取样复检，进行扭矩系数和紧固轴力检测，结果应符合《钢结构工程施工质量验收规范》(GB 50205—2001)中附录 B 的规定	复检报告	各品种、各规格每批 8 套

（2）连接用紧固件质量一般项目检验见表 6-7。

表 6-7　一般项目检验

序号	项目	合格质量标准	检验方法	检查数量
1	外观质量	高强度螺栓副应配套供货；包装箱上应标明批号、规格、数量、生产日期且应该与出厂合格证符合；表面应涂油保护，不应出现生锈或沾染杂物等现象，螺纹不应损伤	观察检查	按包装箱数抽查5%，且不应少于3箱
2	表面硬度	对结构安全等级为一级，跨度40m以上的螺栓球节点钢网架结构连接用高强螺栓应进行表面硬度检测。8.8S级的硬度应为HRC21-29；10.9S级的硬度应为HRC32-36，且不得有裂纹或损伤	洛氏硬度计，10倍放大镜或磁粉探伤	各规格抽查8只

6.1.5　球节点

球节点可分为螺栓球和焊接球两种，是钢网架结构中的关键零部件，起着连接空间杆件、传递杆件荷载的作用。螺栓球节点主要由钢球、高强螺栓、锥头或封板、套筒等零件组成，焊接球节点主要由空心球、钢管杆件、连接套管等零件组成。

（1）节点球及杆件质量主控项目检验见表 6-8。

表 6-8　主控项目检验

序号	项目	合格质量标准	检验方法	检查数量
1	材料品种、规格、性能	焊接球、螺栓球所用的原材料，其品种、规格、性能等应符合现行国家产品标准和设计要求；封板、锥头和套筒所用的原材料，其品种、规格、性能等应符合现行国家产品标准和设计要求	检查产品的质量合格证明文件、中文标识及检验报告等	全数检查
2	螺栓球	螺栓球不得有过烧、裂纹及褶皱	用10倍放大镜观察表面探伤	每种规格抽查5%，且不应少于5个
3	焊接球	焊接球表面不应有裂纹、褶皱，焊接球的对接坡口应采用机械加工，对接焊缝表面应打磨平整。焊接球焊缝应进行无损检验，其质量应符合设计要求，当设计无要求时应符合二级焊缝质量标准（见表6-13）	用10倍放大镜观察和超声波探伤或检查无损检验报告	每种规格抽查5%，且不应少于3个
4	封板、锥头、套筒	封板、锥头、套筒外观不得有裂纹、过烧及氧化皮	用放大镜观察检查和表面探伤	每种抽查5%，且不应少于10只

（2）节点球及杆件质量一般项目检验见表 6-9。

表 6-9　一般项目检验

序号	项目	合格质量标准	检验方法	检查数量
1	螺栓球尺寸精度	螺栓球螺纹尺寸应符合现行国家标准《普通螺纹基本尺寸》(GB 196)中粗牙螺纹的规定,螺纹公差必须符合现行国家标准《普通螺纹公差与配合》(GB 197)中 6H 级精度的规定	用螺距规检查	每种规格抽查 5%,且不应少于 5 只
		螺栓球直径、圆度、相邻两螺纹孔中心线夹角尺寸及允许偏差应符合《钢结构工程施工质量验收规范》(GB 50205)的规定	用卡尺、分度头仪检查	每种规格抽查 5%,且不应少于 3 个
2	焊接球尺寸精度	焊接球直径、圆度、壁厚减薄量、两半球对口错边等尺寸及允许偏差应符合表 6-32 的规定	用卡尺、测厚仪、套模检查	每一规格按数量抽查 5%,且不应少于 3 个
		焊接球表面应无明显波纹,局部凹凸不平不应大于 1.5mm	观察检查,用弧形套模、卡尺检查	

6.1.6　金属压型板

金属压型板质量主控项目检验,见表 6-10。

表 6-10　主控项目检验

	项目	合格质量标准	检验方法	检查数量
主控项目	原材料压型板质量	金属压型板及制造金属压型板所用的原材料,其品种、规格、性能等应符合现行国家产品标准和设计要求；金属压型泛水板、包角板和零配件的品种、规格及防水密封材料的性能应符合现行国家产品标准和设计要求	检查产品质量合格证、中文标识、检验报告	全数检查
一般项目	外观质量	金属压型板的规格尺寸及允许偏差、表面质量、涂层质量等应符合设计要求	观察检查、用 10 倍放大镜检查及尺量检查	每种规格抽查 5%,且不应少于 3 件

6.1.7　涂装材料

1. 涂装材料与配套的稀释剂

钢结构用的涂装材料以各种漆类为主,在涂刷时,应掌握合适的黏度。黏度过稀,涂料内固体含量下降,使漆膜厚度变薄、密实性不足、涂层易流淌；黏度过稠,易导致涂刷困难、薄厚不均,影响涂层质量。一般情况下涂料大多偏稠、黏度过大,需用稀释剂进行稀释。稀释时,应注意控制掺量,以防涂料过稀。需要特别注意的是由于化学成分的原因,漆与稀释剂必须配套使用,否则会出现漆的沉淀、离析等现象。

下面介绍几种常见的漆以及与之配套的稀释剂:①油基漆、酚醛漆、长油度醇酸磁漆、防锈漆用 200 号溶剂汽油或松节油稀释;②中油度醇酸漆用 200 号溶剂汽油和二甲苯按 1∶1(质量比)混合而成的溶剂稀释;③短油度醇酸漆用二甲苯稀释;④过氯乙烯用甲苯或丙酮稀释。

2. 涂装材料的时效性(保质期)

涂装材料都是有保质期的,且种类不同保质期不同。在涂装材料入库验收、仓库保管和发放使用环节应注意包装上标明的保质期限,以防过期失效,误发误用。

3. 防腐涂料

钢结构工程中常用的防腐涂料有:油改性系列、酚醛系列、醇酸系列、环氧系列、氯化橡胶系列、沥青系列和聚氨酯系列。

4. 防火涂料

涂于钢结构表面的防火涂料,可以形成耐火隔热保护层,从而提高钢结构的耐火极限。防火涂料根据涂层厚度及性能特点可分为两类。

(1) B 类——薄涂层型钢结构防火涂料,俗称膨胀防火涂料。涂层厚度为 2~7mm、有一定的装饰性、遇高温膨胀增厚、耐火隔热、耐火时间可达 0.5~1.5h。

(2) H 类——厚涂层型钢结构防火涂料,又称防火隔热涂料。涂层厚 8~50mm、粒状表面、密度小、导热率低、耐火时间可达 0.5~3h。

5. 钢结构涂装材料质量检验

钢结构涂装材料质量检验见表 6-11。

表 6-11　质量控制项目检验

项目		合格质量标准	检验方法	检查数量
主控项目	防腐涂料	钢结构防腐涂料、稀释剂和固化剂等材料的品种、规格和性能等应符合现行国家产品标准和设计要求	检查产品的质量合格文件、中文标识及检验报告	全数检查
	防火涂料	钢结构防火涂料的品种和技术性能应符合设计要求,并应经过具有资质的检测机构检测符合现行国家产品标准的规定		
一般项目		防腐、防火涂料的型号、名称、颜色及有效期应与其质量证明文件相符,开启后不应存在结皮、结块、凝胶等现象	观察检查	按桶数抽查 5%,且不应少于 3 桶

6.2　钢结构焊接工程

在钢结构工程中,经常需要将两个以上的钢零件、钢部件、钢构件,按一定的形式和位置关系可靠地连接在一起。连接方式有两大类:一类是通过紧固件实现的连接;另一类是通过焊接实现的连接。

6.2.1　焊接前准备工作控制要点

焊接前准备工作的控制要点有：

(1) 从事钢结构各种焊接工作的焊工,应按现行国家标准《建筑钢结构焊接技术规程》(JGJ 81)的规定,经过考试并取得合格证后方可上岗进行焊接操作。

(2) 钢结构中首次采用的钢种、焊接材料、接头形式和坡口形式,其工艺方法应按照《建筑钢结构焊接技术规程》(JGJ 81)和《钢制压力容器焊接工艺评定》(GB 4708)的规定进行焊接工艺评定,评定结果应符合设计要求。

(3) 焊接材料的选择应与母材的机械性能相匹配。对低碳钢,一般按焊接金属与母材等强度的原则选择焊接材料;对低合金高强度结构钢,一般应使焊缝金属与母材等强度或略高于母材(但不应高出 50MPa),同时焊缝金属必须具有优良的塑性、韧性和抗裂性;不同强度等级的钢材焊接时,宜采用与较低强度钢材相适应的焊接材料。

(4) 焊条、焊剂、电渣焊的熔化嘴和栓钉焊保护瓷圈,使用前应按技术说明书的烘焙时间进行烘焙后转入保温筒,低氢焊条经烘焙后放入保温筒内随用随取。

(5) 母材的焊接坡口两侧 30～50mm 内,在焊前必须彻底清除氧化皮、熔渣、锈、油、涂料、灰尘、水分等杂质。

(6) 钢结构的焊接,应视钢材的强度(钢种、板厚、接头的约束和焊缝金属中的含氢量等因素)及所使用的焊接方法来确定预热的温度和方法。碳素结构钢厚度大于 50mm、低合金高强度结构钢厚度大于 36mm 时,焊前预热温度宜为 100～150℃,焊缝两侧预热区的宽度各为焊件厚度的 2 倍以上且不应小于 100mm。

(7) 因降雨、雪、霜、雾等使母材表面潮湿(相对湿度＞80%)或遇到大风天气时不得进行露天焊接;但被焊部分被充分保护且焊工对母材采取了适当处置(加热、去潮)时,可进行焊接。当采用 CO_2 气体保护焊、环境风速大于 2m/s、原则上应停止焊接,但采取了适当的挡风措施或使用抗风式焊机时仍允许焊接(药芯焊丝电弧焊不受此限制)。

6.2.2　焊接施工质量控制要点

焊接施工的质量控制要点如下:

(1) 引弧应在焊道内进行,不允许在焊道之外的母材上打火引弧。焊缝终端的凹坑必须填满。

(2) 不同厚度的钢板对接焊时,其厚板一侧应加工成平缓过渡形状、当板厚差超过 4mm 时,厚板一侧应加工成 1:2.5～1:5 的斜度,对接处应与薄板等厚。

(3) 多层焊接宜连续施焊,每焊完一层应及时清理检查,如有影响质量的缺陷必须经处理合格后再焊。

（4）焊接完毕后应及时清理焊缝表面的熔渣及飞溅物、检查焊缝外观质量,合格后在工艺规定的部位打上焊工钢印。

（5）焊缝上同一部位的返修次数不宜超过两次,超过两次时,必须经焊接责任工程师的批准方可按返修工艺进行修补。

（6）焊缝出现裂缝时,焊工不得擅自处理,应及时报告焊接技术负责人,查清原因、指定修补措施后方可进行处理。

（7）对焊接金属中的裂纹,在修补前应用无损检测方法确定裂纹的分布范围,在去除裂纹时,应自裂纹的端头算起,去除两端至少50mm的焊缝后再进行修补。

（8）若母材中出现裂纹,原则上应更换母材。但是在得到技术负责人的认可后,可以采用局部修补措施进行处理,主要受力构件必须经原设计单位确认。

（9）焊接变形的控制有:①焊接前按反变形方向装配被焊接件,并根据经验预置一定的反变形量（反变形法）;②收缩量大的焊缝必须先焊,收缩量小的后焊;③双面对称坡口应对称焊,双面非对称坡口应先焊坡口深的、后焊坡口浅的;④长焊缝应采用跳焊（间断焊）、从中央对称焊、分段退焊等焊接顺序;⑤采用锤击焊法（除底层和面层外,其余各层均用小锤敲击）可以释放一定的焊接应力以减小变形;⑥以小电流快速、直运（直线移动焊条）焊法代替大电流慢速摆动焊法,以细焊条代替粗焊条,以多层焊代替单层焊均可削弱焊接热量集中的程度。

6.2.3　焊接施工质量检验

焊接质量检验包括外观检验和内部缺陷检验。

1. 焊缝的外观检验

（1）焊缝外观检查的主要手段有:目视观察、用肉眼或放大镜、标准样板、量规、卡尺等工具检查。

（2）焊缝表面不得有裂纹、焊瘤等缺陷。一、二级焊缝不得有表面气孔、夹渣、弧坑、裂纹及电弧擦伤,一级焊缝不得有咬边、未焊满、根部收缩等缺陷;二、三级焊缝的外观质量应符合表6-15的要求,三级对接焊缝应按二级焊缝标准进行外观检查。

2. 焊缝内部缺陷检验

（1）应在碳素结构钢的焊缝冷却到环境温度、低合金结构钢完成焊接24h以后,进行焊缝探伤检验。

（2）凡要求进行局部探伤的焊缝,发现有不允许的缺陷时,应在该缺陷两端增加探伤长度范围,增加值应为该焊缝长度的10%,且不应小于200mm;若仍有不允许的缺陷,则应对整条焊缝进行探伤检查。

3. 钢构件焊接工程质量检验

（1）钢构件焊接工程质量主控项目检验见表6-12。

表 6-12　主控项目检验

序号	项目	合格质量标准	检验方法	检查数量
1	焊接材料品种、规格和性能	焊接材料的品种、规格和性能等均应符合现行国家产品标准和设计要求；重要钢结构采用的焊接材料应进行抽样复检，复验结果应符合现行国家产品标准和设计要求	检查焊接材料的质量合格证、检验报告、复验报告	全数检查
2	材料匹配	焊条、焊丝、焊剂、电渣焊熔嘴等焊接材料与母材的匹配应符合设计要求及国家现行行业标准《建筑钢结构焊接技术规程》(JGJ 81)的规定。焊条、焊剂、药芯焊丝和熔嘴等，在使用前应按其产品说明书及焊接工艺文件的规定进行烘焙和存放	检查质量证明书和烘焙记录	
3	焊工证书	焊工必须经过考试合格并取得合格证书，持证焊工必须在其考试合格项目及认可范围内施焊	检查焊工合格证及其认可范围、有效期	
4	焊接工艺评定	施工单位对其首次采用的钢材、焊接材料、焊接方法及焊后热处理方法等，应进行焊接工艺评定，并应根据评定报告确定焊接工艺	检查焊接工艺评定报告	
5	内部缺陷检测	设计要求全焊透的一、二级焊缝应采用超声波探伤进行内部缺陷的检验，超声波探伤不能对缺陷作出判断时，应采用射线探伤，其内部缺陷分级及探伤方法应符合现行国家标准《钢焊缝手工超声波探伤方法和探伤结果分级》(GB 11345)或《钢熔化焊对接头射线照相和质量分级》(GB 3323)的规定 焊接球节点网架焊缝、螺栓球节点网架焊缝及圆管T、K、Y形节点相贯线焊缝，其内部缺陷分级及探伤方法应分别符合国家现行标准《焊接球节点钢网架焊缝超声波探伤方法及质量分级法》(JG/T 3034.1)、《螺栓球节点钢网架焊缝超声波探伤方法及质量分级法》(JG/T 3034.2)、《建筑钢结构焊接技术规程》(JGJ 81)的规定 一、二级焊缝的质量等级及缺陷分级应符合表 6-13 的规定	检查超声波或射线探伤记录	
6	组合焊缝尺寸	T形接头、十字接头、角接接头等要求熔透的对接和角对接组合焊缝，其焊脚尺寸应不小于$t/4$(图 6-1(a)、(b)、(c))；设计有疲劳验算要求的吊车梁或类似构件的腹板与上翼缘连接焊缝的焊脚尺寸为$t/2$(图 6-1(d))，且不应大于10mm。焊脚尺寸的允许偏差为0～4mm	观察检查、用焊缝量规抽查测量	资料应全数检查；同类焊缝抽查10%，且不应少于3条
7	焊缝表面缺陷	焊缝表面不得有裂纹、焊瘤等缺陷。一级、二级焊缝不得有表面气孔、夹渣、弧坑裂纹、电弧擦伤等缺陷，且一级焊缝不得有咬边、未焊满、根部收缩等缺陷	观察检查或使用放大镜、焊缝量规和钢尺检查，当存在疑义时，采用渗透或磁粉探伤检查	每批同类构件抽查10%，且应不少于3件；被抽查构件中，每一类型焊缝按条数抽查5%，且不应少于1条；每条检查1处，总数不应少于10处

表 6-13 　一、二级焊缝质量等级及缺陷分级

焊缝质量等级		一级	二级
内部缺陷超声波探伤	评定等级	Ⅱ	Ⅲ
	检验等级	B 级	B 级
	探伤比例	100%	20%
内部缺陷射线探伤	评定等级	Ⅱ	Ⅲ
	检验等级	AB 级	AB 级
	探伤比例	100%	20%

注：1. 探伤比例的计数方法应按以下原则确定：①对工厂制作焊缝，应按每条焊缝计算百分比，且探伤长度不小于
200mm，当焊缝长度不足 200mm 时，应对整条焊缝进行探伤；②对现场安装焊缝，应按同一类型、同一施焊
条件的焊缝条数计算百分比，探伤长度不应小于 200mm，且不小于 1 条焊缝。
2. 本表摘自《钢结构工程施工质量验收规范》(GB 50205—2001)。

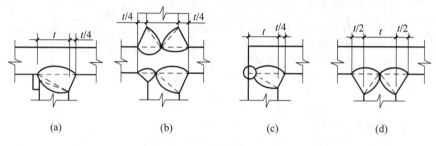

图 6-1　焊脚尺寸

（2）钢构件焊接工程质量一般项目检验见表 6-14。

表 6-14 　一般项目检验

序号	项目	合格质量标准	检验方法	检查数量
1	预热和后热处理	对于需要进行焊前预热或焊后热处理的焊缝，其预热温度或后热处理温度应符合国家现行有关标准的规定或通过工艺试验确定。预热区在焊道两侧，每侧宽度均应大于焊件厚度的 1.5 倍以上，且应不小于 100mm；焊后热处理应在焊后立即进行，保温时间应根据板厚按每 25mm 板厚 1h 确定	检查预热、后热处理施工记录和工艺试验报告	全数检查
2	焊缝外观质量	二、三级焊缝外观质量标准应符合表 6-15 的规定，三级对接焊缝应按二级焊缝标准进行外观质量检验	观察检查或使用放大镜、焊缝量规和钢尺检查	每批同类构件抽查 10%，且不应小于 3 件；被抽查构件中，每种焊缝按条数各抽查 5%，但不应少于 1 条；每条检查 1 处，总抽查数不应少于 10 处
3	焊缝尺寸偏差	焊缝尺寸允许偏差应符合表 6-16 的规定	用焊缝量规检查	

续表

序号	项目	合格质量标准	检验方法	检查数量
4	凹形角焊缝	焊成凹形的角焊缝,焊缝金属与母材间应平缓过渡;加工成凹形的角焊缝,不得在其表面留下切痕		每批同类构件抽查10%,且不少于3件
5	焊缝形状	焊缝感观应达到:外形均匀、成型较好,焊道与焊道、焊道与基本金属间过渡较平滑,焊渣和飞溅物基本清除干净	观察检查	每批同类构件抽查10%,且不小于3件;被抽查构件中,每种焊缝按数量各抽查5%,总抽查处不少于5处

表 6-15 二、三级焊缝外观质量标准

项 目	允许偏差/mm	
缺陷类型	二级	三级
未焊满（指不足设计要求）	≤0.2+0.02t,且≤1.0	≤0.2+0.04t,且≤2.0
	每100.0焊缝内缺陷总长≤25.0	
根部收缩	≤0.2+0.02t,且≤1.0	≤0.2+0.04t,且≤2.0
	长度不限	
咬边	≤0.05t,且≤0.5;连续长度≤100.0,且焊缝两侧咬边总长≤10%焊缝全长	≤0.1t且≤1.0,长度不限
弧坑裂纹	—	允许存在个别长度≤5.0的弧坑裂纹
电弧擦伤	—	允许存在个别电弧擦伤
接头不良	缺口深度0.05t,且≤0.5	缺口深度0.1t,且≤1.0
	每1000.0焊缝不应超过1处	
表面夹渣	—	深≤0.2t,长≤0.5t,且≤20.0
表面气孔	—	每50.0焊缝长度内允许直径≤0.4t,且≤3.0的气孔2个,孔距≥6倍孔径

注：1. 表内 t 为连接处较薄的板厚；

2. 本表摘自《钢结构工程施工质量验收规范》(GB 50205—2001)。

表 6-16 对接焊缝及完全熔透组合焊缝尺寸允许偏差　　　　　mm

序号	项 目	图 例	允许偏差	
			一、二级	三级
1	对接焊缝余高 C		B<20：0~3.0 B≥20：0~4.0	B<20：0~4.0 B≥20：0~5.0
2	对接焊缝错边 d		D≤0.15t,且≤2.0	d≤0.15t,且≤3.0

4. 焊钉(栓钉)焊接工程质量控制项目检验

焊钉(栓钉)焊接工程质量控制项目检验见表 6-17。

表 6-17　控制项目检验

	项目	合格质量标准	检验方法	检查数量
主控项目	工艺评定	施工单位对其采用的焊钉和钢材焊接应进行焊接工艺评定,其结果应符合设计要求和现行国家有关标准的规定,瓷环应按其产品说明书进行烘焙	检查焊接工艺评定报告和烘焙记录	全数检查
	焊后弯曲试验	焊钉焊接后应进行弯曲试验检查,其焊缝和热影响区不应有肉眼可见的裂纹	焊钉弯曲30°后用角尺检查和观察检查	每批同类构件抽查10%;被抽查构件中,每件检查焊钉数量的1%,但不应少于1个
一般项目	焊缝外观质量	焊钉根部焊脚应均匀,焊脚立面的局部未熔合或不足360°的焊脚应进行修补	观察检查	按总焊钉数量抽查1%,且不应少于10个

6.3　钢结构紧固连接工程

钢结构的紧固连接是采用铆钉、普通螺栓、高强度螺栓及自攻钉、射钉、拉铆钉,将两个以上的零件、部件或构件连接成整体的一种连接方法。紧固连接具有结构简单、紧固可靠、装拆方便、施工迅速等特点。

6.3.1　螺栓紧固连接施工质量控制要点

螺栓紧固连接施工质量控制要点如下:

(1) 被连接件之间相互贴合的表面,被连接件与紧固螺栓、螺母的贴合的表面均应进行喷砂处理或用酸洗处理或用砂轮打磨,糙化表面,砂轮打磨的纹理应与受力方向垂直,且表面不应有毛刺。

(2) 连接前,经糙化处理的表面应无锈或进行除锈处理。

(3) 摩擦型高强度螺栓连接施工前,钢结构制作单位和施工单位应按规定分别进行高强度螺栓连接摩擦面的抗滑移系数试验和复验。现场处理的构件摩擦面应单独进行摩擦面抗滑移系数试验。

(4) 高强度螺栓应顺畅穿入螺栓孔内,严禁强行打入。若无法穿入时,应用铰刀或钻头扩孔、修孔,不允许采用气割扩孔。修孔后的最大孔径应小于螺栓公称直径的1.2倍。

(5) 高强度螺栓安装时,每个节点上应穿入的临时螺栓的数量不得少于安装孔的1/3,且不得少于2个,冲钉的使用数量不得多于临时螺栓的30%。非临时螺栓全部拧紧后,必须将临时螺栓全部更换,临时螺栓可用普通螺栓,不得将连接用高强螺栓兼作临时螺栓。

(6) 待所有连接螺栓全部穿入孔中后,才可以拧紧螺母,拧紧时应按"先中央,后四周,对称向外推进,分次循环逐步拧紧"的原则,每次循环的拧紧力应基本一致。

（7）高强度螺栓的紧固应分二次拧紧（初拧和终拧），大型节点应分为三次拧紧（初拧、复拧、终拧）。拧紧工具宜使用电动扳手或测力扳手（扭矩扳手）。螺栓的终拧应在 24h 内完成。

（8）施工所用扭矩扳手，在班前必须校正、班后必须校验，扭矩误差不得大于±5%。检查用扭矩扳手的扭矩误差不得大于±3%。

（9）每颗螺栓的初拧、复拧、终拧完成后均应（用不同颜色的漆）作不同的标记，以免重拧、漏拧。终拧后，外露的螺纹不应少于 2 扣。

（10）当日安装的螺栓，应在当日完成终拧，并在收工前完成检查、测定。对欠拧、漏拧的螺栓应予以补拧；对超拧的螺栓，应及时更换，且换下来的螺栓副不允许再次使用。

（11）所有终拧时未被拧掉梅花头的扭剪型高强度螺栓连接副均应采用扭矩法或转角法进行终拧扭矩检查。

（12）安装高强度螺栓时，构件的摩擦表面应干燥，不得在雨中作业。

6.3.2　紧固连接质量检验

紧固连接质量检验有：

（1）普通螺栓连接质量主控项目检验见表 6-18

表 6-18　主控项目检验

序号	项目	合格质量标准	检验方法	检查数量
1	成品进场	普通螺栓、铆钉、自攻钉、拉铆钉、射钉、锚栓（机械型和化学试剂型）、地脚锚栓等紧固标准件及螺母、垫圈等标准配件，其品种、规格、性能等应符合现行国家产品标准和设计要求	检查产品的质量合格证明文件、中文标识及检验报告等	全数检查
2	螺栓实物复验	普通螺栓作为永久性连接螺栓时，当设计有要求或对其质量有疑义时，应进行螺栓实物最小拉力载荷复验，其结果应符合现行国家标准《紧固件机械性能螺栓、螺钉和螺柱》（GB 3098）的规定	检查螺栓实物复验报告	每一规格螺栓抽查 8 个
3	匹配及间距	连接薄钢板采用的自攻钉、拉铆钉、射钉等的规格尺寸应与被连接钢板相匹配，间距、边距等应符合设计要求	观察和尺量检查	按连接节点数抽查 1%，且不应少于 3 个

（2）普通紧固件连接质量一般项目检验见表 6-19。

表 6-19　一般项目检验

序号	项目	合格质量标准	检验方法	检查数量
1	螺栓紧固	永久性普通螺栓紧固应牢固、可靠，外露螺纹应不少于 2 个螺距	观察或用小锤敲击检查	按连接节点数抽查 10%，且不应少于 3 个
2	外观质量	自攻螺钉、钢拉铆钉、射钉等与连接钢板应紧固密贴，外观排列整齐		

（3）高强度螺栓连接质量主控项目检验见表6-20。

表6-20　主控项目检验

序号	项目	合格质量标准	检验方法	检查数量
1	成品进场	钢结构连接用高强度大六角螺栓连接副、扭剪型高强度螺栓连接副、钢网架用高强螺栓,其品种、规格、性能等应符合现行国家产品标准和设计要求。高强度大六角头螺栓连接副和扭剪型高强度螺栓连接副出厂时应分别随箱带有扭矩系数和紧固轴力(预拉力)的检验报告(随货同行)	检查产品的质量合格证明文件、中文标识及检验报告等	全数检查
2	扭矩系数	高强度大六角头螺栓连接副应按规定检验其扭矩系数,其检验结果应符合规定	检验复验报告	每批抽取8套连接副
	预拉力复验	扭剪型高强度螺栓连接副应按规定检验预拉力,其检验结果应符合规定		
3	抗滑移系数试验	钢结构制作和安装单位应按规定分别进行高强度螺栓连接摩擦面的抗滑移系数试验和复验,现场处理的构件摩擦面应单独进行摩擦面抗滑移系数试验,其结果应符合设计要求	检查摩擦面抗滑移系数试验报告和复验报告	按钢结构制作每种表面处理工艺、每2000t(含不足2000t)为一批,每批三组试件(试件应由钢结构制造厂提供)
4	高强度螺栓连接副终拧扭矩检验	高强度大六角头螺栓连接副终拧完成1h后、48h内应进行终拧扭矩检查,检查结果应符合规定	扭矩法检验、转角法检验	按节点数抽查10%,且应不少于10个;每个被抽查节点按螺栓数抽查10%,且不应少于2个
		扭剪型高强度螺栓连接副终拧后,除因构造原因无法使用专用扳手终拧掉梅花头的外,未在终拧中拧掉梅花头的螺栓数应不大于该节点螺栓数的5%。对所有梅花头未拧掉的扭剪型高强度螺栓连接副应采用扭矩法或转角法进行终拧并作标记,且按上条标准的规定进行连接副的终拧扭矩检查	观察检查	按节点数抽查10%,但应不少于10个节点,被抽查节点中梅花头未拧掉的扭剪型高强度螺栓连接副全数进行终拧扭矩检查

（4）高强度螺栓连接质量一般项目检验见表6-21。

表6-21　一般项目检验

序号	项目	合格质量标准	检验方法	检查数量
1	成品进场检验	高强度螺栓连接副,应按包装箱配套供货,包装箱上应标明批号、规格、数量及生产日期;螺栓、螺母、垫圈外观表面应涂油保护,不应出现生锈和沾染赃物,螺纹不应损伤。	观察检查	按包装箱数抽查5%,且不应少于3箱
2	表面硬度试验	对建筑结构安全等级为一级、跨度40m及以上的螺栓球节点钢网架结构,其连接高强度螺栓应进行表面硬度试验。8.8级的高强度螺栓的硬度应为HRC21～29;10.9级高强度螺栓的硬度应为HRC32～36,且不得有裂纹或损伤	硬度计、10放大镜或磁粉探伤	按规格抽查8只

续表

序号	项目	合格质量标准	检验方法	检查数量
3	初拧、复拧扭矩	高强度螺栓连接副的施拧顺序和初拧、复拧扭矩应符合设计要求和国家现行行业标准《钢结构高强度螺栓连接的设计施工及验收规范》(JGJ 82)的规定	检查扭矩扳手标定记录和螺栓施工记录	全数检查资料
4	连接外观质量	高强度螺栓连接副终拧后,螺栓螺纹外露应为2～3个螺距,其中允许有10%的螺栓螺纹外露1个螺距或4个螺距	观察检查	按节点数抽查5%,且不应少于10个
5	摩擦面外观	高强度螺栓连接摩擦面应保持干燥、整洁,不应有飞边、毛刺、焊接飞溅物、焊疤、氧化铁皮、污垢等,除设计要求外摩擦面不应涂漆	观察检查	全数检查
6	扩孔	高强度螺栓应自由穿入螺栓孔。高强度螺栓孔不应采用气割扩孔,扩孔数量应征得设计单位同意,扩孔后的孔径不应超过1.2d(d为螺栓公称直径)	观察检查及用卡尺检查	被扩螺栓孔全数检查
7	球节点连接	螺栓球节点网架总拼完成后,高强度螺栓与球节点应紧固连接,高强度螺栓拧入螺栓球内的螺纹长度不应小于1.0d(d为螺栓公称直径)连接处不应出现间隙、松动等未拧紧的情况	普通扳手和尺量检查	按节点数抽查5%,且不应少于10个

6.4　钢零件及钢部件加工制造工程

钢零件和钢部件是钢结构拼装的基本要素,钢构件基本上都是由钢板、型钢焊接而成。其中一部分在工厂预制、现场拼装,一部分在施工现场制造。钢零件、钢部件的制作过程就是钢结构主要部分形成的过程,必须对其原材料、制作工艺、加工质量进行严格控制,检验批次可按相应的钢结构制作或钢结构安装工程检验批的划分原则划分为一个或若干个检验批。

6.4.1　钢材切割下料

1. 放样的质量控制要点

钢构件制作的第一道工序就是对钢板、型钢进行切割下料,为了保证下料尺寸的一致性,避免因多次测量、划线带来的尺寸偏差以及焊接、拼装给构件整体尺寸带来的偏差,应在下料前制作一个专门用于下料划线或控制焊接成型尺寸的样板,工程中称"放样",即:按设计中对构件各部分外形尺寸、安装尺寸、孔距、孔径、孔数的要求,以1∶1的比例,用薄铁皮(厚约0.5mm)作成实体样板。以样板作为专用的标尺控制划线下料和成型后的尺寸精度。样板分为号料样板(样杆)和成型样板两种。前者用于划线下料,后者用于卡型和检查曲线成型偏差。

（1）在制作样板时，应根据后续加工工艺的要求，在设计尺寸上，预留出后续加工余量。

（2）样板制成后应标明零件号及制作数量、材料规格、坡口形式、角度、对接材料编号等。

（3）号料样板尺寸偏差要求：长、宽，±1.0mm；对角线，±1.0mm；相邻孔中心距，±0.5mm；两端孔中心距，±1.0mm；两排孔中心距，±0.5mm。

2. 钢材切割下料质量控制要点

（1）钢材机械矫正应在常温下进行，矫正后的钢材表面不应有凹陷、凹痕及其他损伤。

（2）碳素结构钢和低合金钢高强度结构钢，允许加热矫正，加热温度严禁超过900℃。

（3）牌号为Q345、Q390、35#、45#的钢材的零、部件受热后，必须自然冷却，禁止浇水冷却。

3. 钢材切割下料的质量检验

钢材切割下料一般采用等离子切割、乙炔气切割，对薄钢板采用机械剪切、砂轮锯切等方式。

（1）钢材切割加工质量的主控项目检验见表6-22。

表 6-22　主控项目检验

项目	合格质量标准	检验方法	检查数量
材料品种规格	制造零部件所用的钢材、钢铸件的品种、牌号、规格和性能均应符合现行国家标准和设计要求。进口钢材的产品质量应符合设计和合同规定标准的要求	检查质量合格证、中文标识、出厂检验报告、复检报告	全数检查
进场复检	以下情况应进行抽样复检：①国外进口钢材；②钢材混批或对质量有疑义的；③板厚大于40mm，且设计中对Z向性能有要求的；④建筑结构安全等级为一级，大跨度钢结构中主要受力构件所用的钢材；⑤设计要求复检的。复检结果应符合现行国家标准和设计要求	检查复检报告	按现行国家产品标准的抽样规则
切面质量	钢材切割面或剪切面应无裂纹，夹渣、分层和大于1mm的缺棱	使用放大镜，必要时采用渗透、磁粉或超声波探伤	全数检查
矫正温度	碳素结构钢在环境温度低于−16℃，低合金结构钢在环境温度低于−12℃时，不应进行冷矫正和冷弯曲。碳素结构钢和低合金结构钢在进行加热矫正时，温度不应超过900℃。低合金结构钢在加热矫正后应自然冷却 当钢零件采用加热成型时，加热温度应控制在900～1000℃，碳素结构钢和低合金钢在温度分别下降到700℃和800℃之前应结束加工。低合金结构钢在加热成型后应自然冷却	检查制作工艺报告和施工记录	全数检查
切面加工	气割或机械剪切的零件，需要进行边缘加工时应对切面进行刨削加工，最小刨削量不应小于2mm		

（2）钢材切割加工质量一般项目检验见表 6-23。

表 6-23 一般项目检验

序号	项目	合格质量标准	检验方法	检查数量
1	材料规格尺寸	钢板厚度及允许偏差应符合其产品标准的要求 型钢的规格尺寸及允许偏差应符合其产品标准的要求	用钢尺和游标卡尺量测	每一品种、规格的钢板抽查 5 处
2	钢材表面质量	钢材的表面外观质量除应符合国家现行有关标准的规定外,还应符合下列规定:①当钢材的表面有锈蚀、麻点或划痕等缺陷时,其深度不得大于该钢材厚度负允许偏差值的 1/2;②钢材表面的锈蚀等级应符合现行国家标准《涂装前钢材表面锈蚀等级和除锈等级》(GB 8923)规定的 C 级及 C 级以上;③钢材端边或断口处不应有分层、夹渣等缺陷	观察检查	全数检查
3	切割精度	气割的允许偏差应符合表 6-24 的规定,机械剪切的允许偏差应符合表 6-25 的规定	观察检查或用钢尺、塞尺检查	按切割面数抽查 10%,且不应少于 3 个
4	矫正质量	矫正后的钢材表面,不应有明显的凹面或损伤,划痕深度不得大于 0.5mm,且不应大于该钢材厚度负允许偏差的 1/2	观察检查和实测检查	全数检查
		冷矫正和冷弯曲的最小曲率半径和最大弯曲矢高应符合表 6-26 的规定。钢材矫正后的允许偏差,应符合表 6-27 的规定		按冷矫正和冷弯曲的件数抽查 10%,且不应少于 3 个
5	边缘加工精度	边缘加工允许偏差应符合表 6-28 的规定	观察检查和实测检查	按加工面数抽查 10%,且不应小于 3 件

表 6-24 气割的允许偏差   mm

项　　目	允　许　偏　差
零件宽度、长度	±3.0
切割面平面度	$0.05t$,且不应大于 2.0
割纹深度	0.3
局部缺口深度	1.0

注:1. t 为切割面厚度;
2. 本表摘自《钢结构工程施工质量验收规范》(GB 50205—2001)。

表 6-25 机械剪切的允许偏差   mm

项　　目	允　许　偏　差
零件宽度、长度	±3.0
边缘缺棱	1.0
型钢端部垂直度	2.0

注:本表摘自《钢结构工程施工质量验收规范》(GB 50205—2001)。

表 6-26　冷矫正和冷弯曲的最小曲率半径和最大弯曲矢高　　　　　　mm

钢材类别	图　　例	对应轴	矫正		弯曲	
			r	f	r	f
钢板扁钢		$x-x$	$50t$	$l^2/400t$	$25t$	$l^2/200t$
		$y-y$ （仅对扁钢轴线）	$100b$	$l^2/800b$	$50b$	$l^2/400b$
角钢		$x-x$	$90b$	$l^2/720b$	$45b$	$l^2/360b$
槽钢		$x-x$	$50h$	$l^2/400h$	$25h$	$l^2/200h$
		$y-y$	$90b$	$l^2/720b$	$45b$	$l^2/360b$
工字钢		$x-x$	$50h$	$l^2/400h$	$25h$	$l^2/200h$
		$y-y$	$50b$	$l^2/400b$	$25b$	$l^2/200b$

注：1. r 为曲率半径；f 为弯曲矢高；l 为弯曲弦长；t 为钢板厚度；b 为宽度；

　　2. 本表摘自《钢结构工程施工质量验收规范》(GB 50205—2001)。

表 6-27　钢材矫正后的允许偏差　　　　　　mm

项　　目		允　许　偏　差	图　　例
钢板局部 平面度	$t \leqslant 14$	1.5	
	$t > 14$	1.0	
型钢弯曲矢高		$l/1000$，且不应大于 5.0	
角钢肢的垂直度		$b/100$，双肢栓接角钢的角度不得大于 90°	

续表

项 目	允 许 偏 差	图 例
槽钢翼缘对腹板的垂直度	$b/80$	
工字钢、H 型钢翼缘对腹板的垂直度	$b/100$ 且不大于 2.0	

注：本表摘自《钢结构工程施工质量验收规范》(GB 50205—2001)。

表 6-28　边缘加工的允许偏差　　　　　　　　　　　mm

项 目	允 许 偏 差
零件宽度、长度	± 1.0
加工边直线度	$l/3000$，且不应大于 2.0
相邻两边夹角	$\pm 6'$
加工面垂直度	$0.025t$，且不应大于 0.5
加工面表面粗糙度	$\overset{50}{\triangledown}$

注：本表摘自《钢结构工程施工质量验收规范》(GB 50205—2001)。

6.4.2　管、球加工

1. 节点球及杆件的加工质量主控项目检验

节点球及杆件的加工质量主控项目检验见表 6-29。

表 6-29　主控项目检验

序号	项目	合格质量标准	检验方法	检查数量
1	材料品种、规格和性能	制造焊接球、螺栓球、封板、锥头及套筒所用的原材料，其品种、规格和性能等应符合现行国家产品标准和设计要求	检查产品的质量合格证明文件、中文标识及检验报告等	全数检查
2	螺栓球加工	螺栓球不应有过烧、裂纹及褶皱	用 10 倍放大镜观察或表面探伤	每种规格抽查 5%，且不应少于 5 个
3	焊接球加工	钢板压成半圆球后，表面不应有裂纹、褶皱；焊接球其对接坡口应采用机械加工，对接焊缝表面应打磨平整		

2. 节点球及杆件加工质量一般项目检验

节点球及杆件加工质量的一般项目检验见表 6-30。

表 6-30　一般项目检验

序号	项目	合格质量标准	检验方法	检查数量
1	螺栓球加工精度	螺栓球加工的允许偏差应符合表 6-31 的规定	见表 6-31	每种规格抽查 10%，且不应少于 5 个
2	焊接球加工精度	焊接球加工允许偏差应符合表 6-32 的规定	见表 6-32	每种规格抽查 10%，且不应少于 5 个
3	管件加工精度	钢网架(桁架)用钢管杆件加工的允许偏差应符合表 6-33 的规定	见表 6-33	每种规格抽查 10%，且不应少于 5 根

表 6-31　螺栓球加工的允许偏差　　　　　　　　　　mm

项　　目		允许偏差	检验方法
圆度	$d \leqslant 120$	1.5	用卡尺和游标卡尺检查
	$d > 120$	2.5	
同一轴线上两铣平面平行度	$d \leqslant 120$	0.2	用百分表、V 形块检查
	$d > 120$	0.3	
铣平面距球中心距离		±0.2	用游标卡尺检查
相邻两螺纹孔中心线夹角		±30′	用分度头检查
两铣平面与螺纹孔轴线垂直度		$0.005r$	用百分表检查
球毛坯直径	$d \leqslant 120$	+2.0 −1.0	用卡尺和游标卡尺检查
	$d > 120$	+3.0 −1.5	

注：1. d 为螺栓球的直径，r 为螺栓球的半径；
　　2. 本表摘自《钢结构工程施工质量验收规范》(GB 50205—2001)。

表 6-32　焊接球加工的允许偏差　　　　　　　　　　mm

项　　目	允许偏差	检验方法
直径	±0.005d 且不大于±2.5	用卡尺和游标深度尺检查
圆度	2.5	
壁厚减薄量	0.13t,且不应大于 1.5	用卡尺和测厚仪检查
两半球对口错边	1.0	用套模和游标深度尺检查

注：1. t 为焊接球的壁厚；
　　2. 本表摘自《钢结构工程施工质量验收规范》(GB 50205—2001)。

表 6-33　钢网架(桁架)用钢管杆件加工的允许偏差　　　　　　mm

项　　目	允许偏差	检验方法
长度	±1.0	用钢尺和百分表检查
端面对管轴的垂直度	$0.005r$	用百分表 V 性块检查
管口曲线	1.0	用套模和游标卡尺检查

注：1. r 为钢管的半径；
　　2. 本表摘自《钢结构工程施工质量验收规范》(GB 50205—2001)。

6.4.3　螺栓孔加工

1. 螺栓孔加工质量主控项目检验

螺栓孔加工质量的主控项目检验见表 6-34。

表 6-34　主控项目检验

项目	合格质量标准	检验方法	检查数量
螺栓孔	A、B 级螺栓孔（Ⅰ 类孔）应具有 H12 的精度,孔壁表面粗糙度 Ra 不应大于 $12.5\mu m$。其孔径的允许偏差应符合表 6-35 的规定。C 级螺栓孔（Ⅱ 类孔）,孔壁表面粗糙度 Ra 不应大于 $25\mu m$,其允许偏差应符合表 6-36 的规定	用游标卡尺或孔径规检查	按钢结构数量抽查 10%,且不应少于 3 件

表 6-35　A、B 级螺栓孔径的允许偏差　　　　　　mm

序号	螺栓公称直径、螺栓孔直径	螺栓公称直径允许偏差	螺栓孔直径允许偏差
1	10～18	0.00 −0.18	+0.18 0.00
2	18～30	0.00 −0.21	+0.21 0.00
3	30～50	0.00 −0.25	+0.25 0.00

注：本表摘自《钢结构工程施工质量验收规范》(GB 50205—2001)。

表 6-36　C 级螺栓孔的允许偏差　　　　　　mm

项　目	允　许　偏　差
直径	+0.1 0.0
圆度	2.0
垂直度	$0.03t$,且不应大于 2.0

注：1. t 为板厚；
　　2. 本表摘自《钢结构工程施工质量验收规范》(GB 50205—2001)。

2. 螺栓加工质量一般项目检验

螺栓孔加工质量的一般项目检验见表 6-37。

表 6-37　一般项目检验

序号	项目	合格质量标准	检验方法	检查数量
1	螺栓孔孔距	螺栓孔孔距的允许偏差应符合表 6-38 的规定	用钢尺量测	按钢结构件数抽查 10%,且不应少于 3 件
2	孔距修正	螺栓孔孔距的偏差超出表 6-38 的规定偏差时,应采用与母材材质相匹配的焊条补焊后重新制孔	观察检查	全数检查

表 6-38   螺栓孔孔距允许偏差   mm

螺栓孔孔距范围	≤500	501~1200	1201~3000	>3000
同一组内任意两孔间距离	±1.0	±1.5	—	—
相邻两组的端孔间距离	±1.5	±2.0	±2.5	±3.0

注：1. 在节点中连接板与一根杆件相连的所有螺栓孔为一组；

2. 对接接头在拼接板一侧的螺栓孔为一组；

3. 在两相邻节点或接头间的螺栓孔为一组，但不包括上述两款所规定的螺栓孔；

4. 受弯构件翼缘上的连接螺栓孔，每米长度范围内的螺栓孔为一组；

5. 本表摘自《钢结构工程施工质量验收规范》(GB 50205—2001)。

6.5   钢构件组装工程

6.5.1   钢构件组装质量控制要点

钢构件组装的质量控制要点如下：

(1) 钢构件组装应按施工工艺规定的组装顺序进行。当有隐蔽焊缝时，必须先施焊，经检验合格方可覆盖。当复杂部位不易施焊时，亦须按工序顺序分别先后组装和施焊。严禁不按工序顺序组装和强力组对。

(2) 组装焊接时，一般应先采取小件组焊，经矫正后，再进行大部件组装。胎具及组装的首个成品须经过严格检验合格后方可大批进行组装工作。

(3) 板材、型材需要焊接时，应在部件或构件整体组装前完成；部件组装、焊接、矫正应在构件整体组装前完成。

(4) 构件的隐蔽部位应先行焊接涂装，并经检验合格后方可组合；完全封闭的内表面可不涂装。

(5) 构件组装应在适当的工作平台或装配胎膜上进行。

(6) 胎膜或组装大样定型后，应进行自检及质检人员复检，检查合格后方可用于施工。

(7) 组装前，连接表面及焊缝每边 30~50mm 范围内的铁锈、毛刺、油污及潮气等必须清除干净，并露出金属光泽。

(8) 应根据金属结构的实际情况，选用或制作相应的装配胎具(如组装平台、铁凳、胎架等)和工装夹具，不得在结构上焊接临时固定件、支撑件。工夹具及吊耳必须焊接固定在构件上时，其材质及所用的焊接材料应与该构件相同；使用后需除掉的，不得用锤强力打击损伤母材，应用气割去掉，残留痕迹应进行打磨、修整。

(9) 除工艺要求外，板叠上所有螺栓孔、铆钉孔等均应采用量规检查，其通过率应符合以下规定：用比孔的直径小 1.0mm 量规检查时，每组孔的通过率不应小于 85%；用比螺栓公称直径大 0.3mm 的量规检查时，应全部通过；量规不能通过的孔，应经施工图编制单位同意后，方可扩钻或补焊后重新钻孔，扩钻后的孔径不得大于原设计孔径 2.0mm，补孔时应制定焊补工艺方案，经过审查批准后，用与母材强度相应的焊条补焊，不得用钢块填塞，处理后应进行记录。

6.5.2 钢构件组装质量检验

1. 钢构件组装工程质量主控项目检验

钢构件组装工程质量主控项目检验见表6-39。

表6-39 主控项目检验

序号	项　　目	合格质量标准	检 验 方 法	检 查 数 量
1	吊车梁(桁架)	吊车梁和吊车桁架不应下挠	构件直立,在两端进行支承后用水准仪和钢尺检查	全数检查
2	端部铣平精度	端部铣平的允许偏差应符合表6-40的规定	用钢尺、角尺、塞尺等检查	按铣平面数量抽查10%,且不应少于3个
3	钢构件外形尺寸	钢构件外形尺寸主控项目的允许偏差应符合表6-41的规定	用钢尺检查	全数检查

表6-40 端部铣平的允许偏差　　　　　　　mm

项　　目	允 许 偏 差	项　　目	允 许 偏 差
两端铣平时构件长度	±2.0	铣平面的平面度	0.3
两端铣平时零件长度	±0.5	铣平面对轴线的垂直度	$l/1500$

注:1. l 为构件的长度;
　　2. 本表摘自《钢结构工程施工质量验收规范》(GB 50205—2001)。

表6-41 钢构件外形尺寸主控项目的允许偏差　　　　　　　mm

项　　目	允 许 偏 差
单层柱、梁、桁架受力支托(支承面)表面至第一个安装孔距离	±1.0
多节柱铣平面至第一个安装孔距离	±1.0
实腹梁两端最外侧安装孔距离	±3.0
构件连接处的截面几何尺寸	±3.0
柱、梁连接处腹板的中心线偏移	2.0
受压构件(杆件)弯曲矢高	$l/1000$,且不应大于10.0

注:1. l 为构件的长度;
　　2. 本表摘自《钢结构工程施工质量验收规范》(GB 50205—2001)。

2. 钢结构组装工程一般项目检验

钢结构组装工程一般项目检验见表6-42。

表6-42 一般项目检验

序号	项目	合格质量标准	检 验 方 法	检 查 数 量
1	焊接H型钢接缝	焊接H型钢的翼缘板拼接缝和腹板拼接缝的间距不应小于200mm。翼缘板拼接长度应不小于2倍板宽;腹板拼接宽度应不小于300mm,长度应不小于600mm	观察和用钢尺检查	全数检查

序号	项目	合格质量标准	检验方法	检查数量
2	焊接 H 型钢精度	焊接 H 型钢的允许偏差应符合表 6-43 的规定	用钢尺、角尺、塞尺等检查	按钢构件数抽查 10%，且不应少于 3 件
3	焊接	焊接连接组装的允许偏差应符合表 6-44 的规定	用钢尺检查	
4	顶紧接触面	顶紧接触面应有 75% 以上的面积紧贴	用 0.3mm 塞尺检查，其塞入面积应小于 25%，边缘间隙应不大于 0.8mm	按接触面的数量抽查 10%，且不应小于 10 个
5	轴线交点错位	桁架结构杆件轴线交点错位的允许偏差不得大于 3.0mm	尺量检查	按构件数抽查 10%，且不应少于 3 个 每个抽查构件按节点数抽查 10%，且不应少于 3 个节点
6	焊缝坡口精度	安装焊缝坡口的允许偏差应符合表 6-45 的规定	用焊缝量规检查	按坡口数量抽查 10%，且不应少于 3 条
7	铣平面保护	外露铣平面应防锈保护	观察检查	全数检查
8	钢构件外形尺寸	钢构件外形尺寸一般项目的允许偏差应符合表 6-46 ~ 表 6-52 的规定	见表 6-46 ~ 表 6-52	按构件数量抽查 10%，且不应少于 3 件

表 6-43　焊接 H 形钢的允许偏差　　　　　　　　mm

项　目		允 许 偏 差	图　例
截面高度	$h<500$	±2.0	
	$500<h<1000$	±3.0	
	$h>1000$	±4.0	
截面宽度 b		±3.0	
腹板中心偏移		2.0	
翼缘板垂直度 Δ		$b/100$，且不应大于 3.0	
弯曲矢高（受压构件除外）		$l/1000$，且不应大于 10.0	
扭曲		$h/250$，且不应大于 5.0	

续表

项　目		允 许 偏 差	图　例
腹板局部平面度 f	$t<14$	3.0	
	$t\geqslant14$	2.0	

注：1. l 为构件的长度；t 为板的厚度；

　　2. 本表摘自《钢结构工程施工质量验收规范》(GB 50205—2001)。

表 6-44　焊接连接制作组装的允许偏差　　　　　　　　　　mm

项　目		允 许 偏 差	图　例
对口错边 $\triangle$		$t/10$，且不应大于 3.0	
间隙 a		±1.0	
搭接长度 a		±5.0	
缝隙 $\triangle$		1.5	
高度 h		±2.0	
垂直度 $\triangle$		$b/100$，且不应大于 3.0	
中心偏移 e		±2.0	
型钢错位	连接处	1.0	
	其他处	2.0	
箱型截面的截面高度 h		±2.0	
宽度 b		±2.0	
垂直度 $\triangle$		$b/200$，且不应大于 3.0	

注：本表摘自《钢结构工程施工质量验收规范》(GB 50205—2001)。

表 6-45　安装焊缝坡口的允许偏差

项　　目	允　许　偏　差
坡口角度	±5°
钝边	±1.0mm

注：本表摘自《钢结构工程施工质量验收规范》(GB 50205—2001)。

表 6-46　单层钢柱外形尺寸的允许偏差　　　　　　　　　　mm

项　　目		允许偏差	检验方法	图　　例
柱底面到柱端与桁架连接的最上一个安装孔的距离 l		$\pm l/1500$ ± 15.0	用钢尺检查	
柱底面到牛腿支承面的距离 l_1		$\pm l_1/2000$ ± 8.0		
牛腿面的翘曲 Δ		2.0	用拉线、直角尺和钢尺检查	
柱身弯曲矢高		$H/1200$,且不应大于 12.0		
柱身扭曲	牛腿处	3.0		
	其他处	8.0		
柱截面几何尺寸	连接处	± 3.0	用钢尺检查	
	非连接处	± 4.0		
翼缘对腹板的垂直度 Δ	连接处	1.5	用直角尺和钢尺检查	
	其他处	$b/100$,且不应大于 5.0		
柱脚底板平面度		5.0	用1m直尺和塞尺检查	
柱脚螺栓孔中心对柱轴线的距离 a		3.0	用钢尺检查	

注：本表摘自《钢结构工程施工质量验收规范》(GB 50205—2001)。

表 6-47 多节钢柱外形尺寸的允许偏差 mm

项 目		允许偏差	检验方法	图 例
一节柱高度 H		±3.0	用钢尺检查	
两端最外侧安装孔距 l_3		±2.0		
铣平面到第一个安装孔距离 a		±1.0		
柱身弯曲矢高 f		$H/1500$,且不应大于 5.0	用拉线和钢尺检查	
一节柱的柱身扭曲		$h/250$,且不应大于 5.0	用拉线、吊线和钢尺检查	
牛腿端孔到柱轴线距离 l_2		±3.0	用钢尺检查	
牛腿的翘曲或扭曲 $\triangle$	$l_2 \leqslant 1000$	2.0	用拉线、直角尺和钢尺检查	
	$l_2 > 1000$	3.0		
柱截面尺寸	连接处	±3.0	用钢尺检查	
	非连接处	±4.0		
柱脚底板平面度		5.0	用直尺和塞尺检查	
翼缘板对腹板的垂直度	连接处	1.5	用直角尺和钢尺检查	
	其他处	$b/100$,且不应大于 5.0		
柱脚螺栓孔对柱轴线的距离 a		3.0	用钢尺检查	
箱型截面连接处对角线差 $\lvert l_1 - l_2 \rvert$		3.0		
箱型柱身板垂直度		$h(b)/150$,且不应大于 5.0	用直角尺和钢尺检查	

注:本表摘自《钢结构工程施工质量验收规范》(GB 50205—2001)。

表 6-48　焊接实腹钢梁外形尺寸的允许偏差　　　　　　　　　mm

项　目		允许偏差	检验方法	图　例
梁长度 l	端部有凸缘支座板	0 −5.0	用钢尺检查	
	其他形式	±l/2500 ±10.0		
端部高度 h	$h≤2000$	±2.0		
	$h>2000$	±3.0		
拱度	设计要求起拱	±l/5000	用拉线和钢尺检查	
	设计未要求起拱	10.0 −5.0		
侧弯矢高		l/2000,且不应大于10.0		
扭曲		l/250,且不应大于10.0	用拉线、吊线和钢尺检查	
腹板局部平面度	$t≤14$	5.0	用1m直尺和塞尺检查	
	$t>14$	4.0		
翼缘板对腹板的垂直度		b/100,且不应大于3.0	用直角尺和钢尺检查	
吊车梁上翼缘与轨道接触面平面度		1.0	用200mm、1m直尺和塞尺检查	
箱型截面对角线差		5.0	用钢尺检查	
箱型截面两腹板至翼缘板中心线距离 a	连接处	1.0		
	其他处	1.5		
梁端板的平面度(只允许凹进)		h/500,且不应大于2.0	用直角尺和钢尺检查	
梁端板与腹板的垂直度		h/500,且不应大于2.0		

注：1. t 为板厚；

　　2. 本表摘自《钢结构工程施工质量验收规范》(GB 50205—2001)。

表 6-49　钢桁架外形尺寸的允许偏差　　　　　　　　　　　　mm

项　目		允许偏差	检验方法	图　例
桁架最外端两个孔或两端支承面最外侧距离	$l\leqslant 24m$	$+3.0$ -7.0	用钢尺检查	
	$l>24m$	$+5.0$ -10.0		
桁架跨中高度		± 10.0		
桁架跨中拱度	设计要求起拱	$\pm l/5000$		
	设计未要求起拱	10.0 -5.0		
相邻节间弦杆弯曲(受压除外)		$l/1000$		
支承面到第一个安装孔距离 a		± 1.0		
檩条连接支座间距		± 5.0		

注：本表摘自《钢结构工程施工质量验收规范》(GB 50205—2001)。

表 6-50　钢管构件外形尺寸的允许偏差　　　　　　　　　　　　mm

项　目	允许偏差	检验方法	图　例
直径 d	$\pm d/500$ ± 5.0	用钢尺检查	
构件长度 l	± 3.0		
管口圆度	$d/500$,且不应大于 5.0		
管面对管轴的垂直度	$d/500$,且不应大于 3.0	用焊缝量规检查	
弯曲矢高	$l/1500$,且不应大于 5.0	用拉线、吊线和钢尺检查	
对口错边	$t/10$,且不应大于 3.0	用拉线和钢尺检查	

注：1. 对方矩形管,d 为长边尺寸；

　　2. 本表摘自《钢结构工程施工质量验收规范》(GB 50205—2001)。

表 6-51　墙架、檩条、支撑系统钢构件外形尺寸的允许偏差　　　　mm

项　　目	允　许　偏　差	检　验　方　法
构件长度 l	±4.0	用钢尺检验
构件两端最外侧安装孔距离 l_1	±3.0	
构件弯曲矢高	$l/1000$，且不应大于 10.0	用拉线和钢尺检查
截面尺寸	+5.0 −2.0	用钢尺检查

注：本表摘自《钢结构工程施工质量验收规范》(GB 50205—2001)。

表 6-52　钢平台、钢梯和防护钢栏杆外形尺寸的允许偏差　　　　mm

项　　目	允许偏差	检　验　方　法	图　　例
平台长度和宽度	±5.0	用钢尺检查	
平台对角线差 $\lvert l_1-l_2 \rvert$	6.0		
平台支柱高度	±3.0		
平台支柱弯曲矢高	5.0	用拉线和钢尺检查	
平台表面平面度（1m 范围内）	6.0	用 1m 直尺和塞尺检查	
梯梁长度 l	±5.0	用钢尺检查	
钢梯宽度 b	±5.0		
钢梯安装孔距离 a	±3.0		
钢梯纵向挠曲矢高	$l/1000$	用拉线和钢尺检查	
踏步（棍）间距	±5.0		
栏杆高度	±5.0	用钢尺检查	
栏杆立柱间距	±10.0		

注：本表摘自《钢结构工程施工质量验收规范》(GB 50205—2001)。

6.6　钢构件预拼装工程

钢构件预拼装的目的是在构件出厂前将已制作完成的各构件进行相关组合,对设计、加工以及适用标准进行规模性验证。预拼装应尽量选择主要受力框架、节点连接结构复杂、构件允许偏差接近极限且有代表性的组合构件。预拼装的数量及比例应满足合同及设计要求,一般按实际平面情况预拼装 10%～20%。

6.6.1　钢构件预拼装工程质量控制要点

钢构件预拼装工程的质量控制要点如下。

(1) 所有需要进行预拼装的构件,必须完成制作,并经专职检验员验收,且符合质量标准。相同的构件应具有互换性且不影响拼装后的整体尺寸。

(2) 预拼装中所有构件应按施工图控制尺寸,各杆件的轴心线应交汇于节点中心,且完全处于自由状态,不允许由外力强制固定。柱、梁、支撑等的单构件支承点应不少于 2 个。

(3) 大型框架露天预拼装的检测,宜在日出前和日落后为佳,测量器具的精度必须与安装施工所用器具一致,必须经计量标定,并相互核对。

(4) 在施工过程中,修孔现象时有发生。如错孔在 3.0mm 以内,一般都用铣刀或铰刀扩孔,其孔径扩大不超过原孔径的 1.2 倍;如错孔超过 3.0mm,一般都用焊条焊补堵孔,并修磨平整,不得有凹陷。如发现错孔,制作单位可根据节点的重要程度焊补孔或更换零部件。特别强调,不得在孔内填塞钢块,否则会造成严重后果。

(5) 钢构件预拼装地面应坚实,胎架强度、刚度必须经设计计算确定,各支承点的水平精度可用已计量检验的各种仪器逐点测定调整。

(6) 在胎架上预拼装过程中,不得对构件动用火焰或机械方式进行修正,切割或使用重物压载、冲撞、锤击等方式时,各杆件的轴心线应交汇于节点中心,并应完全处于自由状态。

(7) 预拼装钢构件控制基准线与胎架基线必须保持一致。

(8) 高强度螺栓连接预拼装时,使用的冲钉直径必须与孔径一致,每个节点要多于 3 只,临时性的普通螺栓数量一般为螺栓孔的 1/3。孔径检测时,试孔器必须垂直自由穿落。

(9) 在制造厂进行预拼装时,应严格按照钢结构构件制作的允许偏差进行检验,如拼接点处角度有误,应及时处理。

(10) 在小拼过程中,应严格控制累积偏差,注意采取措施消除焊接收缩量的影响。

(11) 钢屋架或钢梁拼装时应按规定起拱,可根据施工经验适当增加施工起拱。

(12) 支承点或支承架要根据拼装构件重量经计算确定,以免焊后造成永久变形。

(13) 为了抵消焊接变形,可采取反变形法,在焊前进行装配时将工件向焊接变形相反的方向预留变形。

(14) 采用合理的拼装顺序和焊接顺序控制变形,不同的工件应采用不同的顺序:收缩量大的焊缝应当先焊;长焊缝采取对称焊、逐步退焊、分中逐步退焊、跳焊等焊接顺序。

(15) 构件翘曲可采用机械矫正法或氧-炔火焰加热法进行矫正。

(16) 节点处型钢不吻合时,应用氧-炔火焰烘烤或用杠杆加压方法调直,达到标准后再进行拼装。拼装节点的附加型钢(也叫拼装连接型钢)与母材之间缝隙大于 3mm 时,应用加紧器或卡口卡紧,点焊固定后再进行拼装,以免由于节点尺寸不符造成构件扭曲。

(17) 预拼装检查时,应拆除全部临时固定和拉紧装置,使受检构件处于自然受力状态。

6.6.2　钢结构预拼装工程质量控制项目检验

钢结构预拼装工程质量控制项目检验,见表 6-53。

表 6-53　控制项目检验

	项　目	合格质量标准	检 验 方 法	检 查 数 量
主控项目	多层板叠螺栓孔	高强度螺栓和普通螺栓联接的多层板叠,应采用试孔器进行检查,并应符合下列规定:①当采用比孔公称直径小 1.0mm 的试孔器检查时,每组孔的通过率不应小于 85%;②当采用比螺栓公称直径大 0.3mm 的试孔器检查时,通过率应为 100%	采用试孔器检查	按预拼装单元全数检查
一般项目	预拼装精度	预拼装度允许偏差应符合表 6-54 的规定	见表 6-54	

表 6-54　钢构件预拼装的允许偏差　　　　　　　　mm

构 件 类 型	项　目		允 许 偏 差	检 验 方 法
多节柱	预拼装单元总长		±5.0	用钢尺检查
	预拼装单元弯曲矢高		$l/1500$,且不应大于 10.0	用拉线和钢尺检查
	接口错边		2.0	用焊缝量规检查
	预拼装单元柱身扭曲		$h/200$,且不应大于 5.0	用拉线、吊线和钢尺检查
	顶紧面至任一牛腿距离		±2.0	
梁、桁架	跨度最外两端安装孔或两端支承面最外侧距离		+5.0 −10.0	用钢尺检查
	接口截面错位		2.0	用焊缝量规检查
	拱度	设计要求起拱	±$l/5000$	用拉线和钢尺检查
		设计未要求起拱	$l/2000$ 0	
	节点处杆件轴线错位		4.0	划线后用钢尺检查
管构件	预拼装单元总长		±5.0	用钢尺检查
	预拼装单元弯曲矢高		$l/1500$,且不应大于 10.0	用拉线和钢尺检查
	对口错边		$t/10$,且不应大于 3.0	用焊缝量规检查
	坡口间隙		+2.0 −1.0	
构件平面总体预拼装	各楼层柱距		±4.0	用钢尺检查
	相邻楼层梁与梁之间距离		±3.0	
	各层间框架两对角线之差		$H/2000$,且不应大于 5.0	
	任意两对角线之差		$\sum H/2000$,且不应大于 8.0	

注:1. l 为构件的长度或梁的跨度,h 为柱的截面高度,t 为钢管的壁厚,H 为柱的高度;

2. 本表摘自《钢结构工程施工质量验收规范》(GB 50205—2001)。

6.7　钢结构安装工程

钢结构安装是指将诸多钢构件(构件组合体)集成为一个整体建筑物的过程。钢结构安装工程具有作业面广、作业点多、呈立体交叉作业、手工操作量大、现场变化复杂、影响因素众多等特点,安装过程中出现的质量问题很可能会成为永久性的缺陷,因此,施工质量控制更为重要。

6.7.1　单层及多、高层钢结构安装工程质量控制要点

1.　施工准备控制

(1) 安装所用的机具、工具应满足施工需求,且应定期检验。

(2) 安装所用的测量仪器应按统一标准进行标定,并具有相同的精度等级。

(3) 安装的主要工艺,如:测量校正,高强螺栓安装,负温环境施工及焊接工艺等,应在安装前进行工艺试验或评定,并制定相应的施工工艺方案。

(4) 安装前应对构件的尺寸、变形、螺栓孔的位置和直径、焊缝的质量和强度、高强度螺栓接头摩擦面的加工质量等进行全面检查,检查结果应符合设计和《钢结构工程施工质量验收规范》(GB 50205)的要求。如有不符,必须经矫正合格后方能进行安装,不得利用外力强制就位。

(5) 钢结构安装前应对建筑物的定位轴线,平面封角,对柱的定位轴线、钢筋混凝土基础的标高和混凝土的强度等级进行复查,合格才能开始安装施工。

(6) 结构的楼层标高可根据相对标高或设计标高进行控制,但控制依据要统一。

(7) 每一节柱的定位轴线应由地面控制轴线引出,不得从下层轴线引出,以防止出现偏差的累积。

2.　安装施工质量控制

(1) 立柱、主梁、支撑等大型构件安装时,应随时安装、随时校正。

(2) 吊装钢柱时,吊点应设在柱全长的上 1/3 以上,柱底端应设置滑移装置,防止钢柱起吊扶直时底端在地面的拖动阻力使柱弯曲变形。

(3) 钢柱就位校正应避开日照温差和风荷载的影响,宜在清晨或傍晚、风力小于 4 级的气候环境下进行,且柱子应处在无任何约束、自然直立的状态。

(4) 钢柱垂直度的校正应以纵横轴线为准,先找正并固定两端边柱,以此为样板柱校正其他各柱。

(5) 柱的校正应按先调整标高,再调整柱底水平位置,最后调整垂直度的顺序,重复循环、逐渐逼近各项控制指标。各钢柱顶端柱头板平面的标高和水平度应控制在同一水平面内。

(6) 每一节柱的各层梁安装完毕后,应立即安装本节柱范围内的楼梯及楼面压型钢板。必须注意控制屋面、楼面、平台等处的施工荷载和冰雪荷载,严禁超载。

(7) 每一节柱的全部钢构件安装完毕后,应立即进行验收,验收合格后才能进行下一步

安装。

（8）钢屋架和的吊车梁在吊装前,应制定吊装方案、正确选择吊点、采取刚性加固的临时措施,防止吊装变形(上拱、下挠、扭曲及平面外变形)。

（9）钢屋架吊装就位前,钢柱顶端应按跨度值临时拉紧定位,并应监测柱的垂直度。

（10）安装偏差的检测应在结构形成空间刚度单元且连接固定后进行,并应及时采用无收缩、微膨胀水泥的细石混凝土或灌浆料对柱底面和基础顶面间的空隙进行二次浇灌。

6.7.2 钢结构安装工程质量检验

1. 单层钢结构安装工程质量主控项目检验

单层钢结构安装工程质量主控项目检验见表 6-55。

表 6-55 主控项目检验

序号	项　目	合格质量标准	检验方法	检查数量
1	基础与支撑面验收	建筑物的定位轴线、基础轴线和标高、地脚螺栓的规格及其紧固应符合设计要求	用经纬仪、水准仪、全站仪和钢尺现场实测	按柱基数抽查10%,且不应少于3个
		基础顶面直接作为柱的支撑面和基础顶面预埋钢板或支座作为柱的支撑面时,其支承面、地脚螺栓(锚栓)位置的允许偏差应符合表6-56的规定	用经纬仪、水准仪、全站仪、水平尺和钢尺实测	
		采用座浆垫板时,座浆垫板的允许偏差应符合表6-57的规定	用水准仪、全站仪、水平尺和钢尺现场实测	资料全数检查。实物按柱基数抽查10%,且不应少于3个
		采用杯口基础时,杯口尺寸的允许偏差应符合表6-58的规定	观察及尺量检查	按基础数抽查10%,且不应少于4处
2	构件验收	钢构件应符合设计要求和《钢结构工程施工质量验收规范》(GB 50205)的规定。运输、堆放和吊装等造成的钢构件变形及涂层脱落,应进行矫正和修补	用拉线、钢尺现场实测或观察	按构件数抽查10%,且不应少于3个
3	顶紧节点接触面	设计要求顶紧的节点,接触面应不少于70%紧贴,且边缘最大间隙不应大于0.8mm	用钢尺及0.3mm和0.8mm厚的塞尺现场实测	按节点数抽查10%,且不应少于3个
4	钢构件垂直度和侧弯矢高	钢屋(托)架、桁架、梁及受压杆件的垂直度和侧向弯曲矢高的允许偏差应符合表6-59的规定	用吊线、拉线、经纬仪和钢尺现场实测	按同类构件数抽查10%,且不应少于3个
5	整体垂直度和平面度	单层钢结构主体结构的整体垂直度和整体平面弯曲的允许偏差应符合表6-60的规定	采用经纬仪、全站仪等测量	对主要立面全部检查。对每个所检查的立面,除两列角柱外,还应至少选取一列中间柱

表 6-56　支承面、地脚螺栓(锚栓)位置的允许偏差　　　　　mm

项　　目		允 许 偏 差
支承面	标高	±3.0
	水平度	$l/1000$
地脚螺栓(锚栓)	螺栓中心偏移	5.0
预留孔中心偏移		10.0

注: 1. l 为支撑面的长度;

　　2. 本表摘自《钢结构工程施工质量验收规范》(GB 50205—2001)。

表 6-57　座浆垫板的允许偏差　　　　　mm

项　　目	允 许 偏 差
顶面标高	0.0 −3.0
水平度	$l/1000$
位置	20.0

注: 1. l 为座浆垫板的长度;

　　2. 本表摘自《钢结构工程施工质量验收规范》(GB 50205—2001)。

表 6-58　杯口尺寸的允许偏差　　　　　mm

项　　目	允 许 偏 差
底面标高	0.0 −5.0
杯口深度 H	±5.0
杯口垂直度	$H/100$,且不应大于 10.0
位置	10.0

注: 本表摘自《钢结构工程施工质量验收规范》(GB 50205—2001)。

表 6-59　钢屋(托)架、桁架、梁及受压杆件垂直度和侧向弯曲矢高的允许偏差　　　　　mm

项　　目	允 许 偏 差		图　　例
跨中的垂直度	$h/250$,且不应大于 15.0		
侧向弯曲矢高 f	$l{\leqslant}30\text{m}$	$l/1000$,且不应大于 10.0	
	$30\text{m}{<}l{\leqslant}60\text{m}$	$l/1000$,且不应大于 30.0	
	$l{>}60\text{m}$	$l/1000$,且不应大于 50.0	

注: 本表摘自《钢结构工程施工质量验收规范》(GB 50205—2001)。

表 6-60　整体垂直度和整体平面弯曲的允许偏差　　　　　　　mm

项　目	允许偏差	图　例
主体结构的整体垂直度	$H/1000$,且不应大于 25.0	
主体结构的整体平面弯曲	$l/1500$,且不应大于 25.0	

注:本表摘自《钢结构工程施工质量验收规范》(GB 50205—2001)。

2. 单层钢结构安装工程质量一般项目检验

单层钢结构安装工程质量一般项目检验见表 6-61。

表 6-61　一般项目检验

序号	项目	合格质量标准	检验方法	检验数量
1	地脚螺栓偏差	地脚螺栓(锚栓)尺寸的偏差应符合表 6-62 的规定,地脚螺栓(锚栓)的螺纹应做好保护	用钢尺现场实测	按栓基数抽查 10%,且不应少于 3 个
2	安装标记	钢柱等主要构件的中心线及标高基准点等标记应齐全	观察检查	按同类构件数抽查 10%,且不应少于 3 件
3	桁架(梁)安装偏差	当钢桁架(或梁)安装在混凝土柱上时,其支座中心与定位轴线的偏差应不大于 10mm;当采用大型混凝土屋面时,钢桁架(或梁)间距的偏差不应大于 10mm	用拉线和钢尺现场实测	按同类构件数抽查 10%,不应少于 3 榀
4	钢柱安装偏差	钢柱安装的允许偏差应符合表 6-63 的规定	见表 6-63	按钢柱数抽查 10%,且不应少于 3 件
5	吊车梁安装偏差	钢吊梁或直接承受动荷载的类似构件,其安装的允许偏差应符合表 6-64 的规定	见表 6-64	按钢吊梁数抽查 10%,且不应少于 3 榀
6	檩条、墙架等构件安装偏差	檩条、墙架等次要构件安装的允许偏差应符合表 6-65 的规定	见表 6-65	按同类构件数抽查 10%,且不应少于 3 件
7	平台、钢梯等安装偏差	钢平台、钢梯、栏杆安装应符合现行国家标准《固定式钢直梯》(GB 4053.1)、《固定式钢斜梯》(GB 4053.2)、《固定式防护栏杆》(GB 4053.3)和《固定式钢平台》(GB 4053.4)的规定。钢平台、钢梯和防护栏杆安装的允许偏差应符合表 6-66 的规定	见表 6-66	按钢平台总是抽查 10%,且不应少于 1 个;栏杆、钢梯按总长度各抽查 10%,栏杆不应少于 5m,钢梯不应少于 1 跑

续表

序号	项目	合格质量标准	检验方法	检验数量
8	焊缝组对偏差	现场焊缝组对间隙的允许偏差应符合表 6-67 的规定	尺量检查	按同类节点数抽查 10%,且不应少于 3 个
9	表面质量	钢结构表面应干净,结构主要表面不应有疤痕、泥沙等污垢	观察	按同类构件数抽查 10%,且不应少于 3 件

表 6-62　　地脚螺栓(锚栓)尺寸的允许偏差　　mm

项　　目	允 许 偏 差
螺栓(锚栓)露出长度	+30.0 0.0
螺纹长度	+30.0 0.0

注:本表摘自《钢结构工程施工质量验收规范》(GB 50205—2001)。

表 6-63　单层钢结构中柱子安装的允许偏差　　mm

项　　目			允许偏差	图　　例	检 查 方 法
柱脚底座中心线定位轴线的偏移			5.0		用吊线和钢尺检查
柱 基 准 点标高	有 吊 车 梁的柱		+3.0 −5.0		用水准仪检查
	无 吊 车 梁的柱		+5.0 −8.0		
弯曲矢高			$H/1200$,且不应大于 15.0		用经纬仪或拉线和钢尺检查
柱轴线垂直度	单层柱	$H \leqslant 10$m	$H/1000$		用经纬仪或吊线和钢尺检查
		$H > 10$m	$H/1000$,且不应大于 25.0		
	多节柱	单节柱	$H/1000$,且不应大于 10.0		
		柱全高	35.0		

注:本表摘自《钢结构工程施工质量验收规范》(GB 50205—2001)。

表 6-64　钢吊车梁安装的允许偏差　　　　　mm

项　目		允许偏差	图　例	检验方法
梁的跨中垂直度 Δ		$h/500$		用吊线和钢尺检查
侧向弯曲矢高		$l/1500$,且不应大于 10.0		用拉线和钢尺检查
垂直上拱矢高		10.0		
两端支座中心位移 Δ	安装在钢柱上时对牛腿中心的偏移	5.0		
	安装在混凝土柱上时对定位轴线的偏移	5.0		
吊车梁支座加劲板中心与柱子承压加劲板中心的偏移 Δ₁		$t/2$		用吊线和钢尺检查
同跨间同一横截面吊车梁顶面高差 Δ	支座处	10.0		用经纬仪、水准仪和钢尺检查
	其他处	15.0		
同跨间内同一横截面下挂式吊车梁底面高差 Δ		10.0		
同列相邻两柱间吊车梁顶面高差 Δ		$l/1500$,且不应大于 10.0		用水准仪和钢尺检查
相邻吊车梁接头部位 Δ	中心错位	3.0		用钢尺检查
	上承式顶面高差	1.0		
	下承式底面高差	1.0		

续表

项　目	允许偏差	图　例	检验方法
同跨间任意截面的吊车梁中心跨距 Δ	±10.0		用经纬仪和光电测距仪检查,跨度小时可用钢尺检查
轨道中心对吊车梁腹板轴线的偏移 Δ	$t/2$		用吊车和钢尺检查

注：1. t 为板厚；

　　2. 本表摘自《钢结构工程施工质量验收规范》(GB 50205—2001)。

表 6-65　墙架、檩条等次要构件安装的允许偏差 mm

项　目		允许偏差	检验方法
墙架立柱	中心线定位轴线的偏移	10.0	用钢尺检查
	垂直度	$H/1000$,且不应大于 10.0	用经纬仪或吊线和钢尺检查
	弯曲矢高	$H/1000$,且不应大于 15.0	
抗风桁架的垂直度		$h/250$,且不应大于 15.0	用吊线和钢尺检查
檩条、墙梁的间距		±5.0	用钢尺检查
檩条的弯曲矢高		$L/750$,且不应大于 12.0	用拉线和钢尺检查
墙梁的弯曲矢高		$L/750$,且不应大于 10.0	

注：1. H 为墙架立柱的高度,h 为抗风桁架的高度,L 为檩条或墙梁的长度；

　　2. 本表摘自《钢结构工程施工质量验收规范》(GB 50205—2001)。

表 6-66　钢平台、钢梯和防护栏杆安装的允许偏差 mm

项　目	允许偏差	检验方法
平台高度	±15.0	用水准仪检查
平台梁水平度	$l/1000$,且不应大于 20.0	
平台支柱垂直度	$H/1000$,且不应大于 15.0	用经纬仪或吊线和钢尺检查
承重平台梁侧向弯曲	$l/1000$,且不应大于 10.0	用拉线和钢尺检查
承重平台梁垂直度	$h/250$,且不应大于 15.0	用吊线和钢尺检查
直梯垂直度	±15.0	用钢尺检查
栏杆立柱间距	±15.0	

注：1. l 为梁的跨度,h 为梁的截面高度,H 为柱的高度；

　　2. 本表摘自《钢结构工程施工质量验收规范》(GB 50205—2001)。

表 6-67　现场焊缝组对间隙的允许偏差　　　　　　　　mm

项　目	允许偏差
无垫板间隙	+3.0 0.0
有垫板间隙	+3.0 -2.0

注：本表摘自《钢结构工程施工质量验收规范》(GB 50205—2001)。

3. 多层及高层钢结构安装工程质量主控项目检验

多层及高层钢结构安装工程质量主控项目检验，见表 6-68。

表 6-68　主控项目检验

序号	项　目	合格质量标准	检验方法	检查数量
1	基础与支撑面验收	建筑物的定位轴线、基础上柱的定位轴线和标高、地脚螺栓(锚栓)的规格和位置、地脚螺栓(锚栓)紧固应符合设计要求；当设计无要求时，应符合表 6-69 的规定	采用经纬仪、水准仪、全站仪和钢尺实测	按柱基数抽查 10%，且不应少于 3 个
		多层建筑以基础顶面直接作为柱的支撑面，或以基础顶面预埋钢板或支座作为柱的支撑面时，其支承面、地脚螺栓(锚栓)位置的允许偏差应符合表 6-56 的规定	用经纬仪、水准仪、全站仪、水平尺和钢尺实测	
		多层建筑采用座浆垫板时，座浆垫板的允许偏差应符合表 6-57 的规定	用水准仪、全站仪、水平尺和钢尺实测	资料全数检查；实物按柱基数抽查 10%，且不应少于 3 个
		当采用杯口基础时，杯口尺寸的允许偏差应符合表 6-58 的规定	观察和尺量检查	按基础数抽查 10%，且不应少于 4 处
2	构件验收	钢构件应符合设计要求和《钢结构工程施工质量验收规范》(GB 50205)的规定。运输、堆放和吊装等造成的钢构件变形及涂层脱落，应进行矫正和修补	用拉线、钢尺现场实测或观察	按构件数抽查 10%，且不应少于 3 个
3	钢柱安装偏差	钢柱安装的允许偏差应符合表 6-70 的规定	用全站仪或激光经纬仪和钢尺实测	标准柱全部检查；非标准柱抽查 10%，且不应少于 3 根
4	顶紧节点接触面	设计要求顶紧的节点，接触面不应小于 70%紧贴，且边缘最大间隙不应大于 0.8mm	用钢尺及 0.3mm 和 0.8mm 厚的塞尺现场实测	按节点数抽查 10%，且不应少于 3 个
5	垂直度和侧弯矢高	钢主梁、次梁及受压杆件的垂直度和侧向弯曲矢高的允许偏差应符合表 6-59 中有关钢屋(托)架允许偏差的规定	用吊线、拉线、经纬仪和钢尺现场实测	按同类构件数抽查 10%，且不应少于 3 个
6	整体垂直度和平面度	多层及高层钢结构主体结构的整体垂直度和整体平面弯曲的允许偏差应符合表 6-71 的规定	对整体垂直度，可采用激光经纬仪、全站仪测量，也可根据各节柱垂直度允许偏差累计(代数和)计算；对于整体平面弯曲，可按产生的允许偏差累计(代数和)计算	对主要立面全部检查。对每个所检查的立面，除两列角柱外，还应至少选取一列中间柱

表 6-69 建筑物定位轴线、基础上柱的定位轴线和标高、地脚螺栓（锚栓）的允许偏差　mm

项　　目	允许偏差	图　例
建筑物定位轴线	$l/20000$，且不应大于 3.0	
基础上柱的定位轴线	1.0	
基础上柱底标高	± 2.0	
地脚螺栓（锚栓）位移	2.0	

注：本表摘自《钢结构工程施工质量验收规范》(GB 50205—2001)。

表 6-70 柱子安装的允许偏差　　　　　　　　mm

项　　目	允许偏差	图　　例
底层柱柱底轴线对定位轴线偏移	3.0	
柱子定位轴线	1.0	
单节柱的垂直度	$h/1000$，且不应大于 10.0	

注：本表摘自《钢结构工程施工质量验收规范》(GB 50205—2001)。

表 6-71　整体垂直度和整体平面弯曲的允许偏差　　　　　　　mm

项　目	允许偏差	图　例
主体结构的整体垂直度	$H/2500+10.0$，且不应大于 50.0	
主体结构整体平面弯曲	$l/1500$，且不应大于 25.0	

注：本表摘自《钢结构工程施工质量验收规范》(GB 50205—2001)。

4. 多、高层钢结构安装工程质量一般项目检验

多、高层钢结构安装工程质量一般项目检验见表 6-72。

表 6-72　一般项目检验

序号	项目	合格质量标准	检验方法	检查数量
1	地脚螺栓精度	地脚螺栓(锚栓)尺寸的允许偏差应符合表 6-62 的规定。地脚螺栓(锚栓)的螺纹应受到保护	用钢尺现场实测	按柱基数抽查 10%，且不应少于 3 个
2	安装标记	钢柱等主要构件的中心线及标高基准点等标记应齐全	观察检查	按同类构件数抽查 10%，且不应少于 3 件
3	构件安装偏差	钢构件安装的允许偏差应符合表 6-73 的规定	见表 6-73	按同类构件或节点数抽查 10%。其中柱和梁各不应少于 3 件，主梁与次梁连接节点不应少于 3 个，支承压型金属板的钢梁长度不应少于 5m
		当钢构件安装在混凝土柱上时，其支座中心对定位轴线的偏差不应大于 10mm；当采用大型混凝土屋面板时，钢梁(或桁架)间距的偏差不应大于 10mm	用拉线和钢尺现场实测	按同类构件数抽查 10%，且不应少于 3 榀
4	总高度偏差	主体结构总高度的允许偏差应符合表 6-74 的规定	采用全站仪、水准仪和钢尺实测	按标准柱列数抽查 10%，且不应少于 4 列
5	吊车梁安装偏差	多层及高层钢结构中钢吊车梁或直接承受动荷载的类似构件，其安装的允许偏差应符合表 6-64 的规定	见表 6-64	按钢吊车梁抽查 10%，且不应少于 3 榀

续表

序号	项目	合格质量标准	检验方法	检查数量
6	檩条、墙架安装偏差	多层及高层钢结构中檩条、墙架等次要构件安装的允许偏差应符合表 6-65 的规定	见表 6-65	按同类构件数抽查 10%，且不应少于 3 件
7	平台、钢梯安装偏差	多层及高层钢结构中钢平台、钢梯、栏杆安装应符合现行国家标准《固定式钢直梯》(GB 4053.1)、《固定式钢斜梯》(GB 4053.2)、《固定式防护栏杆》(GB 4053.3)和《固定式钢平台》(GB 4053.4)的规定，钢平台、钢梯和防护栏杆安装的允许偏差应符合表 6-66 的规定	见表 6-66	钢平台按总数抽查 10%，且不少于 1 个；栏杆、钢梯按总长度各抽查 10%，栏杆不应少于 5m，钢梯不应少于 1 跑
8	焊缝组对偏差	多层及高层钢结构中现场焊缝组对间隙的允许偏差应符合表 6-67 的规定	尺量检查	按同类节点数抽查 10%，且不应少于 3 个
9	表面质量	钢结构表面应干净，结构主要表面不应有疤痕、泥沙等污垢	观察检查	按同类构件数抽查 10%，且不应少于 3 件

表 6-73　多层及高层钢结构中构件安装的允许偏差　　　　　　　mm

项　　目	允许偏差	图　　例	检验方法
上、下柱连接处的错口 Δ	3.0		用钢尺检查
同一层柱的各柱顶标高差 Δ	5.0		用水准仪检查
同一根梁两端顶面的高差 Δ	$l/1000$，且不应大于 10.0		

续表

项　目	允许偏差	图　例	检 验 方 法
主梁与次梁表面的高差 Δ	±2.0		用直尺和钢尺检查
压型金属板在钢梁上相邻列的错位 Δ	15.0		

注：本表摘自《钢结构工程施工质量验收规范》(GB 50205—2001)。

表 6-74　多层及高层钢结构主体结构总高度的允许偏差　　　　　mm

项　目	允许偏差	图　例
用相对标高控制安装	$\pm \sum (\Delta_h + \Delta_z + \Delta_w)$	
用设计标高控制安装	$H/1000$，且不应大于 30.0 $-H/1000$，且不应小于 -30.0	

注：1. Δ_h 为每节柱子长度的制造允许偏差；Δ_z 为每节柱子长度受荷载后的压缩值；Δ_w 为每节柱子接头焊缝的收缩值。
　　2. 本表摘自《钢结构工程施工质量验收规范》(GB 50205—2001)。

6.8　钢网架结构安装工程

　　钢网架常用的安装方法有：高空散装法，分条分块安装法，高空滑移法，整体吊装法，整体提升法，整体顶升法。

6.8.1　钢网架结构安装工程质量控制要点

　　钢网架结构安装工程的质量控制要点如下。

（1）钢网架使用的钢材、连接材料、高强度螺栓、焊条等材料应符合设计要求，并应有出厂合格证明。螺栓球、空心焊接球、加肋焊接球、锥头、套筒、封板、网架杆件、焊接钢板节点等半成品，应符合设计要求及相应的国家标准规定。查验各节点、杆件、连接件、焊接材料的原材料质量保证书、试验报告、复检报告、工厂预拼装的小拼单元验收合格证明书。

（2）网架安装前，应根据定位轴线和标高基准点复核验收土建施工单位设置的网架支座预埋件或预埋螺栓的平面位置和标高。

（3）网架安装所使用的测量器具必须按规定定期送检标定。

（4）采用吊装、提升或顶升法时，吊点或支点位置、数量的选择应考虑以下因素：①应与网架结构使用时的受力情况尽量接近；②吊点或支点处的最大反力应小于起重设备的负荷能力；③各起重设备的负荷尽量接近。

（5）网架安装正式施工前均应在现场进行试拼装及试安装，在确保质量、安全且符合设计要求的前提下方可正式施工。

（6）当网架采用螺栓球节点连接时，应注意以下几点：①拼装过程中必须使杆件处于非受力状态，严禁强迫就位或不按规定的受力状态加载；②拼装过程中不宜将螺栓一次拧紧，等待沿建筑物的纵向（横向）安装为一或两排网架单元后，经测量复验校正无误后方可将螺栓球节点全部拧紧到位，螺栓的拧进长度为直径的 1.1 倍，并随时进行复拧；③螺栓球与钢管特别是受拉杆的连接，应在网架的屋盖系统安装后，再对网架的各个接头用油腻子将所有空余螺纹孔及螺纹接缝处填嵌密实并补刷两遍防腐漆。

（7）屋面板安装必须待网架结构安装完毕后进行，铺设屋面板时应对称施工，以减少网架的不对称变形，否则须经验算。

（8）网架单元应尽量减少运输，在运输时应采取适当措施防止网架变形。

（9）当组合网架结构分隔成条（块）状单元时，必须单独进行承载力和刚度验算，单元体的挠度不应大于形成整体结构后该处的挠度值。

（10）曲面网架施工前，应在专用台架上进行预拼装，以确定各节点空间位置偏差在允许范围之内。

（11）拉面网架安装顺序：先安装两个下弦球及系杆，拼装成一个简单的曲面结构体系，并及时调整球节点的空间位置；再进行上弦及腹杆的安装，宜从两边向中间进行。

（12）拉面网架安装时应严格控制网架下弦的挠度、平面位移和各节点的缝隙。

（13）大跨度球面网架的节点空间定位宜采用极坐标法。

（14）球面网架安装顺序：宜先安装一个基准圈，校正固定后再安装与其相邻的圈，原则上由外圈到内圈逐步向内安装，以减少封闭尺寸误差。

（15）球面网架焊接时应控制变形和焊接应力，严禁在同一杆件的两端同时施焊。

6.8.2　钢网架结构安装工程质量检验

1．钢网架结构安装工程质量主控项目检验

钢网架结构安装工程质量主控项目检验见表 6-75。

表 6-75　主控项目检验

序号	项　目	合格质量检验标准	检验方法	检验数量
1	基础验收	钢网架结构支座定位轴线的位置、支座锚栓的规格应符合设计要求	用经纬仪和钢尺实测	按支座数抽查10%,且不应少于4处
		支承面顶面的位置、标高、水平度以及支座锚栓位置的允许偏差应符合表6-76的规定	用经纬仪、水准仪、水平尺和钢尺实测	
2	支座	支承垫块的种类、规格、摆放位置和朝向必须符合设计要求和国家现行有关标准的规定,橡胶垫块与刚性垫块之间或不同类型刚性垫块之间不得互换使用	观察检查和用钢尺实测	
		网架支座锚栓的紧固应符合设计要求	观察检查	
3	橡胶垫	钢结构用橡胶垫的品种、规格、性能等应符合现行国家产品标准和设计要求	检查产品的质量合格证明文件、中文标识及检验报告等	全数检查
4	拼装精度	小拼单元的允许偏差应符合表6-77的规定	用钢尺和拉线等辅助量具实测	按单元数抽查5%,且不应少于5个
		中拼单元的允许偏差应符合表6-78的规定		全数检查
5	节点承载力试验	对建筑物结构安全等级为一级、跨度40m及以上的公共建筑钢网架结构,有设计要求时,应按下列项目进行节点承载力试验:①焊接球节点应按设计指定规格的球及其匹配的钢管焊接成试件,进行轴心拉、压承载力试验,其试验破坏荷载值大于或等于1.6倍设计承载力为合格;②螺栓球节点应按设计指定规格的球最大螺栓孔螺纹进行抗拉强度保证荷载试验,当达到螺栓的设计承载力时,螺栓、螺纹及封板仍完好无损为合格	在万能试验机上进行检验,检查试验报告	每项试验做3个试件
6	结构挠度	钢网架结构总拼完成后即屋面工程完成后应分别测量其挠度值,所测的挠度值不应超过相应设计值的1.15倍	用钢尺和水准仪实测	跨度24m及以下钢网架结构测量下弦中央一点;跨度24m以上钢网架结构测量下弦中央一点及各向下弦跨度的四等分点

表 6-76 支承面顶板、支座锚栓位置的允许偏差   mm

项　　目		允 许 偏 差
支承面顶板	位置	15.0
	顶面标高	−3.0
	顶面水平度	$l/1000$
支座锚栓	中心偏移	±5.0

注：1. l 为顶板的长度；

    2. 本表摘自《钢结构工程施工质量验收规范》(GB 50205—2001)。

表 6-77 小拼单元的允许偏差   mm

项　　目		允 许 偏 差
节点中心偏移		2.0
焊接球节点与钢管中心的偏移		1.0
杆件轴线的弯曲矢高		$L_1/1000$，且不应大于5.0
锥体型小拼单元	弦杆长度	±2.0
	锥体高度	±2.0
	上弦杆对角线长度	±3.0
平面桁架型小拼单元	跨长 ≤24m	+3.0 / −7.0
	跨长 >24m	+5.0 / −10.0
	跨中高度	±3.0
	跨中拱度 设计要求起拱	±$L/5000$
	跨中拱度 设计未要求起拱	+10.0

注：1. L_1 为杆件长度，L 为跨长；

    2. 本表摘自《钢结构工程施工质量验收规范》(GB 50205—2001)。

表 6-78 中拼单元的允许偏差   mm

项　　目		允 许 偏 差
单元长度不大于20m的拼接长度	单跨	±10.0
	多跨连续	±5.0
单元跨度大于20m的拼接长度	单跨	±20.0
	多跨连续	±10.0

注：本表摘自《钢结构工程施工质量验收规范》(GB 50205—2001)。

2. 钢网架结构安装工程质量一般项目检验

钢网架结构安装工程质量一般项目检验，见表 6-79。

表 6-79 一般项目检验

序号	项　目	合格质量标准	检验方法	检查数量
1	外观质量	钢网架结构安装完成后，其节点及杆件表面应干净，不应有明显的疤痕、泥沙和污垢；螺栓球节点应将所有接缝用油腻子填嵌严密，并应将多余螺孔封闭	观察检查	按节点及杆件数抽查5%，且不应少于10个节点
2	安装偏差	钢网架结构安装完成后，其安装的允许偏差应符合表6-80的规定	见表6-80	全数检查

表 6-80　钢网架结构安装的允许偏差　　　　　　　mm

项　目	允许偏差	检验方法
纵向、横向长度	$L/2000$，且不应大于 30.0 $-L/2000$，且不应大于 -30.0	用钢尺实测
支座中心偏移	$L/3000$，且不应大于 30.0	用钢尺和经纬仪实测
周边支承网架相邻支座高差	$L/400$，且不应大于 15.0	用钢尺和水准仪实测
支座最大高差	30.0	
多点支承网架相邻支座高差	$L_1/800$，且不应大于 30.0	

注：1. L 为纵向、横向长度，L_1 为相邻支座间距；
　　2. 本表摘自《钢结构工程施工质量验收规范》(GB 50205—2001)。

6.9　压型金属板工程

6.9.1　压型金属板制作工程质量检验

1. 压型金属板制作工程质量主控项目检验
压型金属板制作工程质量主控项目检验见表 6-81。

表 6-81　主控项目检验

序号	项　目	合格质量标准	检验方法	检查数量
1	成型质量	压型金属板成型后，其基板不应有裂纹	观察和用 10 倍放大镜检查	按计件数抽查 5%，且不应少于 10 件
2	表面缺陷	有涂、镀层的压型金属板成型后，涂、镀层不应有肉眼可见的裂纹、剥落和擦痕等缺陷	观察检查	

2. 压型金属板制作工程质量一般项目检验
压型金属板制作工程质量一般项目检验见表 6-82。

表 6-82　一般项目检验

序号	项　目	合格质量标准	检验方法	检查数量
1	尺寸偏差	压型金属板的允许尺寸偏差应符合表 6-83 的规定	用拉线和钢尺检查	按计件数抽查 5%，且不应少于 10 件
2	外观质量	压型金属板成型后，表面应干净，不应有明显凹凸和皱褶	观察检查	
3	制作偏差	压型金属板施工现场制作的允许偏差应符合表 6-84	用钢尺、角尺检查	

表 6-83　压型金属板的尺寸允许偏差　　　　　　　　　　　　　mm

项　　目			允许偏差
波距			±2.0
波高	压型钢板	截面高度≤70	±1.5
		截面高度＞70	±2.0
侧向弯曲	在测量长度 l_1 的范围内		20.0

注：1. l_1 为测量长度，指板长扣除两端各 0.5m 后的实际长度（小于 10m）或扣除后任选的 10m 长度；
　　2. 本表摘自《钢结构工程施工质量验收规范》（GB 50205—2001）。

表 6-84　压型金属板施工现场制作的允许偏差　　　　　　　　　mm

项　　目		允许偏差
压型金属板的覆盖宽度	截面高度≤70	＋10.0，－2.0
	截面高度＞70	＋6.0，－2.0
板长		±9.0
横向剪切偏差		6.0
泛水板、包角板尺寸	板长	±6.0
	折弯面宽度	±3.0
	折弯面夹角	2°

注：本表摘自《钢结构工程施工质量验收规范》（GB 50205—2001）。

6.9.2　压型金属板安装工程质量检验

1. 压型金属板安装工程质量主控项目检验

压型金属板安装工程质量主控项目检验见表 6-85。

表 6-85　主控项目检验

序号	项　目	合格质量标准	检验方法	检查数量
1	压型金属板安装质量	压型金属板、泛水板和包角板等应固定可靠、牢固，防腐涂料刷和密封材料敷设应完好，连接件数、间距应符合设计要求和国家现行有关标准规定	观察检查和尺量	全数检查
2	压型金属板搭接	压型金属板应在支撑构件上可靠搭接，搭接长度应符合设计要求，且不应小于表 6-86 所规定的数值		按搭接部位总长度抽查 10%，且不应少于 10m
3	压型金属板锚固	组合楼板中压型钢板与主体结构（梁）的锚固支承长度应符合设计要求，且不应小于 50mm，端部锚固件连接应可靠，设置位置应符合设计要求		沿连接纵向长度抽查 10%，且不应少于 10m

表 6-86　压型金属板在支撑件上的搭接长度　　　　　　　　　　mm

项　目		搭接长度
截面高度＞70		375
截面高度≤70	屋面坡度＜1/10	250
	屋面坡度≥1/10	200
墙面		120

注：本表摘自《钢结构工程施工质量验收规范》(GB 50205—2001)。

2. 压型金属板安装工程质量一般项目检验

压型金属板安装工程质量一般项目检验见表 6-87。

表 6-87　一般项目检验

序号	项　目	合格质量标准	检验方法	检查数量
1	外观质量	压型金属板安装应平整、顺直,板面不应有施工残留物和污物;檐口和墙面下端应呈直线,不应有未经处理的错钻孔洞	观察检查	按面积抽查 10%,且不应少于 10m²
2	安装偏差	压型金属板安装的允许偏差应符合表 6-88 的规定	用拉线、吊线和钢尺检查	檐口与屋脊的平行度按长度抽查 10%,且不应少于 10m;其他项目每 20m 长度抽查 1 处,且不应少于 2 处

表 6-88　压型金属板安装的允许偏差　　　　　　　　　　mm

项　目		允许偏差
屋面	檐口与屋脊的平行度	12.0
	压型金属板波纹线对屋脊的垂直度	$L/800$,且不应大于 25.0
	檐口相邻两块压型金属板端部错位	6.0
	压型金属板卷边板最大波浪高	4.0
墙面	墙板波纹线的垂直度	$H/800$,且不应大于 25.0
	墙板包角板的垂直度	
	相邻两块压型金属板的下端错位	6.0

注：1. L 为屋面半坡或单波坡长度；H 为墙面高度。

2. 本表摘自《钢结构工程施工质量验收规范》(GB 50205—2001)。

6.10　钢结构涂装工程

6.10.1　钢结构涂装的作用及分类

根据涂装的功能不同,钢结构涂装可分为两大类：防腐涂装和防火涂装。

钢结构的构件在使用过程中,经常与环境中的各种介质接触,钢材中的铁元素与某些介质发生化学反应,导致钢材腐蚀生锈。根据钢材与环境介质作用的不同,腐蚀又可分为化学腐蚀和电化学腐蚀两大类。为了防止钢材的腐蚀以及由此造成的经济损失和安全危害,在钢材表面使用涂料涂刷,涂料固化后形成一个连续、封闭的涂层,将钢材严密地包裹起来,由此起到将钢材与环境介质隔离的作用,达到钢材防止锈蚀的目的。利用涂料形成的涂层进行防护是钢材防腐蚀的主要手段之一,这种涂装称为钢结构防腐涂装。

建筑物在它的寿命期内难免会有火灾发生。钢材是不耐热的材料,在高温环境中,其强度和弹性模量都会有显著的降低,当温度达到 600℃时,钢材的承载力将完全丧失。这种情况一旦出现,将会给建筑物、人类的生命和财产带来毁灭性的灾害。将导热系数低且阻燃的材料涂敷在钢材表面,形成一个连续、封闭的涂层,可以有效的阻止周围环境热量向钢材传递,从而提高钢材耐受高温环境的能力,这种涂装称为钢结构防火涂装。

6.10.2　钢结构涂装工程质量控制要点

1. 涂装施工准备

(1) 涂装前应清除干净钢材表面的污垢、油脂、铁锈、氧化皮、焊渣焊瘤、灰尘、水、毛刺及旧漆膜,同时应将钢材表面“打毛”,形成合适的“粗糙度”。

(2) 涂漆前还应对钢材表面进行彻底的清理,保持干燥,并在 8h 内完成头道底漆的涂敷。涂漆前钢材表面不允许再有锈蚀出现。

(3) 油漆在使用前必须将桶内的油漆和沉淀物搅拌均匀。

(4) 应正确配套使用稀释剂、正确控制稀释剂的掺量,防止用量过多。

(5) 双组分的涂料,在使用前必须严格按照说明书规定的用量比例进行掺配,掺配后的涂料必须在规定的时间内用完。

2. 涂装施工对环境的要求

(1) 涂刷宜在晴天和通风良好、清洁、干燥的室内进行。涂刷时的环境温度和湿度应符合涂料产品说明书的要求;无要求时,环境温度宜在 5～38℃,相对湿度不应大于 85%;涂刷时钢材表面不应有结露。

(2) 涂刷后 4h 内严防雨淋,当风力超过 5 级时,不宜在室外进行喷涂。

3. 涂刷施工

(1) 涂刷时应根据面积大小和施工条件选用合适的涂刷方式。涂刷方法一般有:浸涂、手工涂刷、滚涂、喷涂。

(2) 涂刷时应遵循以下涂刷顺序:先上后下、先难后易、先左后右、先内后外。

(3) 要保持涂层厚度的均匀、不漏涂、不流坠、对边、角、焊缝、切痕等部位,应先涂刷一道,再大面积涂刷,以保证凸出部位涂层的厚度。

(4) 当第一道底漆充分干燥后(一般不少于 48h),在涂刷下一道漆之前应用砂布、水砂纸对漆面进行打磨,除去表面浮漆粉后再刷第二道底漆。

(5) 涂刷面漆时应按设计要求的颜色、品种进行涂刷。涂刷的方法和要求同上,应去除前一遍漆面上留有的砂粒和漆皮。

(6) 构件上需要焊接的部位应留出规定的宽度暂不涂装,埋入混凝土的部位可不作涂装。

(7) 上述包括准备工作在内的每一道工序完成后均应自检,并作好详细的施工记录。

6.10.3 钢结构防腐涂料涂装工程质量检验

1. 钢结构防腐涂料涂装工程主控项目检验

钢结构防腐涂料涂装工程主控项目检验见表 6-89。

表 6-89 主控项目检验

序号	项目	合格质量标准	检验方法	检查数量
1	涂料性能	钢结构防腐涂料稀释剂、固化剂等材料的品种、规格、性能等应符合国家产品标准和设计要求	检查产品的质量合格证明文件、中文标识及检验报告等	全数检查
2	涂装基层验收	涂装前钢材表面除锈应符合设计要求和国家现行标准的规定,处理后的钢材表面不应有焊渣、焊疤、灰尘、油污、水和毛刺等。当设计无要求时,钢材表面除锈等级应符合表 6-90 的规定	用铲刀检查和用现行国家标准《涂装前钢材表面锈蚀等级和除锈等级》(GB 8923—1988)规定的图片对照观察检查	按构件数抽查10%,且同类构件不应少于 3 件
3	涂层厚度	涂料、涂装遍数、涂层厚度均应符合设计要求。当设计对涂层厚度无要求时,涂层干漆膜总厚度:室外应为 $150\mu m$,室内应为 $125\mu m$,其允许偏差为 $-25\mu m$,每遍涂层干漆膜厚度的允许偏差为 $-5\mu m$	用干漆膜测厚仪检查,每个构件检测 5 处,每处的数值为 3 个相距 50mm 测点涂层干漆膜厚度的平均值	

表 6-90 各种底漆或防锈漆要求最低的防锈等级

涂料品种	防锈等级
油性酚醛、醇酸等底漆或防锈漆	St2
高氯化聚乙烯、氯化橡胶、氯磺化聚乙烯、环氧树脂、聚氨酯等底漆或防锈漆	Sa2
无机富锌、有机硅、过氯乙烯等底漆	Sa2 $\frac{1}{2}$

注:本表摘自《钢结构工程施工质量验收规范》(GB 50205—2001)。

2. 钢结构防腐涂料涂装工程一般项目检验标准

钢结构防腐涂料涂装工程一般项目检验标准见表 6-91。

表 6-91 一般项目检验

序号	项目	合格质量标准	检验方法	检查数量
1	涂料质量	防腐涂料的型号、名称颜色及有效期应与质量证明文件相符,开启后不应出现结皮、结块、凝胶等现象	观察检查	按桶数抽查 5%,且不应少于 3 桶
2	表面质量	构件表面不应误涂、漏涂,涂层不应脱皮和反锈等,涂层应均匀,无明显皱皮、流坠、针眼和气泡等		全数检查

序号	项　　目	合格质量标准	检验方法	检查数量
3	附着力测试	当钢结构处在有腐蚀性介质环境或外露且设计有要求时,应进行涂层附着力测试,在检测处范围内,当涂层完整程度达到 70% 以上时,涂层附着力应达到合格质量标准的要求	按照现行国家标准《漆膜附着力测定法》(GB 1720)或《色漆和清漆、漆膜的划格试验》(GB 9286)执行	按构件数抽查 1%,不应少于 3 件,每件测 3 处
4	标识	涂装完成后,构件的标识、标记和编号应清晰完整	观察检查	全数检查

6.10.4　钢结构防火涂料涂装工程质量检验

1. 钢结构防火涂料涂装工程主控项目检验

钢结构防火涂料涂装工程主控项目检验见表 6-92。

表 6-92　主控项目检验

序号	项　　目	合格质量标准	检验方法	检查数量
1	涂料性能	钢结构防火涂料的品种和技术性能符合设计要求,并应经过具有资质的检测机构检测,符合国家现行有关标准的规定	检查产品的质量合格证明文件、中位标识及检验报告等	全数检查
2	涂料基层验收	防火涂料涂装前钢材表面除锈及防锈底漆涂装应符合设计要求和国家现行有关标准的规定	表面除锈用铲刀检查和用现行国家标准《涂装前钢材表面锈蚀等级和除锈等级》(GB 8923)规定的图片对照观察检查。底漆涂装用干漆膜测厚仪检查,每个构件检测 5 处,每处的数值为 3 个相距 50mm 测点涂层干漆膜厚度的平均值	按构件数抽查 10%,且同类构件不应少于 3 件
3	粘结强度与抗压强度	钢结构防火涂料的粘结强度、抗压强度应符合国家现行标准《钢结构防火涂料应用技术规程》(CECS 24:90)的规定,检验方法应符合现行国家标准《建筑构件防火喷涂材料性能试验方法》(GB 9978)的规定	检查复检报告	每使用 100t 或不足 100t 薄型防火涂料应抽检一次粘结强度;每使用 500t 或不足 500t 厚型防火涂料应抽检一次粘结强度和抗压强度

续表

序号	项 目	合格质量标准	检验方法	检查数量
4	涂层厚度	薄型防火涂料的涂层厚度应符合有关耐火极限的设计要求。厚型防火涂料涂层的厚度,80%及以上面积应符合有关耐火极限的设计要求,且最薄处厚度不应低于设计要求的85%	用涂层厚度测量仪、测针和钢尺检查。测量方法应符合国家现行标准《钢结构防火涂料应用技术规程》(CECS24:90)的规定	按同类构件数抽查10%,且均不应少于3件
5	表面裂纹	薄型防火涂料涂层表面裂纹宽度应不大于0.5mm;厚型防火涂料涂层表面裂纹宽度不应大于1mm	观察和用尺量检查	

2. 钢结构防火涂料涂装工程一般项目检验

钢结构防火涂料涂装工程一般项目检验见表 6-93。

表 6-93　一般项目检验

序号	项 目	合格质量标准	检验方法	检查数量
1	涂料质量	防火涂料的型号、名称、颜色及有效期与其质量证明文件相符。开启后,不应存在结皮、结块、凝胶等现象	观察检查	按桶数抽查5%,且不应少于3桶
2	基层表面	防火涂料涂装基层不应有油污、灰尘和泥沙等污垢		全数检查
3	涂层表面质量	防火涂料不应有误涂、漏涂,涂层应闭合,无脱层、空鼓、明显凹陷、粉化松散和浮浆等外观缺陷,乳突应剔除		

思 考 题

1. 高强螺栓、节点球及构件的质量检验主控项目有哪些?
2. 油基漆、酚醛漆可以使用的稀释剂有哪些?
3. 焊缝内部缺陷检验应该何时开始进行? 都有哪些检查手段?
4. 如果发现焊缝内部出现不允许的缺陷时,应如何处置?
5. 焊缝表面缺陷包括哪些类型? 主要检查手段有哪些?
6. 螺栓连接时,若钢结构上只有一个螺栓孔稍有不正,是否可以用锤轻轻打入?
7. 为了施工安全,是否可以先穿入二、三颗螺栓,拧紧后再穿入其余的螺栓?
8. 螺栓拧紧时,对于拧紧顺序有何规定?
9. 为了加快施工进度,钢材采用热切割的方式下料后是否可以浇冷水使其快速冷却?

为什么?

10. 钢材下料、钢构件制作施工时为什么要先"放样"?

11. 检验钢构件上的螺栓孔、铆钉孔的孔径都有哪些方法? 合格的标准是什么?

12. 简述钢柱安装位置的校正顺序。

13. 简述钢结构安装施工质量控制要点。

14. 简述钢结构涂装工程施工对环境条件的要求。

第7章

地下防水工程质量控制及检测

本章学习要点

地下防水层施工质量控制的基本要求；

防水混凝土施工质量控制要点和质量检验；

水泥砂浆防水层施工质量控制要点和质量检验；

卷材防水层施工质量控制要点和质量检验；

涂料防水层施工质量控制要点和质量检验；

细部构造防水工程施工质量控制要点和质量检验；

结构裂缝注浆工程施工质量控制要点和质量检验。

7.1 概述

地下防水工程概指工业与民用建筑地下部分工程、隧道工程、地铁等建筑物为防止地下水的渗入而进行的防水设计、防水施工及防水维护等工作的工程实体。地下防水工程根据所用防水材料的不同可分为刚性防水层和柔性防水层。刚性防水层采用强度高、弹性小、无延伸能力的防水材料，如：防水混凝土（抗渗混凝土）、防水砂浆（抗渗砂浆）等构成的防水层。柔性防水层指由具有一定柔性、韧性和较大延伸率的防水材料，如防水卷材、防水涂料等，构成的防水层。无论哪种防水层，它们都应是一个连续、封闭、完整、无缝隙的防水体系，既包括主体工程的防水、也包括施工缝、后浇带、变形缝等细部构造的防水。

7.2 地下防水工程施工的基本规定

7.2.1 地下工程防水等级的划分

根据工程的重要程度和对防水的要求，地下工程的防水共分为4级，见表7-1。

表 7-1　地下工程防水等级标准

防水等级	防 水 标 准
一级	不允许渗水,结构表面无湿渍
二级	不允许渗水,结构表面可有少量湿渍
三级	有少量漏水点,不得有线流和漏泥砂
四级	有漏水点,不得有线流和漏泥砂

7.2.2　地下防水工程施工质量控制的基本要求

地下防水工程施工质量控制的基本要求如下。

（1）地下防水工程必须由持有相应资质等级证书的专业防水队伍进行施工。

（2）地下防水工程所使用的防水材料的品种、规格和性能等必须符合现行国家或行业产品标准和设计要求。

（3）防水材料进场验收时,应对材料的外观、品种、规格、包装、数量、产品合格证和出厂检验报告进行检查验收并形成验收记录,归档留存。

（4）防水材料进场后应根据相关标准的规定及见证取样的规定抽样、送检,复检报告应归档留存。

（5）地下防水工程属于隐蔽工程,应有工序自检、交接检和专职人员检查,并应有完整的检验记录。在工程隐蔽之前,应由监理及有关单位进行隐蔽工程验收。未经验收或验收不合格,不得进入下道工序的施工。

（6）地下防水工程施工期间应采取必要的降水措施,必须保持地下水位稳定在工程底部最低高程 500mm 以下。采用明沟排水的基坑,应保持基坑干燥。

（7）地下防水工程不得在雨天、雪天和五级及以上大风天气等气候环境下施工。防水材料、施工环境及气温条件宜符合表 7-2 的规定。

表 7-2　防水材料、施工环境及气温条件

防 水 材 料	施工环境、气温条件
高聚物改性沥青防水卷材	冷粘法、自粘法不低于 5℃,热熔法不低于 −10℃
合成高分子防水卷材	冷粘法、自粘法不低于 5℃,焊接法不低于 −10℃
有机防水涂料	溶剂型,−5~35℃;反应型、水乳型,5~35℃
无机防水涂料	5~35℃
防水混凝土、防水砂浆	
膨润土防水材料	不低于 −20℃

注：本表摘自《地下防水工程质量验收规范》(GB 50208—2011)。

7.3　主体结构防水工程

7.3.1　防水混凝土

防水混凝土适用于防水等级为 1~4 级的地下整体式混凝土结构,不适用于环境温度高

于 80℃ 或处于耐侵蚀系数小于 0.8 的侵蚀性介质中的地下工程。

1. 防水混凝土工程施工质量控制要点

（1）宜采用普通硅酸盐水泥或硅酸盐水泥，采用其他品种水泥时应经试验确定。不得使用过期或受潮结块的水泥，不同品种、不同强度的水泥不得混用。

（2）碎石或卵石的粒径宜为 5～40mm，含泥量不得大于 1.0%，泥块含量不得大于 0.5%。

（3）砂宜用中砂，含泥量不得大于 3.0%，泥块含量不得大于 1.0%。

（4）不宜使用海砂，必须使用时，应对海砂进行处理，处理后海砂的氯离子含量不得大于 0.06%。

（5）对长期处于潮湿环境的重要结构混凝土用砂、石，应进行碱活性检验。

（6）防水混凝土的配合比应由具有相应资质的实验室或检测单位经试配后提出。

（7）拌制混凝土所用材料的品种、规格和用量，每工作班检查不应少于两次。每盘混凝土各组成材料计量结果的偏差应符合表 7-3 的规定。

表 7-3　混凝土组成材料计量结果的允许偏差　　　　　　　%

混凝土组成材料	每盘计量	累计计量
水泥、掺合料	±2	±1
粗、细骨料	±3	±2
水、外加剂	±2	±1

注：1. 累计计量仅适用于微机控制计量的搅拌站；
　　2. 本表摘自《地下防水工程质量验收规范》（GB 50208—2011）。

（8）混凝土在浇筑地点的坍落度，每工作班至少检查两次。混凝土坍落度允许偏差应符合表 7-4 的规定。混凝土的坍落度试验方法应符合现行《普通混凝土拌合物性能试验方法标准》（GB 50080）的有关规定。检测方法详见 9.4 节。

表 7-4　混凝土坍落度允许偏差　　　　　　　mm

规定坍落度	允许偏差
≤40	±10
50～90	±15
≥90	±20

注：本表摘自《地下防水工程质量验收规范》（GB 50208—2011）。

（9）泵送混凝土在交货地点的入泵坍落度，每工作班至少检查两次。混凝土入泵时坍落度的偏差应符合表 7-5 的规定。

表 7-5　混凝土入泵的坍落度允许偏差　　　　　　　mm

所需坍落度值	允许偏差
≤100	±20
>100	±30

（10）当防水混凝土拌合物在运输后出现离析时，必须进行2次搅拌。当坍落度损失后不能满足施工要求时，应加入原水灰比的水泥浆或掺加同品种的减水剂进行搅拌，严禁直接加水。

（11）防水混凝土抗压强度试件应在混凝土浇筑地点随机取样制作，其取样规则（代表数量、取样频率、试件留置组数）应符合现行国家标准《混凝土结构工程施工质量验收规范》（GB 50204）的有关规定。

（12）防水混凝土抗渗性能应根据标准条件下养护混凝土抗渗试件的试验结果评定，试件应在浇筑地点制作。连续浇筑混凝土每500m³（含500m³）应留置一组抗渗试件（一组为6个抗渗试件），且每项工程不得少于两组。采用预拌混凝土的抗渗试件，留置组数应视结构的规模和要求而定。所采取的抗渗性能试验方法应符合现行《普通混凝土长期性能和耐久性能试验方法标准》（GB/T 50082）的有关规定。

2. 防水混凝土工程施工质量控制项目及检验规则

（1）防水混凝土工程质量主控项目检验见表7-6。

表7-6　主控项目检验

序号	项　目	合格质量标准	检验方法	检验数量
1	原材料、配合比、坍落度	防水混凝土的原材料、配合比及坍落度必须符合设计要求	检查产品合格证、产品性能检测报告、计量措施和材料进场检验报告	按混凝土外露面积每100m²抽查1处，每处10m²，且不得少于3处
2	抗压强度、抗渗性能	防水混凝土的抗压强度和抗渗性能必须符合设计要求	检查混凝土抗压、抗渗试验报告	
3	细部做法	防水混凝土的变形缝、施工缝、后浇带、穿墙管道、埋设件等设置和构造必须符合设计要求	观察检查和检查隐蔽工程验收记录	全数检查

（2）防水混凝土工程质量一般项目检验见表7-7。

表7-7　一般项目检验

序号	项　目	合格质量标准	检验方法	检验数量
1	表面质量	防水混凝土结构表面应坚实、平整，不得有露筋、蜂窝等缺陷；埋设件位置应正确	观察检查	按混凝土外露面积每100m²抽查1处，每处10m²，且不得少于3处
2	裂缝宽度	防水混凝土结构表面的裂缝宽度应不大于0.2mm，且不得贯通	用刻度放大镜检查	全数检查
3	防水混凝土结构厚度及迎水面钢筋保护层厚度	防水混凝土结构厚度应不小于250mm，其允许偏差为+8，-5mm；主体结构迎水面钢筋保护层厚度不应小于50mm，其允许偏差为±5mm	尺量检查和检查隐蔽工程验收记录	按混凝土外露面积每100m²抽查1处，每处10m²，且不得少于3处

7.3.2 水泥砂浆防水层

水泥砂浆防水层适用于地下混凝土与砌体主体结构迎水面或背水面结构,基层上采用多层抹面的防水层,不适用环境侵蚀性、持续振动或温度高于80℃的地下工程。

1. 水泥砂浆防水层施工质量控制要点

(1) 水泥砂浆防水层应采用聚合物水泥防水砂浆、掺外加剂或掺合料的防水砂浆。

(2) 水泥砂浆防水层所用的材料应符合下列规定:①水泥应使用普通硅酸盐水泥、硅酸盐水泥或特种水泥,不得使用过期或受潮结块的水泥;②砂宜采用中砂,含泥量不得大于1.0%,硫化物和硫酸盐含量不得大于1.0%;③聚合物乳液的外观为无杂质、无沉淀、不分层的均匀液体,外加剂的技术性能应符合国家或行业有关标准的质量要求。

(3) 水泥砂浆防水层的基层质量应符合下列规定:①基层表面应坚实、平整、粗糙、洁净并充分湿润,无明水;②基层表面的孔洞、缝隙应用与防水层材料相同的水泥砂浆填塞抹平;③施工前应将埋设件、穿墙管预留凹槽内嵌填密封材料后,再进行水泥砂浆防水层施工。

(4) 水泥砂浆防水层施工应符合下列规定:①水泥砂浆的配置应按所掺材料的技术要求准确计量;②水泥砂浆防水层应分层铺抹或喷射,铺抹时应压实、抹平,最后一层表面应提浆压光;③聚合物水泥砂浆拌合后应在1h内用完,且在施工过程中不得任意加水;④水泥砂浆防水层各层应紧密粘合,每层宜连续施工,必须留设施工缝时应采用阶梯坡形槎,且与阴阳角处的距离不得小于200mm,搭接应依层次按顺序操作;⑤水泥砂浆防水层终凝后应及时进行养护,养护温度不宜低于5℃,养护时间不得少于14d,养护期间应保持湿润;⑥聚合物水泥砂浆防水层未达到硬化状态时不得浇水养护或直接受雨水冲刷,硬化后应采用干湿交替的养护方法,在潮湿环境中可在自然条件下养护;⑦使用特种水泥、外加剂、掺合料的防水砂浆,其养护应按产品的有关规定执行。

2. 水泥砂浆防水层工程施工质量控制项目及检验规则

(1) 水泥砂浆防水层工程质量主控项目检验见表7-8。

表 7-8 主控项目检验

序号	项 目	合格质量标准	检验方法	检验数量
1	原材料及配合比	水泥防水砂浆的原材料及配合比必须符合设计规定	检查产品合格证、产品性能检测报告、计量措施和材料进场检验报告	按施工面积每100m² 抽查 1 处,每处 10m²,且不得少于 3 处
2	粘结强度和抗渗性能	防水砂浆的粘结强度和抗渗性能必须符合设计规定	检查砂浆粘结强度、抗渗性能检验报告	
3	结合牢固	水泥砂浆防水层各层之间应结合牢固,无空鼓现象	观察和用小锤轻击检查	

（2）水泥砂浆防水层工程质量一般项目检验见表 7-9。

表 7-9　一般项目检验

序号	项　　目	合格质量标准	检 验 方 法	检 验 数 量
1	表面质量	水泥砂浆防水层表面应密实、平整、不得有裂纹、起砂、麻面等缺陷	观察检查	按施工面积每100m²抽查 1 处，每处 10m²，且不得少于 3 处
2	留槎和接槎	水泥砂浆防水层施工缝留槎位置应正确，接槎应依层次按顺序操作，层层搭接紧密	观察检查和检查隐蔽工程验收记录	
3	厚度	水泥砂浆防水层的平均厚度应符合设计要求，最小厚度不得小于设计值的 85%	用针测法检查	
4	平整度	水泥砂浆防水层表面平整度允许偏差应为 5mm	用 2m 靠尺和楔形塞尺检查	

7.3.3　卷材防水层

卷材防水层适用于铺贴受侵蚀性介质作用或受振动作用的地下工程主体的迎水面。

1. 卷材防水层施工质量控制要点

（1）卷材防水层应铺设在主体结构的迎水面。

（2）卷材防水层应采用高聚物改性沥青防水卷材和合成高分子防水卷材。所选用的基层处理剂、胶粘剂和密封材料等配套材料，均应与铺贴的卷材材性相容。

（3）铺贴防水卷材前应将找平层清扫干净，再在基面上涂刷基层处理剂，当基面较潮湿时应涂刷湿固化型胶粘剂或潮湿界面隔离剂。

（4）基层阴阳角应做成圆弧或 45°坡角，其尺寸应根据卷材品种确定；在转角、变形缝、施工缝、穿墙管等部位应铺贴卷材加强层，加强层宽度不应小于 500mm。

（5）防水卷材的搭接宽度应符合表 7-10 的要求。铺贴双层卷材时，上下两层和相邻两幅卷材的接缝应错开 1/3～1/2 幅宽，且两层卷材不得相互垂直铺贴。

表 7-10　防水卷材的搭接宽度　　　　　　　　　　mm

卷 材 品 种	搭 接 宽 度
弹性体改性沥青防水卷材	100
改性沥青聚乙烯胎防水卷材	100
自粘聚合物改性沥青防水卷材	80
三元乙丙橡胶防水卷材	100/60（胶粘剂/胶粘带）
聚氯乙烯防水卷材	60/80（单焊缝/双焊缝）
	100（胶粘剂）
聚乙烯丙纶复合防水卷材	100（粘结料）
高分子自粘胶膜防水卷材	70/80（自粘胶/胶粘带）

注：本表摘自《地下防水工程质量验收规范》(GB 50208—2011)。

（6）铺贴卷材应平整、顺直、搭接尺寸准确，不得扭曲、皱折和起泡，铺设时应排除卷材下的空气、辊压粘贴牢固。

　　(7) 采用冷粘法铺贴卷材时应符合下列规定：①胶粘剂涂刷应均匀,不露底、不堆积；②根据胶粘剂的性能和产品说明书的要求,控制胶粘剂涂刷与卷材铺贴的间隔时间；③铺贴时不得用力拉伸卷材；④卷材接缝部位应采用专用胶粘剂或胶粘带等粘结,接缝口应用密封材料封严,其宽度不应小于 10mm。

　　(8) 采用热熔法铺贴卷材时应符合下列规定：①火焰加热器加热卷材应均匀,不得过分加热或烧穿卷材；②卷材表面热熔后应立即滚铺卷材；③滚铺卷材时接缝部位改性沥青胶必须溢出,并应粘贴牢固、封闭严密；④铺贴后的卷材应平整、顺直、搭接尺寸正确,不得有扭曲、皱折、起泡。

　　(9) 自粘法铺贴防水卷材应符合下列规定：①铺贴卷材时应将有粘性的一面朝向主体结构；②立面卷材铺贴完成后应将卷材端头固定,并用密封材料封严；③低温施工时,应先对卷材和基面采用热风加热后再铺贴。

　　(10) 卷材接缝采用焊接法施工时应符合下列规定：①焊接前卷材应铺放平整、搭接尺寸准确,结合面应清扫干净,应先焊长边搭接缝,后焊短边搭接缝；②热风加热温度和时间要适宜,不得漏焊、跳焊或焊接不牢,焊接时不得损害非焊接部位的卷材。

　　(11) 铺贴聚乙烯丙纶复合防水卷材应符合下列规定：①应采用与卷材配套的聚合物水泥防水粘结材料；②卷材与基层粘贴应采用满粘法,粘结面积不应小于 90%,刮涂粘结料应均匀,不得漏底、堆积、流淌,固化后粘结料厚度不应小于 1.3mm；③卷材接缝部位应挤出粘结料,接缝表面应刮涂 1.3mm 厚、50mm 宽聚合物水泥粘结料封边；④粘结料固化前不得在其上行走或进行后续作业。

　　(12) 高分子自粘胶膜防水卷材宜采用预铺反粘法施工,并应符合下列规定：①卷材宜单层铺设；②在潮湿基面铺设时基面应平整坚固、无明水；③卷材长边应采用自粘边搭接,短边应采用胶粘带搭接,卷材端部搭接区应相互错开；④立面施工时,在自粘边位置距离卷材边缘 10~20mm 范围内,每隔 400~600mm 应进行机械固定,并应保证固定位置被卷材完整覆盖；⑤浇筑结构混凝土时不得损伤防水层。

　　(13) 卷材防水层完工并经验收合格后应及时做好保护层,保护层应符合下列规定：①顶板的细石混凝土保护层与防水层之间宜设置隔离层,细石混凝土保护层厚度在机械回填时不宜少于 70mm,人工回填时不宜小于 50mm；②底板的细石混凝土保护层厚度不应小于 50mm；③侧向宜采用软质保护材料或铺抹 20mm 厚 1∶2.5 水泥砂浆。

　　2. 卷材防水施工质量控制项目及检验规则

　　(1) 卷材防水层工程质量主控项目检验见表 7-11。

表 7-11　主控项目检验

序号	项　　目	合格质量标准	检验方法	检验数量
1	防水材料	卷材防水层所用卷材及其配套材料必须符合设计要求	检查产品合格证、产品性能检测报告和材料进场检验报告	按铺贴面积每 100m² 抽查 1 处,每处 10m²,且不得少于 3 处
2	细部做法	卷材防水层及其转角处、变形缝、施工缝、穿墙管等部位的做法必须符合设计要求	观察检查和检查隐蔽工程验收记录	

（2）卷材防水层工程质量一般项目检验见表7-12。

表 7-12 一般项目检验

序号	项　目	合格质量标准	检验方法	数　量
1	卷材铺贴	卷材防水层的搭接缝应粘结或焊接牢固、密封严密，不得有扭曲、皱折、翘边和起泡等缺陷	观察检查和检查隐蔽工程验收记录	按铺贴面积每100m² 抽查 1 处，每处 10m²，且不得少于 3 处
2	搭接缝	采用外防外贴法铺贴卷材防水层时，立面卷材的搭接宽度：高聚物改性沥青类卷材应为 150mm；合成高分子类卷材应为 100mm，且上层卷材应盖过下层卷材	观察和尺量检查	
3	保护层	侧墙卷材防水层的保护层与防水层应紧密结合，保护层厚度应符合设计要求		
4	卷材搭接宽度的允许偏差	卷材搭接宽度的允许偏差为 -10mm		

7.3.4　涂料防水层

涂料防水层适用于受侵蚀性介质作用或受振动作用的地下工程。有机防水涂料宜用于主体结构迎水面；无机防水涂料适用于主体结构的迎水面或背水面。

1. 涂料防水层施工质量控制要点

（1）有机防水涂料基面应干燥。当基面较潮湿时，应涂刷湿固化型胶结剂或潮湿界面隔离剂；无机防水涂料施工前，基面应充分润湿，但不得有明水。

（2）有机防水涂料应采用反应型、水乳型、聚合物水泥等涂料；无机防水涂料应采用掺外加剂、掺合料的水泥基防水涂料或水泥基渗透结晶型防水涂料。

（3）涂料涂刷前应先在基面上涂刷一层与涂料材性相容的基层处理剂。

（4）涂料防水层的施工应符合下列规定：

① 多组分涂料应按配合比准确计量、搅拌均匀，并应根据有效时间确定每次配制的用量；

② 涂料应分层涂刷或喷涂、涂层均匀，待前遍涂层干燥成膜后进行再次涂刷。每遍涂刷时应交替改变涂层的涂刷方向，同层涂膜的先后搭压宽度宜为 30～50mm；

③ 涂料防水层的甩槎处接槎宽度不应小于 100mm，接涂前应将其甩槎表面处理干净；

④ 采用有机防水涂料时，基层阴阳角应做成圆弧，在转角处、变形缝、施工缝、穿墙管等部位应增加宽度不小于 500mm 的胎体增强材料或防水涂料；

⑤ 胎体增强材料的搭接宽度不应小于 100mm，上下两层和相邻两幅胎体的接缝应错开 1/3 幅宽，且上下两层胎体不得相互垂直铺贴。

（5）涂料防水层完工并经验收合格后应及时做保护层，对保护层的要求与卷材一样。（详见 7.3.3 节，1 条 13 款）

2. 涂料防水层施工质量控制项目及检验规则

（1）涂料防水层工程质量主控项目见表 7-13。

表 7-13　主控项目检验

序号	项　　目	合格质量标准	检 验 方 法	检 验 数 量
1	材料及配合比	涂料防水层所用材料及配合比必须符合设计要求	检查产品合格证、产品性能检测报告、计量措施和材料进场检验报告	按所刷涂料面积的 1/10 进行抽查，每处检查 10m² ，且不得少于 3 处
2	涂料防水层厚度	涂料防水层的平均厚度应符合设计要求，最小厚度不得少于设计厚度的 90%	用针测法检查	
3	细部做法	涂料防水层及其转角处、变形缝、穿墙管等部位的做法必须符合设计要求	观察检查和检查隐蔽工程验收记录	

（2）涂料防水层工程质量一般项目检验见表 7-14。

表 7-14　一般项目检验

序号	项　　目	合格质量标准	检 验 方 法	检 验 数 量
1	表面质量	涂料防水层与基层粘结牢固、涂刷均匀，不得流淌、鼓泡、露槎	观察检查	按所刷涂料面积的 1/10 进行抽查，每处检查 10m² ，且不得少于 3 处
2	胎体铺贴	涂层间夹铺胎体增强材料时，应使防水涂料浸透胎体且覆盖完全，不得有胎体外露现象		
3	保护层与防水层粘结	侧墙涂料防水层的保护层与防水层应紧密结合，厚度应符合设计要求		

7.3.5　塑料防水板防水层

塑料防水板防水层适用于经常承受水压、侵蚀性介质或有振动作用的地下工程，塑料防水板宜铺设在复合式衬砌的初期支护与二次衬砌之间。

1. 塑料防水板防水层施工质量控制要点

（1）基面应平整、无尖锐突出物，基面平整度 $D/L \leqslant 1/6$ 。

注：D 为初期支护基面相邻两凸面之间凹进去的深度，L 为初期支护基面相邻两凸面之间的距离。

（2）初期支护的渗漏水应在塑料防水板防水层铺设前封堵或引排，二次衬砌混凝土施工在进度上应滞后于塑料防水板铺设 5~20m。

（3）塑料防水板的铺设应符合下列规定：①铺设塑料防水板前应先铺设缓冲层，缓冲层应用暗钉圈固定在基面上，搭接宽度不应小于 50mm，铺设塑料防水板时，应边铺边用压焊机将塑料防水板与暗钉圈焊接牢固；②塑料防水板的搭接宽度不应少于 100mm，下部塑料防水板应压住上部塑料防水板,接缝焊接时,塑料防水板的搭接层数不得超过 3 层,搭接缝应采用双焊缝,每条焊缝的有效宽度不应少于 10mm;③塑料防水板铺设时宜设置分区预埋注浆系统;④分段设置塑料防水板防水层时,两端应采取封闭措施。

2. 塑料防水板防水层施工质量控制项目及检验规则

(1) 塑料防水板防水层施工质量主控项目检验见表 7-15。

表 7-15 主控项目检验

序号	项 目	合格质量标准	检验方法	检查数量
1	材料	塑料防水板及其配套材料必须符合设计要求	检查产品合格证、产品性能检测报告和材料进场检验报告	按铺设面积每 100m² 抽查 1 处,每处 10m²,且不得少于 3 处
2	搭接焊缝	塑料防水板的搭接缝必须采用双缝热熔焊接,每条焊缝的有效宽度不应小于 10mm	双焊缝间空隙内充气检查和尺量检查	按焊缝条数抽查 5%,每条焊缝为 1 处,且不得少于 3 处

(2) 塑料防水板防水层施工质量一般项目检验见表 7-16。

表 7-16 一般项目检验

序号	项 目	合格质量标准	检验方法	检查数量
1	固定点	塑料防水板应采用无钉孔铺设,其固定点的间距应符合表 7-17 规定	观察和尺量检查	按铺设面积每 100m² 抽查 1 处,每处 10m²,且不得少于 3 处
2	暗钉圈焊接	塑料防水板与暗钉圈应焊接牢靠,不得漏焊、假焊和焊穿	观察检查	
3	外观质量	塑料防水板的铺设应平顺,不得有下垂、绷紧和破损现象		
4	搭接宽度允许偏差	塑料防水板搭接宽度的允许偏差应为 -10mm	尺量检查	按焊缝条数抽查 5%,每条焊缝 1 处,且不得少于 3 处

表 7-17 塑料防水板固定点间距   m

铺设部位特征	固定点间距
拱部	0.5~0.8
边墙	1.0~1.5
底部	1.5~2.0
局部凹凸较大处	应在凹处加密固定点

7.3.6 金属板防水层

金属板防水层适用于抗渗性能要求较高的地下工程,金属板应铺设在主体结构迎水面。

1. 金属板防水层施工质量控制要点

(1) 金属板一般为 Q235 或 16Mn 钢板,厚度为 3~8mm。金属防水层所采用的金属材料和保护材料应符合设计要求。金属板及其焊接材料的规格、外观质量和主要物理性能应符合国家现行有关标准的规定。

（2）金属板的拼接及金属板与工程结构的锚固件连接应采用焊接，金属板的拼接焊缝应进行外观检查和无损检验。

（3）金属板表面有锈蚀、麻点或划痕等缺陷时，其深度不得大于该板材厚度的负偏差值。

2. 金属板防水层施工质量控制项目及检验规则

（1）金属板防水层施工质量主控项目检验见表 7-18。

表 7-18 主控项目检验

序号	项　　目	合格质量标准	检验方法	检查数量
1	金属板及焊接材料	金属板和焊接材料必须符合设计要求	检查产品合格证、产品性能检测报告、材料进场检验报告	全数检查
2	焊工执业资格	焊工应持有有效的执业资格证书	检查焊工执业资格证书和考核日期	

（2）金属板防水层施工质量一般项目检验见表 7-19。

表 7-19 一般项目检验

序号	项　　目	合格质量标准	检验方法	检查数量
1	金属板的表面质量	金属板表面不得有明显凹面和损伤	观察检查	按铺设面积每100m² 抽查 1 处，每处 1m²，且不得少于 3 处
2	焊缝质量	焊缝不得有裂纹、未熔合、夹渣、焊瘤、咬边、烧穿、弧坑、针状气孔等缺陷	观察检查和使用放大镜、焊缝量规及钢尺检查，必要时采用渗透或磁粉探伤检查	按焊缝条数抽查5%，且不得少于 1条焊缝；每条焊缝检查 1 处，总抽查数不得少于 10 处
3	焊缝外观及保护涂层	焊缝的焊波应均匀，焊渣和飞溅物应清除干净，保护涂层不得有漏涂、脱皮和反锈现象	观察检查	

7.3.7 膨润土防水材料防水层

膨润土防水材料防水层适用于 pH 4～10 的地下环境中。膨润土防水材料防水层应用于复合式衬砌的初期支护与二次衬砌之间，以及明挖法地下工程主体结构迎水面，防水层两侧应具有一定的夹持力。

1. 膨润土防水材料防水层施工质量控制要点

（1）膨润土防水材料中的膨润土防水颗粒应采用钠基膨润土，不应采用钙基膨润土。

（2）膨润土防水材料防水层基面应坚实、清洁、不得有明水，基面平整度 $D/L \leqslant 1/6$，基面阴阳角应做成圆弧或坡角。

（3）膨润土防水毯的织布面和膨润土防水板的膨润土面均应与结构外表面密贴。

（4）膨润土防水材料应采用水泥钉和垫片固定，立面和斜面上的固定间距宜为400～500mm，平面上应在搭接缝处固定。

（5）膨润土防水材料的搭接宽度应大于100mm，搭接部位的固定间距宜为200～300mm，固定点与搭接边缘的距离宜为25～30mm，搭接处应涂抹膨润土密封膏。平面搭接缝处可干撒膨润土颗粒，其用量宜为0.3～0.5kg/m。

（6）膨润土防水材料的收口部位应采用金属压条和水泥钉固定，并用膨润土密封膏覆盖。

（7）转角处和变形缝、施工缝、后浇带等部位均应设置宽度不小于500mm的加强层，加强层应设置在防水层与结构外表面之间。穿墙管件部位宜采用膨润土橡胶止水条、膨润土密封膏进行加强处理。

（8）膨润土防水材料分段铺设时应采取临时遮挡防护措施。

2. 膨润土防水材料防水层施工质量控制项目及检验规则

（1）膨润土防水材料防水层施工质量主控项目检验见表7-20。

表7-20　主控项目检验

序号	项目	合格质量标准	检验方法	检查数量
1	材料	膨润土防水材料必须符合设计要求	检查产品合格证、产品性能报告、材料进场检验报告	全数检查
2	细部做法	膨润土防水材料防水层在转角处和变形缝、施工缝、后浇带、穿墙管等部位的做法必须符合设计要求	观察检查和检查隐蔽工程验收记录	按铺设面积每100m² 抽查1处，每处10m²，且不得少于3处

（2）膨润土防水材料防水层施工质量一般项目检验见表7-21。

表7-21　一般项目检验

序号	项目	合格质量标准	检验方法	检查数量
1	膨润土铺设方向	膨润土防水毯的织布面或防水板的膨润土面应朝向工程主体结构的迎水面	观察方法	按铺设面积每100m² 抽查1处，每处10m²，且不得少于3处
2	膨润土防水材料铺贴	立面或斜面铺设的膨润土防水材料应上层压住下层，防水层与基层、防水层与防水层之间应密贴并应平整、无褶皱		
3	膨润土防水材料搭接	膨润土防水材料的搭接收口部位应符合7.3.7节1条4、5、6款的规定	观察和尺量检查	
4	搭接宽度允许偏差	膨润土防水材料搭接宽度的允许偏差为—10mm		

7.4 细部构造防水工程

细部构造防水处理适用于防水混凝土结构的变形缝、施工缝、后浇带、穿墙管道、埋设件、预留通道接头、桩头、孔口、坑池等细部构造。细部构造防水处理是地下防水工程的薄弱环节,该环节中防水材料的选用、防水施工工艺的确定、施工质量控制的特点以及质量检验的方法和标准,因细部构造部位的不同而不同。

7.4.1 地下防水工程细部构造防水处理材料

地下防水工程细部构造防水处理材料的选用见表7-22。

表 7-22 细部构造防水处理材料选用

细 部 构 造	防水密封材料的选用
变形缝	中埋式止水带、外粘式止水带、可卸止水带、填缝材料密封材料
施工缝	中埋式止水带、遇水膨胀止水条或遇水膨胀止水胶、水泥基渗透结晶型防水涂料、预埋注浆管
后浇带	水泥基渗透结晶型防水涂料、外贴式止水条、遇水膨胀止水条或遇水膨胀止水胶、预埋注浆管、补偿收缩混凝土
穿墙管	遇水膨胀止水条、止水环、遇水膨胀止水圈、密封材料
埋设件	密封材料
预留通道接口	中埋式止水带、可卸式止水条、遇水膨胀止水条或遇水膨胀止水胶、预埋注浆管、密封材料
桩头	聚合物水泥防水砂浆、水泥基渗透结晶型防水涂料、遇水膨胀止水条或遇水膨胀止水胶、密封材料
孔口	防水卷材、防水涂料、密封材料
坑、池	防水混凝土

7.4.2 细部构造防水工程质量主控项目检验

细部构造防水工程质量主控项目检验见表7-23。

表 7-23 主控项目检验

序号	项 目	合格质量标准	检 验 方 法	检 查 数 量
1	防水材料	所用各种防水材料必须符合设计要求	检查产品合格证、产品性能检测报告、材料进场检验报告	
2	防水混凝土、补偿收缩混凝土	原材料、配合比、坍落度、抗压强度、抗渗性能、限制膨胀率必须符合设计要求	检查产品合格证、产品性能检测报告、材料进场检验报告,抗压强度、抗渗性能,水养14d 后的限制膨胀率检测报告	

序号	项 目	合格质量标准	检验方法	检查数量
3	防水构造	必须符合设计要求	观察检查、检查隐蔽工程验收记录	全数检查
4	中埋式止水带	埋设位置应准确,其中间空心圆环与变形缝的中心线或通道接头中心线应重合、固定应牢靠		
5	桩头混凝土浇筑质量	混凝土应密实,如有渗漏应及时采取封堵措施		
6	蓄水试验	坑、池、蓄水库内部防水层完成后应及时进行蓄水试验	观察检查、检查蓄水试验记录	

7.4.3 细部构造防水工程质量一般项目检验

细部构造防水工程质量一般项目检验包含以下几个方面。

检验方法:观察检查和检查隐蔽工程验收记录;检查数量:全数检查。

1. 基层处理

变形缝、施工缝、后浇带、防水处理施工前,应将基层表面的浮浆、杂物清除干净,并涂刷混凝土界面处理剂或水泥基渗透结晶型防水涂料。后浇带混凝土的浇筑时间(已浇混凝土的抗压强度实测值)应符合设计要求,且应一次浇筑完成,不得留施工缝,养护期不得少于28d。水平施工缝在涂刷界面处理剂之后还应再铺30~50mm厚的1:1水泥砂浆,并及时浇筑混凝土。

2. 嵌填密封

嵌填密封材料的填充缝两侧基面应平整、洁净、干燥,且应预先涂刷基层处理剂;嵌填底部应设置背衬材料;密封材料嵌填应密实、连续、饱满、粘结牢固。

3. 止水条

遇水膨胀止水条应具有缓膨胀性能;止水条与基面应密贴,中间不得有空鼓、脱离等现象。止水条应牢固地安装在缝表面或预留凹槽内,采用搭接连接时,搭接宽度不得小于30mm。

4. 止水胶

遇水膨胀止水胶应采用专用注胶器挤出并粘结在施工缝表面,且做到连续、均匀、饱满、无气泡和孔洞,挤出宽度及厚度应符合设计要求;止水胶挤出成形后,在固化期内应采取临时保护措施,固化前不得浇筑混凝土。

5. 中埋式止水带

中埋式止水带的接缝应设在边墙较高位置上,埋设位置应准确,不得设在结构转角处;接头宜采用热压焊接,接缝应平整、牢固,不得有裂口、脱胶现象。止水带在转弯处应做成弧形,在顶板、底板内应安装成盆状,并宜采用专用钢筋套或扁钢固定。

6. 外粘止水带

外粘止水带在变形缝与施工缝相交部位宜采用十字配件,在转角部位宜采用直角配件。

止水带埋设位置应准确、固定应牢靠,并与固定止水带的基层密贴,不得出现空鼓、翘边现象。

7. 可卸式止水带

设于结构内侧的可卸式止水带所需配件应一次配齐,转角处应做成 45°坡角,并增加紧固件数量;止水带与紧固件压块和基面之间应结合紧密;固定用(膨胀)螺栓应选用不锈钢材料或作防腐处理。

8. 注浆管

预埋注浆管应设置在施工缝断面中部,注浆管与施工缝基面应密贴并固定牢靠,固定间距宜为 200~300mm;注浆管与注浆导管的连接应牢靠、严密,导管埋入混凝土内部的部分应与结构钢筋绑扎牢固,导管末端应临时封堵严密。

9. 施工缝的留置

墙体水平施工缝应留置在高于底板表面不小于 300mm 的墙体上;拱、板与墙结合的水平施工缝宜留在拱、板与墙交接处以下 150~300mm 处,垂直施工缝应避开地下水和裂隙水较多的地段并与变形缝相结合。

10. 穿墙管

(1) 固定式穿墙管应加焊止水环或环绕遇水膨胀止水圈,并做好防腐处理;穿墙管应在主体结构迎水面预留凹槽,槽内应用密封材料嵌填密实。

(2) 套管式穿墙管的套管与止水环及翼环应连续满焊,并做防腐处理,套管内表面应清理干净;穿墙管与套管之间应用密封材料和橡胶密封圈进行密封处理,并采用法兰盘及螺栓进行固定。

(3) 穿墙盒的封口钢板与混凝土结构墙上预埋的角铁应焊严,并从钢板上的预留浇注孔注入改性沥青密封材料或细石混凝土封填,封填后用钢板将浇注孔口焊接封闭。

(4) 当主体结构迎水面有柔性防水层时,防水层与穿墙管连接处应增设加强层。

11. 埋设件

(1) 埋设件应位置准确、固定牢靠,并进行防腐处理。

(2) 埋设件端部或预留孔、槽底部的混凝土厚度不得小于 250mm,否则应局部加厚或采取其他防水措施。

(3) 结构迎水面的埋设件周围应预留凹槽,凹槽内应用密封材料填实。

(4) 用于固定模板的螺栓必须穿过混凝土结构时,可采用工具式螺栓或螺栓加堵头,螺栓上应加焊止水环。拆模后留下的凹槽应用密封材料封堵密实,并用聚合物水泥砂浆抹平。

(5) 预留孔、槽内的防水层应与主体防水层保持连续。

12. 预留通道接头

(1) 预留通道先浇混凝土结构、中埋式止水带和预埋件应提前做好保护,预埋件应进行防锈处理。

(2) 预留通道接头外部应设保护墙。

(3) 用膨胀螺栓固定可卸式止水带时,止水带与紧固件和基面之间应结合紧密。采用金属膨胀螺栓时,应选用不锈钢材料或经防锈处理的膨胀螺栓。

13. 桩头

(1) 桩头裸露处应涂刷水泥基渗透结晶型防水涂料,并延伸到结构底板垫层 150mm 处。桩头四周 300mm 范围内应抹聚合物水泥防水砂浆过渡层。

(2) 结构底板防水层应做在聚合物水泥防水砂浆过渡层上,并延伸至桩头侧壁,其与桩头侧壁接缝处应采用密封材料嵌填。

(3) 桩头的受力钢筋根部应采用遇水膨胀止水条或止水胶,并应采取保护措施。

14. 孔口

(1) 窗井的底部在最高地下水位以上时,窗井的墙体和底板应做防水处理,且宜与主体结构断开;窗台下部墙体和底板应做防水层。

(2) 窗井或窗井的部分在最高地下水位以下时,窗井应与主体结构连成一体,其防水层也应连成整体,并在窗井内设置集水井;窗台下部的墙体和底板应做防水层。

(3) 窗井内底板应低于窗下缘 300mm;窗井墙高出室外地面不得少于 500mm;窗井外地面应做散水,散水与墙面间应采用密封材料嵌填。

(4) 人员出入口高出地面不应小于 500mm;汽车出入口设置明沟排水时,其高出地面宜为 150mm,并应采取防雨措施。

15. 坑、池

(1) 坑、池、储水库宜采用防水混凝土整体浇筑,混凝土表面应坚实、平整,不得有露筋、蜂窝和裂缝等缺陷。

(2) 坑、池底板的混凝土厚度不应小于 250mm;如果不足 250mm,应采取局部加厚措施,防水层应保持连续。

(3) 坑、池施工结束后,应及时遮盖并防止杂物堵塞。

7.5 特殊施工方法结构防水工程

7.5.1 锚喷支护

锚喷支护适用于暗挖法地下工程的支护结构及复合式衬砌的初期支护。喷射混凝土前,应根据围岩裂隙及渗漏情况预先采取引排或注浆堵漏措施。

1. 锚喷支护施工质量控制要点

(1) 喷射混凝土所用原材料应符合下列规定:①水泥应选用普通硅酸盐水泥或硅酸盐水泥。②细骨料应采用中砂或粗砂,细度模数宜大于 2.5,含泥量不应大于 3.0%;干法喷射时骨料含水率宜为 5%~7%。③粗骨料(卵石或碎石)粒径不应大于 15mm,含泥量不应大于 1.0%;使用碱性速凝剂时,不得使用含有活性二氧化硅的石料。④速凝剂的初凝时间不应超过 5min,终凝时间不应超过 10min。

(2) 混合料必须计量准确、搅拌均匀,且符合下列规定:①水泥与砂石质量比宜 1:4~1:4.5,砂率宜为 45%~55%,水灰比不得大于 0.45,外加剂和外掺料的掺量应通过试验确定。②原材料称量允许偏差:水泥和速凝剂均为 ±2%,砂石均为 ±3%。③混合料应严防受潮、随拌随用,存放时间不应超过 2h;掺入速凝剂后存放时间不应超过 20min。

（3）喷射混凝土终凝 2h 后应进行喷水养护,养护时间不得少于 14d;当气温低于 5℃时不得喷水养护。

（4）喷射混凝土试件制作组数应符合下列规定:

① 抗压强度试件,地下铁道工程按区间或小于区间断面的结构每 20 延米拱和墙各取一组,车站取两组;其他工程应按每喷射 50m³（含不足 50m³）同一配合比混合料取一组。

② 抗渗试件,地下铁道工程按区间结构每 40 延米取一组,车站每 20 延米取一组;其他工程当设计有抗渗要求时,可增做抗渗性能试验。

（5）锚杆应进行抗拔力试验,同一批锚杆每 100 根（含不足 100 根）应取一组试件,每组 3 根;同一批试件抗拔力的平均值不得小于设计锚固力,且其中的最小值不应小于设计锚固力的 90%。

2. 锚喷支护施工质量主控项目检验

锚喷支护施工质量主控项目检验见表 7-24。

表 7-24　主控项目检验

序号	项　目	合格质量标准	检验方法	检验数量
1	喷射混凝土及原材料	喷射混凝土所用的原材料、混合料配合比及钢筋网、锚杆、拱架等必须符合设计要求	检查出厂合格证、产品性能检验报告计量措施和现场抽样试验报告	按区间或小于区间断面的结构,每 20 延米抽查 1 处,车站每 10 延米抽查 1 处,每处 10m²,且不得少于 3 处
2	混凝土抗压、抗渗性能、锚杆抗拔力	喷射混凝土的抗压强度、抗渗性能及锚杆的抗拔力必须符合设计要求	检查混凝土抗压、抗渗试验报告和锚杆抗拔力试验报告	
3	渗漏水量	锚喷支护的渗漏水量必须符合设计要求	观察检查和检查渗漏水检测记录	

3. 锚喷支护施工质量一般项目检验

锚喷支护施工质量一般项目检验见表 7-25。

表 7-25　一般项目检验

序号	项　目	合格质量标准	检验方法	检验数量
1	喷射层的粘结	喷层与围岩及喷层之间应粘结紧密,不得有空鼓现象	用小锤轻击法检查	按区间或小于区间断面的结构,每 20 延米检查 1 处,车站每 10 延米检查 1 处,每处 10m²,且不得少于 3 处
2	喷射层厚度	喷射厚度应有 60% 以上检查点不小于设计厚度,平均厚度不得小于设计厚度,最小厚度不得小于设计厚度的 50%	用针探或凿孔检查	
3	表面质量	喷射混凝土应密实、平整,无裂缝脱落、漏喷、露筋	观察检查	
4	表面平整度	喷射混凝土表面平整度 $D/L < 1/6$	尺量检查	

7.5.2　地下连续墙

地下连续墙适用于地下工程的主体结构、支护结构及复合式衬砌的初期支护。

1. 地下连续墙施工质量控制要点

（1）地下连续墙应采用防水混凝土，水泥用量不应小于 $400kg/m^3$，水灰比不得大于 0.55，坍落度不得小于 180mm。

（2）地下连续墙施工时，混凝土应按每 1 个单元槽留置一组抗压试件，每 5 个槽段留置一组抗渗试件。

（3）叠合式侧墙的地下连续墙与内衬结构连接处应凿毛并冲洗干净，必要时应做特殊防水处理。

（4）地下连续墙槽段不宜多设，槽段接缝应避开拐角部位。

（5）地下连续墙如有裂缝、孔洞、露筋等缺陷，应采用聚合物水泥砂浆修补；槽段接缝处如有渗漏，应采用引排或注浆封堵。

2. 地下连续墙施工质量主控项目检验

地下连续墙施工质量主控项目检验见表 7-26。

表 7-26　主控项目检验

序号	项　　目	合格质量标准	检 验 方 法	检 查 数 量
1	混凝土质量	防水混凝土的原材料、配合比及坍落度必须符合设计要求	检查产品合格证、性能检测报告、计量措施、材料进场检验报告	全数检查
2	抗压强度、抗渗性能	防水混凝土的抗压强度和抗渗性能必须符合设计要求	检查混凝土抗压强度、抗渗性能检验报告	按连续墙，每 5 个槽段抽查 1 个槽段，且不得少于 3 个槽段
3	渗漏水量	地下连续墙的渗漏水量必须符合设计要求	观察检查和检查渗漏水量检测记录	

3. 地下连续墙施工质量一般项目检验

地下连续墙施工质量一般项目检验见表 7-27。

表 7-27　一般项目检验

序号	项　　目	合格质量标准	检 验 方 法	检 查 数 量
1	接缝构造	地下连续墙槽段接缝构造应符合设计要求	观察检查和检查隐蔽工程验收记录	按连续墙，每 5 个槽段抽查 1 个槽段，且不得少于 3 个槽段
2	墙段漏筋	地下连续墙墙面不得有露筋、露石和夹泥现象	观察检查	
3	墙面平整度	临时支护墙允许偏差应为 50mm，单一或复合墙体允许偏差应为 30mm	尺量检查	

7.5.3 盾构隧道

盾构隧道适用于在软土或软岩土中采用盾构掘进和拼装管片方法修建的衬砌结构。

1. 盾构隧道工程施工质量控制要点

（1）管片混凝土抗压强度、抗渗性能、氯离子扩散系数均应符合设计要求。

（2）混凝土管片应平整光滑，不应有麻面、露筋、孔洞、疏松、夹渣、有害裂缝、缺棱掉角、飞边等缺陷。

（3）单块管片制作尺寸的允许偏差应符合表 7-28 的规定。

表 7-28　单块管块制作尺寸允许偏差　　　　　　　　　　　　mm

项　　目	允 许 偏 差
宽度	±1
弧长、弦长	±1
厚度	+3，−1

注：本表摘自《地下防水工程质量验收规范》(GB 50208—2011)。

（4）钢筋混凝土管片混凝土抗压强度和抗渗性能试件取样规则应符合表 7-29 规定。

表 7-29　管片混凝土抗压、抗渗试件取样规则

隧道直径	抗压试块（同一配合比）	抗渗试块（同一配合比）
<8m	每生产 10 环取一组	每生产 30 环取一组
≥8m	每工作台班取一组	每生产 10 环取一组

（5）钢筋混凝土管片的单块抗渗检漏应符合下列规定：①检验批次和数量：最初检漏频率，管片每生产 100 环抽 1 块管片进行检漏测试；连续 3 次均达标，则改为每生产 200 环抽检 1 块管片；再连续 3 次均达标，则改为每生产 400 环抽检 1 块管片；如出现 1 次不达标，则恢复执行最初检漏频率，再按上述要求进行抽检；当执行最初检漏频率时，如出现 1 次不达标，则双倍取样复检；如再出现 1 次不达标，则必须逐块检漏。②检漏达标标准：管片外表在 0.8MPa 水压下恒压 3h，以渗水进入管片外背高度不超过 50mm 为合格。

（6）盾构隧道衬砌的管片密封垫防水应符合下列规定：①密封垫沟槽表面应干燥、平整、无尘，雨天不得进行密封垫粘贴施工；②密封垫应与沟槽应贴合紧密、位置正确、平整，不得有起鼓、超长和缺口；③密封垫粘贴完毕且达到规定强度后方可进行管片的拼装；④采用遇水膨胀橡胶密封垫时，非粘贴面应涂刷缓膨胀剂或采取符合缓膨胀的措施。

（7）盾构隧道衬砌的管片嵌缝材料防水应符合下列规定：①根据盾构施工方法和隧道的稳定性确定嵌缝作业开始的时间；②嵌缝槽表面应坚实、平整、洁净、干燥、完好无缺，如有缺损应采用与管片混凝土强度等级相同的聚合物水泥砂浆修补；③嵌缝作业应在无明显渗水后进行，嵌缝材料施工时应先涂刷基层处理剂，嵌填应密实、平整、连续、饱满、粘结牢固。

（8）管片密封剂防水应符合下列规定：①接缝管片渗漏时应采用密封剂堵漏；②密封剂注入口无缺损，注入通道通畅；③密封剂注入前应采取控制注入范围的措施。

（9）管片螺栓孔密封圈防水应符合下列规定：①螺栓拧紧前应确保螺栓孔密封圈的位置准确、与螺栓孔沟槽贴合紧密；②螺栓孔渗漏时应采取封堵措施；③不得使用已破损或提前膨胀的密封圈。

2. 盾构隧道衬砌工程施工质量主控项目检验

盾构隧道衬砌工程施工质量主控项目检验见表 7-30。

表 7-30 主控项目检验

序号	项 目	合格质量标准	检 验 方 法	检 查 数 量
1	防水材料质量	盾构隧道衬砌所用防水材料必须符合设计要求	检查产品合格证、产品性能检测报告、材料进场检验报告	全数检查
2	抗压强度和抗渗性能	管片混凝土的抗压强度和抗渗性能必须符合设计要求	检查混凝土抗压强度、抗渗性能检验报告和管片单块检漏测试报告	按每连续 5 环抽查 1 环，且不得少于 3 环
3	渗漏水量	盾构隧道衬砌的渗漏水量必须符合设计要求	观察检查和检查渗漏水检测记录	

3. 盾构隧道衬砌工程施工质量一般项目检验

盾构隧道衬砌工程施工质量一般项目检验见表 7-31。

表 7-31 一般项目检验

序号	项 目	合格质量标准	检 验 方 法	检 查 数 量
1	密封垫沟槽	管片接缝密封垫及其沟槽的断面尺寸应符合设计要求	观察检查和检查隐蔽工程验收记录	应按每连续 5 环抽查 1 环，且不得少于 3 环
2	嵌缝槽	管片嵌缝槽的深宽以及断面构造形式、尺寸应符合设计要求		
3	密封垫粘贴	密封垫在沟槽内应套箍和粘贴牢固，不得歪斜、扭曲	观察检查	
4	嵌填质量	嵌缝材料嵌填应密实、连续、饱满、表面平整、密贴牢固		
5	连接螺栓	管片环向、纵向螺栓应全部穿进并拧紧；衬砌内表面的外露铁件防腐处理应符合设计要求		

7.5.4 沉井

沉井适用于下沉施工的地下建筑物或构筑物。沉井结构应采用防水混凝土浇筑，分段制作时，施工缝的防水措施应符合 7.4 节的有关规定；固定模板的螺栓穿过混凝土井壁时，螺栓部位的防水处理应符合 7.4.3 节第 11 条第 4 款的规定。

1. 沉井施工质量控制要点

（1）沉井干封底施工应符合下列规定：①沉井基底土面应全部挖至设计标高，待其下沉稳定后再将井内积水排干；②清除浮土杂物，底板与井壁连接部位应凿毛、清洗干净或涂刷混凝土界面剂，及时浇筑防水混凝土封底；③在软土中封底时，宜分格逐段对称进行；④封底混凝土施工过程中，应从底板上的集水井中不间断地抽水，直至混凝土达到设计强度；⑤封堵混凝土宜用微膨胀混凝土填充捣实，并用法兰、焊接钢板等方法封平。

（2）沉井水下封底施工应符合下列规定：①应将井底浮泥清除干净，铺碎石垫底；②底板与井壁连接部位应冲刷干净；③封底宜采用水下不分散混凝土，坍落度宜为180～220mm；④封底混凝土应在沉井底面内连续、均匀浇筑，不得留施工缝；⑤封底混凝土达到强度后方可从井内抽水，并检查封底质量。

（3）防水混凝土底板应连续浇筑，不得留施工缝；底板与井壁接缝处的防水处理应符合7.4节关于施工缝防水处理的有关规定。

2．沉井施工质量主控项目检验

沉井施工质量主控项目检验见表7-32。

表7-32　主控项目检验

序号	项　　目	合格质量标准	检　验　方　法	检　查　数　量
1	混凝土	混凝土原材料、配合比、坍落度必须符合设计要求	检查产品合格证、产品性能检测报告、计量措施和材料进场检验报告	全数检查
2	混凝土强度和抗渗性能	沉井混凝土的抗压强度和抗渗性能必须符合设计要求	检查混凝土抗压强度、抗渗性能检验报告	按混凝土外露面积每100m² 抽查1处，每处 10m²，且不得少于3处
3	渗漏水量	沉井的渗漏水量必须符合设计要求	观察检查和检查渗漏水检测记录	

3．沉井施工质量一般项目检验见表7-33。

表7-33　一般项目检验

序号	项　　目	合格质量标准	检　验　方　法	检　查　数　量
1	沉井封底	沉井干封底和水下封底的施工应符合7.5.4节第1条第1,2款的规定	观察检查和检查隐蔽工程验收记录	按混凝土外露面积每 100m² 抽查1处，每处 10m²，且不得少于3处
2	防水处理	沉井底板与井壁接缝处的防水处理应符合设计要求		

7.5.5　逆筑结构

逆筑结构适用于地下连续墙为主体结构或地下连续墙与内衬构成的复合式衬砌进行逆筑法施工的地下工程。

1．地下连续墙的主体结构逆筑法施工质量控制要点

（1）地下连续墙墙面应凿毛、清洗干净，并宜做防水砂浆防水层。

（2）地下连续墙与顶板、中楼板、底板接缝部位应凿毛处理，施工缝的施工应符合7.4节有关施工缝的规定。

（3）钢筋接驳器处宜涂刷水泥基渗透结晶型防水涂料。

（4）底板混凝土达到设计强度后方可停止降水，并应将降水井封堵密实。

2. 地下连续墙与内衬构成复合式衬砌逆筑法施工质量控制要点

除需要注意上述7.5.5节第1条中质量控制要点外，还应注意以下几点：

（1）顶板及中楼板下部500mm的内衬墙应同时浇筑，内衬墙下部应做成斜坡，斜坡下部应预留300～500mm空间，待下部先浇混凝土施工14d后再进行浇筑。

（2）浇筑混凝土前内衬墙的接缝面应凿毛、清洗干净，并应设置遇水膨胀止水条或遇水膨胀止水胶和预埋注浆管。

（3）内衬墙的后浇混凝土应采用补偿收缩混凝土，浇筑口宜高于斜坡顶端200mm以上。

（4）内衬墙的垂直施工缝与地下连续墙的槽段接缝应相互错开2～3m。

（5）底板混凝土应连续浇筑，不宜留设施工缝，底板与桩头接缝部位的防水处理应符合7.4节中有关防水处理的规定。

（6）底板混凝土达到设计强度后方可停止降水，并应将降水井封堵密实。

3. 逆筑结构工程施工质量主控项目检验

逆筑结构工程施工质量主控项目检验见表7-34。

表7-34 主控项目检验

序号	项　　目	合格质量标准	检验方法	检查数量
1	材料质量	补偿收缩混凝土的原材料、配合比、坍落度必须符合设计要求	检查产品合格证、产品性能检测报告、计量措施、材料进场检验报告	按混凝土外露面积，每100m² 抽查1处，每处10m²，且不得少于3处
2	接缝密封	内衬墙接缝用遇水膨胀止水条或止水胶预埋注浆管必须符合设计要求		
3	渗漏水量	逆筑结构的渗漏水量必须符合设计要求	观察检查，检查渗漏水检测记录	

4. 逆筑结构工程施工质量一般项目检验

逆筑结构工程施工质量一般项目检验见表7-35。

表7-35 一般项目检验

序号	项　　目	合格质量标准	检验方法	检查数量
1	施工工序	逆筑法施工工序应符合7.5.5节第1,2条的规定	观察检查，检查隐蔽工程验收记录	按混凝土外露面积，每100m² 抽查1处，每处10m²，且不得少于3处
2	接缝密封	遇水膨胀止水条、遇水膨胀止水胶和预埋注浆管的施工应符合7.4.3节第3,4,8条的规定		

7.6 排水工程

7.6.1 渗排水、盲沟排水

渗排水适用于无自流排水条件、防水要求较高且有抗浮要求的地下工程。盲沟排水适用于地基为弱透水性土层、地下水量不大或排水面积较小、地下水位在结构底板以下或丰水期地下水位高于结构底板的地下工程。

1. 渗排水工程质量控制要点

(1) 渗排水用砂石应洁净,含泥量不应大于 2.0%。

(2) 粗砂过滤层总厚宜为 300mm,较厚时应分层铺填;与基坑土层接触处应采用粒径为 5~10mm 的石子铺填,铺填厚度为 100~150mm。

(3) 集水管应设置在粗砂过滤层下部,坡度不小于 1%,集水管间距宜为 5~10m,且与集水井相通。

(4) 工程底板与渗排水层之间应做隔浆层,建筑周围的渗排水层顶面应做散水坡。

2. 盲沟排水工程质量控制要点

(1) 盲沟的类型、盲沟与基础的距离、盲沟成型尺寸和坡度均应符合设计要求。

(2) 盲沟用砂、石应洁净,含泥量不应大于 2.0%。

(3) 盲沟反滤层的层次和粒径组成应符合表 7-36 的规定。

表 7-36 盲沟反滤层的层次和粒径组成

反滤层的层次	建筑物地区地层为砂性土(塑性指数 $I_p<3$)	建筑物地区地层为黏性土(塑性指数 $I_p>3$)
第一层(贴近天然土)	由粒径 1~3mm 的砂子组成	由粒径 2~5mm 的砂子组成
第二层	由粒径 3~10mm 的小卵石组成	由粒径 5~10mm 的小卵石组成

注:本表摘自《地下防水工程质量验收规范》(GB 50208—2011)。

(4) 盲沟在转弯处和高低处应设置检查井,出水口处应设置滤水箅子。

(5) 渗排水、盲沟排水均应在地基工程验收合格后开始施工。

(6) 集水管宜采用无砂混凝土管、硬质塑料管或软式透水管。

3. 渗排水、盲沟排水工程质量主控项目检验

渗排水、盲沟排水工程质量主控项目检验见表 7-37。

表 7-37 主控项目检验

序号	项 目	合格质量标准	检验方法	检查数量
1	盲沟反滤层	盲沟反滤层的层次和粒径组成必须符合设计要求	检查砂、石试验报告和隐蔽工程验收记录	按总量的 10% 抽查,其中以两轴线间距或 10 延米为 1 处,且不得少于 3 处
2	集水管	集水管的埋置深度和坡度必须符合设计要求	观察和尺量检查	

4. 渗排水、盲沟排水工程质量一般项目检验

渗排水、盲沟排水工程质量一般项目检验见表 7-38。

表 7-38　一般项目检验

序号	项　　目	合格质量标准	检验方法	检查数量
1	渗排水构造	渗排水构造应符合设计要求	观察检查和检查隐蔽工程验收记录	按总量的 10% 抽查,其中以两轴线间距或 10 延米为 1 处,且不得少于 3 处
2	渗排水层	渗排水层的铺设应分层、铺平、拍实		
3	盲沟构造	盲沟排水构造应符合设计要求		
4	集水管接口	集水管采用平接式或承插式,接口应连接牢固,不得扭曲、变形和错位	观察检查	

7.6.2　隧道排水、坑道排水

隧道、坑道排水适用于贴壁式、复合式、离壁式衬砌。

1. 隧道、坑道排水工程施工质量控制要点

(1) 排水明沟的纵向坡度应与隧道或坑道坡度一致,且应设置盖板和检查井。

(2) 隧道离壁式衬砌侧墙外排水沟应做成明沟,其纵向坡度不应小于 0.5%。

2. 隧道、坑道排水工程质量主控项目检验

隧道、坑道排水工程质量主控项目检验见表 7-39。

表 7-39　主控项目检验

序号	项　　目	合格质量标准	检验方法	检查数量
1	反滤层	盲沟反滤层的层次和粒径的组成必须符合设计要求	检查砂、石试验报告	按总量的 10% 抽查,其中按两轴线间或 10 延米为 1 处,且不得少于 3 处
2	集水管	无砂混凝土管、硬质塑料管、软式透水管必须符合设计要求	检查产品合格证、产品性能检测报告	
3	排水系统	隧道、坑道排水系统必须通畅	观察检查	

3. 隧道、坑道排水工程质量一般项目检验

隧道、坑道排水工程质量一般项目检验见表 7-40。

表 7-40　一般项目检验

序号	项　　目	合格质量标准	检验方法	检查数量
1	集水管设置	盲沟、盲管及横向导水管的管径、间距和坡度均应符合设计要求	观察和尺量检查	按总量的 10% 抽查,其中以两轴线间距或 10 延米为 1 处,且不得少于 3 处
2	明沟排水	隧道、坑道内排水明沟及离壁式衬砌外排水沟的断面尺寸及坡度应符合设计要求		
3	盲管安装与接头	盲管应与岩壁或初期支护密贴、固定牢固,环向、纵向盲管接头宜与盲沟相配套	观察检查	
4	盲沟	贴壁式、复合式衬砌的盲沟与混凝土衬砌接触部位应做隔浆层	观察检查和检查隐蔽工程验收记录	

7.7 注浆工程

注浆工程根据注浆的时间、部位的不同可以分为预注浆、后注浆和结构裂缝注浆。预注浆适用于工程开挖前预计地下涌水量较大的地段或软弱地层的加固。后注浆(回填注浆)适用于工程开挖后围岩渗漏的处理及初期壁后的空隙回填。结构裂缝注浆适用于混凝土结构中宽度大于 0.2mm 的静止裂缝、贯穿裂缝等堵水及补强加固。

7.7.1 预注浆、后注浆

1. 预注浆、后注浆施工质量控制要点

1) 注浆材料应符合下列规定

(1) 注浆材料应具有良好的可注性、粘结性、抗渗性、耐久性和化学稳定性,且应具有固结体积收缩小、低毒、对环境污染小等特点。

(2) 注浆工艺简单、施工操作方便、安全可靠。

2) 注浆浆液应符合下列规定

(1) 预注浆宜采用水泥浆液、黏土水泥浆液或化学浆液。

(2) 后注浆宜采用水泥浆液、水泥砂浆或掺有石灰、黏土、膨润土、粉煤灰的水泥浆液,注浆浆液的配合比应经现场试验确定。

3) 注浆过程控制应符合下列规定

(1) 根据工程地质条件、注浆目的等控制注浆压力和注浆量。

(2) 后注浆应在衬砌混凝土达到设计强度 70% 以后进行,衬砌后围岩注浆应在充填注浆固结体达到设计强度的 70% 后进行。

(3) 浆液不得溢出地面或超过有效注浆范围,地面注浆结束后注浆孔应封填密实。

(4) 注浆范围和建筑物的水平距离很近时,应加强对邻近建筑物和地下埋设物的现场监控。

(5) 注浆点距离饮用水源或公共水源较近时,注浆施工如造成污染应及时采取相应措施。

2. 预注浆、后注浆工程质量主控项目检验

预注浆、后注浆工程质量主控项目检验见表 7-41。

3. 预注浆、后注浆工程质量一般项目检验

预注浆、后注浆工程质量一般项目检验见表 7-42。

表 7-41 主控项目检验

序号	项 目	合格质量标准	检 验 方 法	检 查 数 量
1	注浆材料	配置浆液的原材料及配合比必须符合设计要求	检查产品合格证、产品性能检测报告、计量措施、材料进场检验报告	按加固或堵漏面积,每 100m² 抽查 1 处,每处 10m²,且不得少于 3 处
2	注浆效果	(预、后)注浆效果必须符合设计要求	采取钻芯取样法检查,必要时采取压水或抽水试验方法检查	

表 7-42 一般项目检验

序号	项 目	合格质量标准	检 验 方 法	检 查 数 量
1	注浆孔	注浆孔的数量、间距、钻孔深度及角度均应符合设计要求	尺量检查和检查隐蔽工程验收记录	按加固或堵漏面积,每 100m² 抽查 1 处,每处 10m²,且不得少于 3 处
2	注浆压力与注浆量	注浆各阶段的控制压力和注浆量应符合设计要求	观察检查和检查隐蔽工程验收记录	
3	注浆范围	注浆时浆液不得溢出地面或超出有效注浆范围	观察检查	
4	对地面的影响	注浆对地面产生的沉降量不得超过 30mm,地面的隆起不得超过 20mm	用水准仪测量	

7.7.2 结构裂缝注浆

结构裂缝注浆适用于混凝土结构宽度大于 0.2mm 的静止裂缝、贯穿裂缝。裂缝注浆应待结构基本稳定和混凝土达到设计强度之后进行。根据注浆目的,结构裂缝注浆可分为堵水注浆和补强加固注浆。

1. 结构裂缝注浆工程质量控制要点

1)堵水注浆宜选用聚氨酯、丙烯酸盐等化学浆液,补强加固注浆宜选用改性环氧树脂、超细水泥等浆液。

2)结构裂缝注浆应符合下列规定:

(1)施工前应沿裂缝清除基面上的油污杂质。

(2)浅裂缝的注浆嘴应骑缝粘埋,必要时沿缝开凿"U"形槽并用速凝水泥砂浆封缝。

(3)深裂缝应骑缝钻孔或斜向钻孔至裂缝深部,在孔内粘埋注浆嘴或注浆管,间距应根据裂缝宽度确定,每条裂缝至少有一个注浆嘴和一个排气孔。

(4)注浆嘴或注浆管应设在裂缝的交叉处、较宽处及贯穿处。

(5)裂缝应采用速凝水泥砂浆封堵,并对封缝的密封效果进行检查。

(6)注浆后,待缝内浆液固化方可拆下注浆嘴并进行封口抹平。

2. 结构裂缝注浆工程质量主控项目检验

结构裂缝注浆工程质量主控项目检验见表 7-43。

表 7-43　主控项目检验

序号	项　目	合格质量标准	检 验 方 法	检 查 数 量
1	注浆材料	注浆材料及其配合比必须符合设计要求	检查产品合格证、产品性能检测报告、计量措施、材料进场检验报告	按裂缝的条数抽查 10%，每条裂缝检查 1 处，且不得少于 3 处
2	注浆效果	结构裂缝注浆的注浆效果必须符合设计要求	观察检查、水压或气压检查，必要时钻取芯样作劈裂抗拉强度试验	

3. 结构裂缝注浆工程质量一般项目检验

结构裂缝注浆工程质量一般项目检验见表 7-44。

表 7-44　一般项目检验

序号	项　目	合格质量标准	检 验 方 法	检 查 数 量
1	注浆孔	注浆孔数量、间距、钻孔深度及角度应符合设计要求	尺量检查和检查隐蔽工程验收记录	按裂缝的条数抽查 10%，每条裂缝检查 1 处，且不得少于 3 处
2	注浆压力与注浆量	注浆各阶段的控制压力和注浆量应符合设计要求	观察检查和检查隐蔽工程验收记录	

思考题

1. 简述防水混凝土工程质量主控项目的内容。
2. 简述卷材防水层的适用范围。
3. 简述卷材防水层施工质量的控制要点。
4. 简述涂料防水层施工质量的控制要点。
5. 简述渗排水工程施工质量的控制要点。
6. 简述盾构隧道钢筋混凝土管片单块抗渗检漏的有关规定。
7. 简述结构裂缝注浆工程质量主控项目和一般项目。

第8章

屋面工程质量控制及检测

本章学习要点

屋面工程施工的基本规定；

卷材、涂膜防水屋面的找平层的施工质量控制要点和质量检验；

屋面保温层的施工质量控制要点和质量检验；

卷材防水层的施工质量控制要点和质量检验；

涂膜防水层的施工质量控制要点和质量检验；

刚性屋面防水层的施工质量控制要点和质量检验；

平瓦屋面工程施工质量控制要点和质量检验；

隔热屋面工程施工质量控制要点和质量检验；

屋面细部构造防水工程质量控制要点和质量检验。

  建筑工程的防水、保温隔热是建筑物的重要功能，关系到建筑物的使用寿命、使用环境及卫生条件，影响到人们的生产、工作及生活质量。防水工程是隐蔽工程，在建筑施工中属于关键项目，在保证工程质量上具有重要地位。建筑物的防水工程按其构造做法可分为刚性防水和柔性防水两大类。刚性防水又可分为结构构件的自防水和刚性防水材料防水，结构构件的自防水主要是依靠建筑物构件（如屋面板、墙体、底板等）材料自身的密实性及某些构造措施（如坡度、伸缩缝并辅以油膏嵌缝、埋设止水带等）起到自身防水的作用；刚性防水材料防水则是通过在建筑构件上涂抹防水砂浆、浇筑掺有外加剂的细石混凝土或预应力混凝土等达到防水的目的；柔性防水则是使用柔性材料（如铺设防水卷材、涂膜防水涂料等）在建筑构件上做防水层。按建筑工程不同部位，建筑工程防水又可分为屋面防水、地下防水、卫生间防水等。保温隔热工程不仅会影响建筑工程质量，也会影响建筑物的使用成本。以普通民用住宅为例，据有关统计调查，在正常的使用寿命期内用于制冷和取暖的资金投入要远远高于该建筑物的建造成本。

8.1 屋面工程施工的有关规定

  屋面工程施工有以下规定：

  （1）屋面工程施工时，应建立各道工序的自检、交接检和专职人员检查的"三检"制度，并应有完整的检查记录。每道工序完成后应经监理单位（或建设单位）检查验收，合格后方可进入下道工序的施工。屋面工程各道工序之间，常因上道工序存在的问题未能及时解决而被下道工序覆盖，给屋面防水工程留下质量隐患。因此在操作人员自查自检合格的基础上，必须加强工序间的交接检和专职人员的检查，检查验收记录应归档留存。

（2）防水工程施工实际上是对防水材料的再加工，必须由经资质审查合格的专业防水施工队伍进行。操作人员应经防水专业培训考试合格后，由当地建设行政主管部门发给上岗证。

（3）屋面工程所采用的防水、保温隔热材料应有产品合格证书和性能检测报告，材料的品种、规格、性能等应符合现行国家产品标准和设计要求。对进场材料应按当地建设行政主管部门的规定进行（见证取样）复检，检验结果必须符合现行国家产品标准和设计要求，不合格的材料决不允许使用到工程之中。

（4）下道工序或相邻工程施工时，对屋面已完成的部分防水设施应采取成品保护措施，不允许踩踏或堆放杂物等，以防造成防水层的局部破损。

（5）伸出屋面的管道、设备或预埋件等应在防水层施工前安装完成，屋面防水层完工后不得在其上钻孔凿洞、冲击振动或安装其他设备。

（6）屋面工程完工后，应按规范的有关规定对细部构造、接缝、保护层等进行外观检验，并应进行淋水或蓄水检验，淋水检验应持续 2h 以上，蓄水检验应不少于 24h。

（7）屋面的保温层和防水层严禁在雨天、雪天和五级以上大风天气施工。施工环境气温宜符合表 8-1 的规定。

表 8-1　屋面保温层和防水层施工环境气温

项　　目	施工环境气温
粘结保温层	热沥青不低于 -10℃，水泥砂浆不低于 5℃
沥青防水卷材	不低于 5℃
高聚物改性沥青防水卷材	冷粘法不低于 5℃，热熔法不低于 -10℃
合成高分子防水卷材	冷粘法不低于 5℃，热风焊接法不低于 -10℃
高聚物改性沥青防水涂料	溶剂型不低于 -5℃，水溶型不低于 5℃
合成高分子防水涂料	
刚性防水层	不低于 5℃

注：本表摘自《屋面工程质量验收规范》（GB 50207—2002）。

（8）屋面工程各分项工程的施工质量检验批量应符合下列规定：

① 卷材防水层屋面、涂膜防水层屋面、刚性防水层屋面、瓦屋面和隔热屋面工程，应按屋面面积每 100m² 抽查一处，每处 10m²，且不得少于 3 处。

② 接缝密封防水，每 50m 应抽查一处，每处 5m，且不得少于 3 处。

③ 细部构造应全部进行检查。

细部构造是屋面工程中最容易出现渗漏的薄弱环节。据调查统计，有渗漏的屋面工程中，70% 以上归因于细部构造的防水存在质量问题。天沟、檐沟纵向找坡必须符合设计要求，保证排水畅通、沟中不积水。

8.2　卷材、涂膜防水屋面工程

8.2.1　屋面找平层

卷材、涂膜防水屋面要求基层有较好的结构整体性和刚度，对于大多数钢筋混凝土结构的屋面应采用整体式找平层(水泥砂浆找平层、细石混凝土找平层或沥青砂浆找平层)作为防水层的基层。

1. 屋面找平层施工质量控制要点

(1) 找平层的厚度和技术要求应符合表 8-2 的规定。

表 8-2 找平层的厚度和技术要求

找平层种类	基层种类	厚度/mm	技术要求
水泥砂浆找平层	整体混凝土	15~20	1∶2.5~1∶3(水泥∶砂,体积比)水泥砂浆,水泥强度等级不低于C32.5
	整体或板状材料保温层	20~25	
	装配式混凝土板,松散材料保温层	20~30	
细石混凝土找平层	松散材料保温层	30~35	混凝土强度等级不低于C20
沥青砂浆找平层	整体混凝土	15~20	1∶8(沥青∶砂,质量比)
	装配式混凝土板、整体或板状材料保温层	20~25	

注:本表摘自《屋面工程质量验收规范》(GB 50207—2002)。

(2) 找平层的基层采用装配式钢筋混凝土板时,应符合下列规定:①板端、侧缝应用细石混凝土灌缝,混凝土强度等级不得低于C20;②板缝宽大于40mm或上窄下宽时,板缝内应设置构造钢筋;③板端缝应进行密封处理。

(3) 屋面防水在保证不漏的前提下,应利用合理的屋面坡度尽快将水排走以减少渗水,找平层的排水坡度应符合设计要求。平屋面采用结构找坡时坡度不应小于3%,采用材料找坡时坡度宜为2%;天沟、檐沟纵向找坡的坡度不应小于1%,沟底水落差不得超过200mm,即水落口离天沟分水线不得超过20m。

(4) 基层与突出屋面结构(女儿墙、山墙、天窗壁、变形缝、烟囱等)的交接处和基层的转角处,找平层应做成圆弧形,圆弧半径的大小会影响卷材的粘贴,圆弧半径应符合表 8-3 的规定。内部排水水落口周围的找平层应做成略低的凹坑。

表 8-3 转角处圆弧半径 · mm

卷材种类	沥青防水卷材	高聚物改性沥青防水卷材	合成高分子防水卷材
圆弧半径	100~150	50	20

注:本表摘自《屋面工程质量验收规范》(GB 50207—2002)。

(5) 找平层宜设分隔缝,并嵌填密封材料。分格缝应留设在板端缝处,其纵横缝的最大间距为:水泥砂浆或细石混凝土找平层不宜大于6m,沥青砂浆找平层不宜大于4m。

(6) 水泥砂浆、细石混凝土找平层的基层,在施工前必须清理干净并浇水湿润。找平层表面应压实,无脱皮、起砂等缺陷;找平层在收水后应作二次压光,确保表面坚固、密实、平整。终凝后应及时采取覆盖浇水、喷养护剂等养护措施,并做好成品保护。

(7) 沥青砂浆找平层的基层,施工前必须干净、干燥,满涂冷底子油1~2道,要求薄且均匀,不得有气泡和漏涂。沥青砂浆找平层施工应在冷底子油干燥后开始铺设,必须按规定严格、准确控制沥青砂浆在拌制、铺设和滚压过程中的温度,滚压后的温度应为60℃,火滚子滚压不到的地方应用烙铁烫压。施工缝应留斜槎,继续施工时接槎处应先刷热沥青一道,然后再铺设,滚压后表面应平整、密实、无蜂窝、无压痕。

(8) 内部排水的水落口杯应在清除铁锈、涂刷专用底漆后牢固地固定在承重结构上,水落口杯与竖管承口的连接处应用沥青与纤维材料拌制的填料或油膏填塞密实。

2. 屋面找平层工程质量主控项目检验

屋面找平层工程质量主控项目检验见表 8-4。

表 8-4   主控项目检验

序号	项　　目	合格质量标准	检 验 方 法	检 查 数 量
1	材 料 质 量及配合比	找平层的材料质量和配合比必须符合设计要求	检查出厂合格证、质量检验报告和计量措施	按屋面面积每 100m² 抽查一处,每处 10m²,且不得少于 3 处
2	排水坡度	屋面(含天沟、檐沟)找平层的排水坡度必须符合设计要求	水平仪(水平尺)、拉线和尺量检查	全数检查

3. 屋面找平层工程质量一般项目检验

屋面找平层工程质量一般项目检验见表 8-5。

表 8-5   一般项目检验

序号	项　　目	合格质量标准	检 验 方 法	检 查 数 量
1	交 接 处 和 转 角处细部处理	基层与突出屋面结构的交接处和基层的转角处均应做成整齐平顺的圆弧形	观察和尺量检查	全数检查
2	表面质量	水泥砂浆、细石混凝土找平层应平整、压光,不得有酥松、起砂、起皮现象;沥青砂浆找平层不得有拌合不匀、蜂窝现象	观察检查	按屋面面积每 100m² 抽查一处,每处 10m²,且不得少于 3 处
3	分 格 缝 位 置、间距	找平层分格缝的位置和间距应符合设计要求	观察和尺量检查	
4	表面平整度允许偏差	找平层表面平整度的允许偏差为 5mm	用 2m 靠尺和楔形塞尺检查	

8.2.2　屋面保温层

本节内容适用于松散、板状材料或整体现浇(喷)保温层。

1. 屋面保温层施工质量控制要点

(1) 铺设保温层的基层应平整、干燥、干净。

(2) 保温层应干燥,封闭式保温层(保温层被其上面的防水层所覆盖)的含水率应等于该材料在当地自然风干状态下的平衡含水率(采用有机胶结材料时保温层的含水率不得超过 5%,采用无机胶结材料时不得超过 20%)。屋面保温层干燥有困难时,应采取排气措施。

(3) 倒置式屋面(保温层在防水层上面)应采用吸水率小、长期浸水不腐烂的保温材料。保温层上应用混凝土、水泥砂浆或卵石做保护层,卵石保护层与保温层之间应干铺一层无纺聚酯纤维布做隔离层,且应注意防止卵石保护层铺设过厚,增大屋面荷载。

(4) 松散材料保温层的施工应符合下列规定:①保温层含水率应符合设计要求;②松散保温材料应分层铺设、压实,每层虚铺厚度不宜大于 150mm,压实的程度与厚度必须经试验确定,压实后不得直接在保温层上行车或堆物;③保温层施工完成后应及时进行找平层和防水层的施工,雨期施工时,保温层应采取遮盖措施。

（5）板状材料保温层的施工应符合下列规定：①板状保温材料应紧靠在需要保温的基层表面,且应铺平、垫稳;②分层铺设的板块,上下接缝应相互错开,板间缝隙应采用同类材料嵌填密实;③粘贴的板状保温材料应贴严、粘牢;④当采用玛蒂脂及其他胶结材料粘结时,板状保温材料之间及与基层之间应满涂胶结材料粘牢,热玛蒂脂的加热温度不应高于240℃,使用温度不宜低于190℃,熬制好的玛蒂脂宜在本工作班内用完;⑤当采用水泥砂浆粘贴板状保温材料时,板间缝隙应采用保温灰浆填实并勾缝,保温灰浆的配合比宜为1∶1∶10（水泥∶石灰膏∶同类保温材料的碎粒,体积比）。

（6）整体现浇（喷）保温层的施工应符合下列规定：①沥青膨胀蛭石、沥青膨胀珍珠岩宜采用机械搅拌,并应色泽一致、无沥青团,压实程度必须根据试验确定,厚度应符合设计要求,表面应平整;②沥青的加热温度不应高于240℃,膨胀蛭石或膨胀珍珠岩的预热温度宜为100～120℃,倒置式屋面保温层采用卵石铺压时应防止卵石铺设过厚;③硬质聚氨酯泡沫塑料应按配合比准确计量,发泡厚度应均匀一致。

2. 屋面保温层工程质量主控项目检验

屋面保温层工程质量主控项目检验见表8-6。

表 8-6　主控项目检验

序号	项　　目	合格质量标准	检验方法	检查数量
1	材料质量	保温材料的堆积密度或表观密度、导热系数以及板材的强度和吸水率必须符合设计要求	检查出厂合格证、质量检验报告和现场抽样复检报告	按屋面面积每100m²抽查一处,每处10m²,且不得少于3处
2	保温层含水率	保温层的含水率必须符合设计要求	检查现场抽样检验报告	

3. 屋面保温层工程质量一般项目检验

屋面保温层工程质量一般项目检验见表8-7。

表 8-7　一般项目检验

序号	项　　目	格质量标准	检验方法	检查数量
1	保温层	保温层的铺设应符合下列要求：①松散保温材料：应分层铺设、压实适当、表面平整、找坡正确;②板状保温材料：应紧贴基层、铺平垫稳、拼缝严密、找坡正确;③整体现浇保温层：应拌合均匀、分层铺设、压实适当、表面平整、找坡正确	观察检查	按屋面面积每100m²抽查一处,每处10m²,且不得少于3处
2	倒置式屋面保护层	倒置式屋面保护层采用卵石铺压时,卵石应分布均匀,卵石用量应符合设计要求	观察检查和按堆积密度计算其质量	
3	保温层厚度允许偏差	保温层厚度的允许偏差：松散保温材料和整体现浇保温层为＋10%、－5%;板状保温材料为±5%,且不得大于4mm	用钢针插入和尺量检查	

8.2.3　卷材防水层

1. 卷材防水层施工质量控制要点

屋面防水多道设防时,可采用同种卷材叠层或不同卷材和涂膜复合或刚性防水和卷材复合,采用复合方式可通过材性互补提高防水的可靠性。防水涂料和防水卷材复合时应选用材性相容的材料。

(1) 卷材防水层应采用高聚物沥青防水卷材、合成高分子防水卷材或沥青防水卷材。所选用的基层处理剂、接缝胶粘剂、密封材料等配套材料应与铺贴的卷材材性相容。

(2) 在坡度大于25%的屋面上采用卷材作防水层时,应采取满粘或钉压固定的固定措施。固定点应密封严密。

(3) 铺设屋面隔热层和防水层前,基层必须干净、干燥。将$1m^2$卷材展平干铺在找平层上,静置3~4h后掀开检查其下面以检验基层的干燥程度,未见水印即为合格。

(4) 卷材铺贴方向应符合下列规定:①屋面坡度小于3%时,卷材宜平行于屋脊铺贴;②屋面坡度在3%~15%时,卷材可平行或垂直于屋脊铺贴;③屋面坡度大于15%或屋面受震动时,沥青防水卷材应垂直于屋脊铺贴,高聚物改性沥青防水卷材和合成高分子防水卷材可平行或垂直于屋脊铺贴;④上下层卷材不得互相垂直铺贴。

(5) 卷材厚度的选用应符合表8-8的规定。

(6) 铺贴卷材应采用搭接法,上下层及相邻两幅卷材的搭接缝应错开,各种卷材搭接宽度应符合表8-9的要求。

表8-8　卷材厚度选用　　　　　　　　　　　mm

屋面防水等级	设 防 道 数	合成高分子防水卷材	合成高分子防水卷材	沥青防水卷
Ⅰ级	三道或三道以上设防	不应小于1.5	不应小于3	—
Ⅱ级	二道设防	不应小于1.2		
Ⅲ级	一道设防		不应小于4	三毡四油
Ⅳ级	一道设防	—	—	二毡三油

注:本表摘自《屋面工程质量验收规范》(GB 50207—2002)。

表8-9　卷材搭接宽度　　　　　　　　　　　mm

卷材种类	铺贴方法	短边搭接		长边搭接	
		满贴法	空铺、点粘、条粘	满贴法	空铺、点粘、条粘
沥青防水卷材		100	150	70	100
高聚物改性沥青防水卷材		80	100	80	100
合成高分子防水卷材	胶粘剂	80	100	80	100
	胶粘带	50	60	50	60
	单缝焊	60,有效焊接宽度不小于25			
	双缝焊	80,有效焊接宽度=10×2+空腔宽度			

注:本表摘自《屋面工程质量验收规范》(GB 50207—2002)。

（7）冷粘法铺贴卷材应符合下列规定：①胶粘剂涂刷应均匀、不露底、不堆积；②根据胶粘剂的性能控制胶粘剂涂刷与卷材铺贴的间隔时间，以保证粘结的效果；③铺贴的卷材下面的空气应排尽，并辊压粘结牢固；④铺贴卷材应平整顺直、搭接尺寸准确，不得扭曲、皱折；⑤接缝口应用密封材料封严，密封宽度不应小于10mm。

（8）热熔法铺贴卷材应符合下列规定：①火焰加热器加热卷材应均匀，不得过分加热或烧穿卷材，厚度小于3mm的高聚物改性沥青防水卷材严禁采用热熔法施工；②卷材表面热熔后应立即滚铺卷材，卷材下面的空气应排尽，并辊压粘结牢固，不得空鼓；③卷材接缝部位必须有热熔的改性沥青溢出；④铺贴的卷材应平整顺直、搭接尺寸准确，不得扭曲、皱折。

（9）自粘法铺贴卷材应符合下列规定：①铺贴卷材前基层表面应均匀涂刷卷材处理剂，干燥后应及时铺贴卷材；②铺贴卷材时，应将自粘胶底面的隔离纸全部去除干净；③卷材下面的空气应排尽，并辊压粘结牢固；④铺贴的卷材应平整顺直、搭接尺寸准确，不得扭曲、皱折，搭接部位宜采用热风加热，随即粘贴牢固；⑤接缝口应用密封材料封严，密封宽度不应小于10mm。

（10）卷材热风焊接施工应符合下列规定：①焊接前卷材的铺设应平整顺直、搭接尺寸准确，不得扭曲、皱折；②卷材的焊接表面应清扫干净，无水滴、油污及附着物；③焊接时应先焊长边搭接缝，后焊短边搭接缝；④控制热风温度和加热时间，焊接处不得出现漏焊、跳焊、焊焦或焊接不牢现象；⑤焊接时不得损害非焊接部位的卷材。

（11）沥青玛蒂脂的配制和使用应符合下列规定：①配制沥青玛蒂脂的配合比应根据使用条件、坡度、当地历年极端最高气温以及所用材料经试验确定，施工中应按确定的配合比严格配料，每个工作班应检测软化点和柔韧性；②热沥青玛蒂脂的加热温度不应高于240℃，使用温度不应低于190℃；③冷沥青玛蒂脂使用时应搅匀，稠度太大时可加入少量溶剂稀释搅匀；④沥青玛蒂脂应涂刮均匀，不得过厚或堆积，热沥青玛蒂脂的粘结层厚度宜为1～1.5mm，面层厚度宜为2～3mm；冷沥青玛蒂脂的粘结厚度宜为0.5～1mm，面层厚度宜为1～1.5mm。

（12）天沟、檐口、檐沟、泛水和立面卷材收头的端部应裁齐塞入预留凹槽内，并用金属压条钉压固定，最大钉距不应大于900mm，用密封材料嵌填封严。

（13）卷材防水层完工并经验收合格后，应做好产品保护，保护层的施工应符合下列规定：①绿豆砂应清洁、预热，铺撒应均匀，与沥青玛蒂脂的粘结应牢固，不得残留未粘结的绿豆砂；②云母或蛭石保护层不得有粉料，铺撒应均匀，不得露底，多余的云母或蛭石应清除；③水泥砂浆保护层的表面应抹平压光，并设表面分格缝，分格面积不宜大于1m²；④块体材料保护层应留设分格缝，分格面积不宜大于100m²，分格缝宽度不宜小于20mm；⑤细石混凝土保护层的混凝土应密实，表面应抹光压平并留设分格缝，分格面积不大于36m²；⑥浅色涂料保护层应与卷材粘结牢固、厚薄均匀，不得漏涂；⑦水泥砂浆、块材或细石混凝土保护层与防水层之间应设置隔离层；⑧刚性保护层与女儿墙、山墙之间应预留宽度为30mm的缝隙，并用密封材料嵌填严密。

2. 卷材防水工程质量主控项目检验

卷材防水工程质量主控项目检验见表8-10。

表 8-10　主控项目检验

序号	项　　目	合格质量标准	检验方法	检查数量
1	卷材及配套材料质量	卷材防水层所用卷材及其配套材料必须符合设计要求	检查出厂合格证、质量检验报告和现场抽样复检报告	按屋面面积每100m² 抽查一处，每处 10m²，且不得少于 3 处
2	卷材防水层	卷材防水层不得有渗漏或积水现象	雨后或淋水、蓄水检验	全数检查
3	防水细部构造	卷材防水层在天沟、檐沟、檐口、水落口、泛水、变形缝和伸出屋面管道的防水构造必须符合设计要求	观察检查和检查隐蔽工程验收记录	

3．卷材防水工程质量一般项目检验

卷材防水工程质量一般项目检验见表 8-11。

表 8-11　一般项目检验

序号	项　　目	合格质量标准	检验方法	检查数量
1	卷材搭接缝与收头质量	卷材防水层的搭接缝应粘(焊)结牢固,密封严密,不得有褶皱、翘边和鼓泡等缺陷;防水层的收头应与基层粘结并固定牢固,缝口封严,不得翘边		接缝密封防水,每50m 应抽查一处,每处 5m,且不得少于 3 处
2	排汽屋面孔道留置	排汽屋面的排汽道应纵横贯通,不得堵塞;排汽管应安装牢固、位置正确、密闭严密	观察检查	全数检查
3	卷材保护层	卷材防水层上的撒布材料和浅色涂料保护层应铺撒或涂刷均匀,粘结牢固;水泥砂浆、块材或细石混凝土保护层与卷材防水层之间应设置隔离层;刚性保护层分格缝的留置应符合设计要求		按屋面面积每100m² 抽查一处,每处 10m²,且不得少于 3 处
4	卷材铺贴方向及卷材搭接宽度允许偏差	卷材铺贴方向应正确,卷材搭接宽度的允许偏差为 −10mm	观察和尺量检查	

8.2.4　涂膜防水层

1．涂膜防水层施工质量控制要点

(1)防水涂料应采用高聚物改性沥青防水涂料或合成高分子防水涂料。

(2)涂膜厚度的选用应符合表 8-12 的规定。

表 8-12　涂膜厚度选用　　　　　　　　　　　　　　mm

屋面防水等级	设防道数	高聚物改性沥青防水涂料	合成高分子防水涂料
Ⅰ	三道或三道以上设防	—	不应小于 1.5
Ⅱ	二道设防	不应小于 3	不应小于 1.5
Ⅲ	一道设防	不应小于 3	不应小于 2
Ⅳ	一道设防	不应小于 3	—

注：本表摘自《屋面工程质量验收规范》(GB 50207—2002)。

（3）屋面基层的干燥程度应根据所用涂料的特性确定。当采用溶剂型涂料时,屋面基层应干燥。

（4）多组分涂料应按配合比准确计量,搅拌均匀,并应根据有效时间确定配制数量。

（5）涂膜时应根据防水涂料的品种分层分遍涂布,不得一次涂成。

（6）应待先涂的涂层干燥成膜后,方可涂后一遍涂料。

（7）需铺设胎体增强材料时,屋面坡度小于 15％时可平行于屋脊铺设,屋面坡度大于 15％时应垂直于屋脊铺设。

（8）胎体长边搭接宽度不应小于 50mm,短边搭接宽度不应小于 70mm。

（9）采用 2 层胎体增强材料时,上下层不得互相垂直铺设,搭接缝应错开,其间距不应小于幅宽的 1/3。

（10）对天沟、檐沟、檐口、泛水和立面涂膜防水层的收头部位应用防水涂料多遍涂刷或用密封材料封严。

（11）涂膜防水层完工并经验收合格后应做好成品保护。

2. 涂膜防水工程质量主控项目检验

涂膜防水工程质量主控项目检验见表 8-13。

表 8-13　主控项目检验

序号	项　　目	合格质量标准	检验方法	检查数量
1	防水涂料及胎体材料质量	防水涂料和胎体增强材料必须符合设计要求	检查出厂合格证、质量检验报告和现场抽样复检报告	按屋面面积每 100m² 抽查一处,每处 10m²,且不得少于 3 处
2	涂膜防水层	涂膜防水层不得有渗漏或积水现象	雨后或淋水、蓄水检验	全数检查
3	防水细部构造	涂膜防水层在天沟、檐沟、檐口、水落口、泛水、变形缝和伸出屋面管道的防水构造必须符合设计要求	观察检查和检查隐蔽工程验收记录	

3. 涂膜防水工程质量一般项目检验

涂膜防水工程质量一般项目检验见表 8-14。

表 8-14　一般项目检验

序号	项　目	合格质量标准	检 验 方 法	检 查 数 量
1	涂膜施工	涂膜防水层与基层应粘结牢固,表面平整、涂刷均匀,无流淌、褶皱、鼓泡、露胎体和翘边等缺陷	观察检查	全数检查
2	涂膜保护层	涂膜防水层上的撒布材料或浅色涂料保护层应铺设或涂刷均匀,粘结牢固;水泥砂浆、块材或细石混凝土保护层与涂膜防水层间应设置隔离层;刚性保护层分格缝的留置应符合设计要求		按屋面面积每100m² 抽查一处,每处 10m²,且不得少于 3 处
3	涂膜厚度	涂膜防水层的平均厚度应符合设计要求,最小厚度不应小于设计厚度的 80%	针测法或取样量测	

8.3　刚性防水屋面工程

8.3.1　细石混凝土防水层

本节适用于防水等级为 Ⅰ~Ⅲ级的屋面防水;不适用于铺设有松散材料保温层的屋面、受震动或冲击的屋面和坡度大于 15% 的建筑屋面。

1. 细石混凝土防水层施工质量控制要点

(1) 细石混凝土配合比应由实验室按设计要求经试配确定,所用原材料应符合设计要求。施工时应按配合比严格计量,并按规定留置同条件养护试块,试块养护时间不应少于 14d。

(2) 混凝土中掺加膨胀剂、减水剂、防水剂等外加剂时,应按配合比准确计量,投料顺序得当,并采用机械搅拌和振捣。

(3) 细石混凝土防水层的分格缝应设在屋面板的支承端、屋面转折处、防水层与结构的交接处,其纵横间距宜大于 6m,分格缝内应嵌填密封材料。

(4) 细石混凝土防水层的厚度应均匀一致且不小于 40mm,并应配置双向钢筋网片,钢筋网片的钢筋直径宜为 4~6mm,钢筋间距宜为 100~200mm,钢筋网片在分格缝处应断开,其保护层厚度不应小于 10mm。

(5) 细石混凝土防水层与立墙及突出屋面结构等交接处均应做柔性密封处理,细石混凝土防水层与基层之间宜设置隔离层。

(6) 细石混凝土防水层养护完成后应进行 24h 蓄水试验或持续淋水 2h,屋面应无渗漏、积水现象,排水应畅通。

2. 细石混凝土防水层工程质量主控项目检验

细石混凝土防水层工程质量主控项目检验见表 8-15。

表 8-15　主控项目检验

序号	项　目	合格质量标准	检 验 方 法	检 查 数 量
1	材料质量	细石混凝土的原材料及配合比必须符合设计要求	检查出厂合格证、质量检验报告、计量措施及现场抽样复检报告	按屋面面积每100m² 抽查一处，每处 10m²，且不得少于 3 处
2	防水层	细石混凝土防水层不得有渗漏或积水现象	雨后或淋水、蓄水试验	
3	细部构造	细石混凝土防水层在天沟、檐沟、檐口、水落口、泛水、变形缝和伸出屋面管道的防水构造必须符合设计要求	观察检查和检查隐蔽工程验收记录	全数检查

3. 细石混凝土防水层工程质量一般控项目检验

细石混凝土防水层工程质量一般项目检验见表 8-16。

表 8-16　一般项目检验

序号	项　目	合格质量标准	检 验 方 法	检 查 数 量
1	防水层表面质量	细石混凝土防水层应按每个分格板一次浇筑完成严禁留施工缝，表面平整、压实抹光，不得有裂缝、起壳、起砂等缺陷，抹压时不得在表面洒水、加水泥浆或撒干水泥，混凝土收水后应做二次压光，养护期不得少于 14d	观察检查	按屋面面积每100m² 抽查一处，每处 10m²，且不得少于 3 处
2	防水层厚度及钢筋网片	细石混凝土防水层的厚度及钢筋网片的位置应符合设计要求	观察和尺量检查	
3	分格缝	细石混凝土分格缝的位置和间距应符合设计要求		
4	表面平整度允许偏差	细石混凝土防水层表面平整度的允许偏差为 5mm，凹凸不平处应变化平缓，且每米长度内不应多于一处	用 2m 靠尺和楔形塞尺检查	

8.3.2　密封材料嵌缝

本节适用于刚性防水屋面分格缝以及天沟、檐沟、泛水、变形缝等细部构造的密封处理。嵌缝密封处理措施应与卷材防水屋面、涂膜防水屋面、刚性防水屋面及隔热屋面配套应用。

1. 密封材料嵌缝施工质量控制要点

(1) 密封材料的品种、性能、质量必须符合设计要求和有关标准的规定。

(2) 非成品密封材料的配合比必须通过试验确定，并符合施工规范的规定。

(3) 密封防水部位的基层应牢固，表面应平整、密实、干净、干燥，不得有蜂窝、麻面、起皮和起砂现象。

（4）密封防水处理连接部位的基层应涂刷与密封材料相配套的基层处理剂，基层处理剂应配比准确、搅拌均匀。采用多组分基层处理剂时，应根据其有效时间确定使用量，在有效时间内未用完的密封材料不得继续使用。基层处理剂表面干燥后应立即嵌填密封材料。

（5）接缝处的密封材料底部应填放背衬材料，外露的密封材料上应设置保护层，保护层宽度不应小于200mm。

（6）密封材料的嵌填必须密实、连续、饱满、粘结牢固，无气泡、开裂、脱落等缺陷。①采用改性石油沥青密封材料热灌法施工时，应由下向上进行，并减少接头，垂直于屋脊的板缝宜先浇灌，在纵横交叉处宜沿平行于屋脊的两侧板缝各延长浇灌150mm，并留斜槎，密封胶熬制及浇灌温度应按不同材料要求严格控制；②采用改性石油沥青密封材料冷嵌法施工时，应先将少量密封材料批刮到缝隙两侧，分次将密封材料嵌填在缝内，用力压嵌密实，嵌填时密封材料与缝壁不得留有空隙，防止裹入空气，接头应采用斜槎；③采用合成高分子密封材料嵌填时，应在密封材料表干前进行修整，表面干燥后不得进行修整。

（7）密封材料嵌填完成后不得碰损及污染，固化前不得踩踏。

2．密封材料嵌填工程质量主控项目检验

密封材料嵌填工程质量主控项目检验见表8-17。

表8-17　主控项目检验

序号	项目	合格质量标准	检验方法	检查数量
1	密封材料	密封材料的质量必须符合设计要求	检查产品出厂合格证、配合比和现场抽样复检报告	接缝密封防水，每50m应抽查一处，每处5m，且不得少于3处
2	嵌缝质量	密封材料嵌填必须密实、连续、饱满、粘结牢固，无气泡、开裂、脱落等缺陷	观察检查	

3．密封材料嵌填工程质量一般项目检验

密封材料嵌填工程质量一般项目检验见表8-18。

表8-18　一般项目检验

序号	项目	合格质量标准	检验方法	检查数量
1	基层处理	嵌填密封材料的基层应牢固、干净、干燥，表面应平整、密实	观察检查	接缝密封防水，每50m应抽查一处，每处5m，且不得少于3处
2	外观质量	嵌填的密封材料表面应平滑，缝边应顺直，无凹凸不平现象		
3	接缝宽度允许偏差	密封防水接缝宽度的允许偏差为±10%，接缝深度为宽度的0.5～0.7倍	尺量检查	全数检查

8.4　平瓦屋面工程

8.4.1　平瓦屋面

平瓦主要是指传统的黏土机制平瓦和混凝土瓦,平瓦屋面适用于防水等级为Ⅱ、Ⅲ级以上坡度不小于20％的屋面。

1. 平瓦屋面施工质量控制要点

(1) 平瓦屋面与立墙及突出屋面结构等交接处均应做泛水处理。天沟、檐沟的防水层应采用合成高分子防水卷材、高聚物改性沥青防水卷材、沥青防水卷材、金属板材或塑料板材等材料铺设。

(2) 脊瓦在两坡面瓦上的搭盖宽度,每边不小于40mm。

(3) 瓦深入天沟、檐沟的长度为50～70mm。

(4) 天沟、檐沟的防水层深入瓦内的宽度不小于150mm。

(5) 瓦头挑出封檐板的长度为50～70mm。

(6) 突出屋面的墙或烟囱的侧面瓦伸入泛水的宽度不小于50mm。

2. 平瓦屋面工程质量主控项目检验

平瓦屋面工程质量主控项目检验见表8-19。

表8-19　主控项目检验

序号	项　　目	合格质量标准	检验方法	检查数量
1	平瓦及脊瓦质量	平瓦及脊瓦的质量必须符合设计要求	观察检查和检查出厂合格证或质量检验报告	按屋面面积每100m² 抽查一处,每处 10m²,且不得少于 3 处
2	平瓦铺置	平瓦必须铺置牢固,地震设防地区或坡度大于50％的屋面应采取固定加强措施	观察和手扳检查	

3. 平瓦屋面工程质量一般项目检验

平瓦屋面工程质量一般项目检验见表8-20。

表8-20　一般项目检验

序号	项　　目	合格质量标准	检验方法	检查数量
1	挂瓦条及铺瓦	挂瓦条应分档均匀,铺钉平整、牢固;瓦面平整,行列整齐,搭接紧密,檐口平直	观察检查	按屋面面积每100m² 抽查一处,每处 10m²,且不得少于 3 处
2	脊瓦搭盖	脊瓦搭盖正确、间距均匀、封固严密、屋脊和斜脊应顺直、无起伏现象	观察或手扳检查	
3	泛水	泛水做法应符合设计要求,顺直整齐、结合严密、无渗漏	观察检查和雨后或淋水检查	全数检查

8.4.2　油毡瓦屋面

本节适用于防水等级为Ⅱ、Ⅲ级以及坡度不小于20%的屋面。

1. 油毡瓦屋面施工质量控制要点

(1) 油毡瓦屋面与立墙及突出屋面结构等交接处均应做泛水处理。

(2) 油毡瓦的基层应牢固平整,如为混凝土基层,油毡瓦应用专用水泥钢钉与冷沥青玛蒂脂粘结固定在混凝土基层上;如为木基层,铺瓦前应在木基层上铺设一层沥青防水卷材垫毡,用油毡钉铺钉,钉帽应盖在垫毡下面。

(3) 油毡瓦屋面的有关尺寸应符合下列要求:①脊瓦与两坡面油毡瓦的搭盖宽度每边不小于100mm;②脊瓦与脊瓦的压盖面不小于脊瓦面积的1/2;③油毡瓦在屋面与突出屋面结构交接处的铺贴高度不小于250mm。

(4) 在有屋面板的屋面上,铺瓦前应铺钉一层油毡,油毡搭接宽度为100mm,用顺水条(间距一般为500mm)钉在屋面板上。

(5) 挂瓦条一般用断面为30mm×30mm木条,铺钉时上口要平直,接头在檩条上且错开,同一檩条上不得连续超过三个接头,接头间距根据瓦长而定,一般为280~330mm。封檐条要比挂瓦条高20~30mm。

(6) 油毡瓦应自檐口向上铺设,第一层油毡瓦应与檐口平行,切槽应向上指向屋脊,用油毡钉固定;第二层油毡瓦应与第一层叠合,切槽应向下指向檐口;第三层应压在第二层上,并露出切槽125mm,油毡瓦之间的对缝上下层不应重合。每片油毡瓦应不少于4个油毡钉;屋面坡度大于150%时,应增加油毡钉固定;瓦应铺设整齐,彼此搭接紧密,檐口应成直线,瓦头挑出檐口一般为50~70mm。

(7) 斜脊、斜沟瓦应先盖好瓦,沟瓦要搭盖宽度不小于150mm的泛水,脊瓦搭盖在二坡面瓦上至少40mm,间距应均匀。

(8) 脊瓦与坡面瓦的缝隙应用麻刀混合砂浆嵌严刮平,屋脊和斜脊应平直、无起伏。平脊的接头口要顺主导风向,斜脊的接头口向下(由下向上铺设)。

(9) 沿山墙挑檐一行瓦,宜用1:2.5的水泥砂浆做出披水线,将瓦封固。

(10) 天沟、斜沟和檐沟一般用镀锌薄钢板制作,薄钢板伸入瓦下面不应少于150mm。镀锌薄钢板应涂刷专用的底漆后再涂刷罩面漆两遍;用薄钢板时,应将表面铁锈、油污及灰尘清理干净,其两面均应先涂刷两遍防锈底漆再涂刷两遍罩面漆。

(11) 天沟和斜沟用油毡铺设时,层数不得少于三层,底层油毡应用带有垫圈的钉子钉在木基层上,其余各层油毡施工应符合有关规定。

2. 油毡瓦屋面工程质量主控项目检验

油毡瓦屋面工程质量主控项目检验见表8-21。

3. 油毡瓦屋面工程质量一般项目检验

油毡瓦屋面工程质量一般项目检验见表8-22。

表 8-21 主控项目检验

序号	项　目	合格质量标准	检验方法	检查数量
1	油毡瓦质量	油毡瓦的质量应符合设计要求	检查出厂合格证和质量检验报告	按屋面面积每100m² 抽查一处，每处 10m²，且不得少于 3 处
2	油毡瓦固定	油毡瓦所用固定钉必须钉平、钉牢，严禁钉帽外露油毡表面	观察检查	

表 8-22 一般项目检验

序号	项　目	合格质量标准	检验方法	检查数量
1	油毡瓦铺设	油毡瓦的铺设方法必须正确，油毡瓦之间的对缝，上下层不得重合	观察检查	按屋面面积每100m² 抽查一处，每处 10m²，且不得少于 3 处
2	油毡瓦与基层连接	油毡瓦应与基层紧贴、瓦面平整、檐口顺直		
3	泛水	泛水做法应符合设计要求、顺直整齐、结合严密、无渗漏	观察检查和雨后或淋水检验	全数检查

8.4.3　金属板材屋面

金属板材的种类很多，有镀锌板、镀铝锌板、铝合金板、铝镁合金板、钛合金板、铜板、不锈钢板等，厚度在 0.4~1.5mm 之间，板的表层一般都进行涂装。由于材质和涂料的质量不同，有的板寿命可达 50 年以上。板的制作形式多种多样，可以是复合板或单板，也可以工厂加工、现场组装，或现场加工组装。保温层可在工厂复合，也可在现场复合。金属表层屋面形式多样，大型公共建筑、厂房、库房、住宅等都可应用。适用于防水等级为Ⅰ~Ⅲ级屋面防水。

1. 金属板材屋面施工质量控制要点

(1) 金属板材屋面与立墙及突出屋面结构等交接处均应做泛水处理。两板间应放置通长密封条，螺钉拧紧后两板的搭接口处应用密封材料封严。

(2) 压型板应采用带防水垫圈的镀锌螺栓(螺钉)固定，固定点应设在波峰上，所有外露的螺栓(螺钉)均应涂抹密封材料保护。

(3) 压型屋面的有关尺寸应符合下列要求：①压型板横向搭接不小于一个波，且应顺年最大频率风向搭接；纵向(上下)搭接时搭接宽度不小于200mm；②压型板挑出墙面的长度不小于200mm；③压型板伸入檐沟内的长度不小于150mm；④压型板与泛水的搭接宽度不小于200mm。

(4) 压型钢板屋面的泛水板与突出屋面的墙体搭接高度不应小于300mm，安装应平直。

(5) 所有搭接缝内及其他可能浸水的部位均应用密封材料嵌填封严，防止渗漏。

(6) 金属板应按规定涂刷防锈漆、底漆、罩面漆，且涂刷应均匀、无脱皮、无漏刷。

2. 金属板材屋面工程质量主控项目检验

金属板材屋面工程质量主控项目检验见表 8-23。

表 8-23　主控项目检验

序号	项　目	合格质量标准	检 验 方 法	检查数量
1	板材及辅助材料	金属板材及辅助材料的规格和质量必须符合设计要求	检查出厂合格证和质量检验报告	按屋面面积每100m² 抽查一处，每处 10m²，且不得少于 3 处
2	连接与密封	金属板材的连接与密封处理必须符合设计要求不得有渗漏现象	观察检查和雨后或淋水检验	全数检查

3. 金属板材屋面工程质量一般项目检验

金属板材屋面工程质量一般项目检验见表 8-24。

表 8-24　一般项目检验

序号	项　目	合格质量标准	检 验 方 法	检查数量
1	金属板材铺设	金属板材屋面应安装平整、固定方法正确、密封完整，排水坡度应符合设计要求	观察和尺量检查	按屋面面积每100m² 抽查一处，每处 10m²，且不得少于 3 处
2	檐口线及泛水	金属板材屋面的檐口线、泛水段应顺直、无起伏	观察检查	

8.5　隔热屋面工程

保温隔热施工技术与防水施工技术并称为屋面工程的两大关键施工技术，两者的施工质量都关系到屋面工程的防水质量和建筑物的施工质量。现代化建筑工程对防水和保温（节能）的要求越来越高，隔热屋面通常采用架空屋面、蓄水屋面、种植屋面等隔热方式。

8.5.1　架空屋面

架空屋面是采用隔热制品覆盖在屋面防水层上，并架离一定的高度空间，利用其间空气的流动加快散热，对建筑物起到隔热作用。架空隔热层的高度应根据屋面宽度和坡度确定。

1. 加快屋面施工质量控制要点

（1）架空隔热屋面的架空高度宜为 100～300mm，当屋面宽度大于 10m 时，应设置通风屋脊。

（2）架空隔热层施工前应将屋面打扫干净，并划出架空隔热制品支座位置的中心线。

（3）铺设架空隔热板时应随时清扫屋面上的灰尘、杂物，同时应注意防水层的成品保护。

（4）架空隔热制品支座底面的卷材、涂膜防水层应采取加强措施，操作时不得损坏防水层。

（5）架空隔热制品的质量应符合下列要求：①非上人屋面的黏土砖强度等级不应低于

MU7.5,上人屋面的黏土砖强度等级不应低于 MU10；②混凝土板的强度等级不应低于 C20,板内应加放钢筋网片。

2. 架空屋面工程质量主控项目检验

架空屋面工程质量主控项目检验见表 8-25。

表 8-25 主控项目检验

项目	合格质量标准	检验方法	检查数量
隔热材料	架空隔热制品的质量必须符合设计要求,严禁有断裂、露筋等缺陷	观察检查和检查构件合格证或试验报告	按屋面面积每 100m² 抽查一处,每处 10m²,且不得少于 3 处

3. 架空屋面工程质量一般项目检验

架空屋面工程质量一般项目检验见表 8-26。

表 8-26 一般项目检验

序号	项 目	合格质量标准	检验方法	检查数量
1	架空隔热制品铺设	架空隔热制品的铺设应平整、稳固,缝隙勾填应密实,架空隔热制品距山墙或女儿墙不得小于 250mm,架空层中不得堵塞,架空高度及变形缝做法应符合设计要求	观察尺量检查	按屋面面积每 100m² 抽查一处,每处 10m²,且不得少于 3 处
2	隔热板铺设高差	相邻两块架空隔热制品的高低差不得大于 3mm	用直尺和楔形塞尺检查	

8.5.2 蓄水屋面

1. 蓄水屋面施工质量控制要点

(1)蓄水屋面应采用刚性防水层或在卷材、涂膜防水层上再做刚性防水层,防水层应采用耐腐蚀、耐霉烂、耐穿刺性能好的材料。

(2)蓄水屋面应划分为若干蓄水区,每区边长不宜大于 10m,变形缝两侧应分成若干互不相通的蓄水区,边长超过 40m 的蓄水屋面应做横向伸缩缝一道,蓄水屋面应设置人行通道。

(3)蓄水屋面所设排水管、溢水口、溢水管和给水管等均应在防水层施工前安装完毕。

(4)每个蓄水区的防水混凝土应一次浇筑完毕,不得留施工缝。

(5)蓄水屋面的刚性防水层完工后应在混凝土终凝时即开始洒水养护,养护完成后方可进行蓄水试验。

(6)蓄水试验应将水蓄至规定高度并静置 24h 以上,防水层不得有渗漏现象。开始蓄水后,蓄水区内不可中断蓄水。

2. 蓄水屋面工程质量主控项目检验

蓄水屋面工程质量主控项目检验见表 8-27。

表 8-27 主控项目检验

序号	项 目	合格质量标准	检 验 方 法	检 查 数 量
1	过水通道	蓄水屋面上设置的溢水口、过水孔、排水管、溢水管,其大小、位置、标高的留设必须符合设计要求	观察和尺量检查	全数检查
2	防水层	蓄水屋面防水层施工必须符合设计要求,不得有渗漏现象	蓄水至规定高度观察检查	

8.5.3 种植屋面

1. 种植屋面施工质量控制要点

(1) 种植屋面的防水层应采用耐腐蚀、耐霉烂、耐穿刺性能好的材料。

(2) 种植屋面采用卷材防水时,上部应设置细石混凝土保护层。

(3) 种植屋面采用刚性防水时,防水层的养护应与蓄水屋面一样,养护完成后方可进行蓄水试验。

(4) 种植屋面应有1%～3%的坡度,四周应设挡墙,挡墙下部应设泄水孔,孔内侧应放置疏水粗细骨料。

(5) 种植覆盖层施工时应避免损坏防水层,覆盖材料的厚度、重量应符合设计要求。

2. 种植屋面工程质量主控项目检验

种植屋面工程质量主控项目检验见表 8-28。

表 8-28 主控项目检验

序号	项 目	合格质量标准	检 验 方 法	检 查 数 量
1	泄水孔	种植屋面挡墙泄水孔的留设必须符合设计要求,且不得堵塞	观察和尺量检查	全数检查
2	防水层	种植屋面防水层施工必须符合设计要求,不得有渗漏现象	蓄水至规定高度观察检查	

8.6 屋面细部构造防水

本节适用于屋面的天沟、檐沟、檐口、泛水、水落口、变形缝、伸出屋面管道、屋面与突出屋面结构的连接处等防水构造。

8.6.1 细部构造防水施工质量控制要点

细部构造防水施工质量控制要点如下。

(1) 用于细部构造处理的防水卷材,防水涂料和密封材料的质量均应符合《屋面工程质量验收规范》(GB 50207)规定的要求。

（2）卷材或涂膜防水层在天沟、檐沟与屋面交接处、泛水、阴阳角等容易产生裂缝的部位，应增加卷材或涂膜附加层。

（3）天沟、檐沟的防水构造应符合下列要求：①沟内附加层在天沟、檐沟与屋面交接处宜空铺，空铺的宽度不应小于200mm；②卷材防水层应由沟底翻上至沟外檐顶部，卷材收头部位应用水泥钉固定，并用密封材料封严；③涂膜收头部位应用防水涂料多遍涂刷或用密封材料封严；④在天沟、檐沟与细石混凝土防水层的交接处应留凹槽并用密封材料嵌填严密。

（4）檐口的防水构造应符合下列要求：①铺贴檐口800mm范围内的卷材应采取满粘法铺设；②在距檐口边缘50mm处应预留凹槽；③卷材应压入凹槽，采用金属压条钉压，并用密封材料封口；④涂膜收头部位应用防水涂料多遍涂刷或用密封材料封严；⑤混凝土檐口宜留凹槽，卷材端部应固定在凹槽内，并用玛蒂脂或油膏封严；⑥檐口下端应用水泥砂浆抹出鹰嘴和滴水槽。

（5）女儿墙泛水的防水构造应符合下列要求：①铺贴泛水处的卷材应采取满粘法铺设；②砖墙上的卷材收头可直接铺压在女儿墙的压顶下，压顶应做防水处理，也可压入砖墙凹槽内固定密封，凹槽距屋面找平层不应小于250mm，凹槽上部的墙体应做防水处理；③涂膜防水层应直接涂刷至女儿墙的压顶下，收头部位应用防水涂料多遍涂刷封严，压顶应做防水处理；④混凝土墙上的卷材收头应采用金属压条钉压，并用密封材料封严。

（6）水落口的防水构造应符合下列要求：①水落口杯上口的标高应设置在沟底的最低处；②内部排水的水落口应使用铸铁制品，水落口杯应牢固地固定在承重结构上，全部零件应预先除净铁锈，并涂刷防锈漆，与水落口连接的各层卷材应均匀粘贴在水落口杯上，并用漏斗罩，底盘压紧宽度至少为100mm，底盘与卷材间应涂沥青胶结材料，底盘周围应用沥青胶结材料填平；③防水层贴入水落口杯内不应小于50mm；④水落口周围直径500mm范围内的坡度不应小于5%，采用防水涂料或密封材料涂封，其厚度不应小于2mm；⑤水落口杯与基层接触处应留设宽20mm、深20mm的凹槽，并嵌填密封材料；⑥水落口杯与竖管承口的连接处用沥青麻丝堵塞，以防漏水。

（7）变形缝的防水构造应符合下列要求：①变形缝的泛水高度不应小于250mm；②防水层应铺贴至变形缝两侧砌体的上部；③变形缝内应填充聚苯乙烯泡沫塑料，上部应填放衬垫材料，并用卷材封盖；④变形缝顶部应加扣混凝土或金属板，混凝土盖板的接缝应用密封材料嵌填。

（8）伸出屋面管道的防水构造应符合下列要求：①管道根部直径500mm范围内，找平层应抹出高度不小于30mm的圆台；②管道周围与找平层或细石混凝土防水层之间应预留20mm×20mm的凹槽，并用密封材料嵌填严密；③管道根部四周应增设附加层，宽度和高度均不应小于300mm；④管道上的防水层收头处应用金属箍紧固，并用密封材料封严。

（9）屋面与突出屋面结构的连接处，贴在立面上的卷材高度应不小于250mm。如用薄钢板泛水覆盖时，应用钉子将泛水卷材层的上端钉在墙上预埋的木砖上，泛水上部与墙间的缝隙应用沥青砂浆填平，并将钉帽盖住。薄钢板泛水长向接缝处应焊牢，采用其他泛水时，卷材上端应用沥青砂浆或水泥砂浆封严。

建筑工程质量检测

8.6.2 细部构造防水工程质量主控项目检验

细部构造防水工程质量主控项目检验见表 8-29。

表 8-29 主控项目检验

序号	项 目	合格质量标准	检 验 方 法	检 查 数 量
1	排水坡度	天沟、檐沟的排水坡度必须符合设计要求	用水平仪、水平尺、拉线和尺量检查	全数检查
2	防水构造	天沟、檐沟、檐口、水落口、泛水、变形缝和伸出屋面管道、屋面与突出屋面结构的连接处的防水构造必须符合设计要求	观察检查、检查隐蔽工程验收记录	

思考题

1. 简述屋面找平层工程质量检验的项目内容。
2. 简述冷粘法铺粘卷材防水层的质量控制要点。
3. 简述卷材防水层工程质量检验的项目内容。
4. 简述细石混凝土防水层施工的质量控制要点。
5. 简述种植屋面施工质量控制要点和质量检验的项目内容。
6. 简述细部构造防水施工质量检验的项目内容。

第9章

课 程 实 训

9.1 游标卡尺的使用

9.1.1 游标卡尺

1. 游标卡尺的基本结构及功能

如图 9-1(a)所示,游标卡尺由主尺和可以在主尺上移动的副尺组成。主尺的尺面上刻有毫米标尺,标尺的长度就是卡尺的量程;副尺的尺面上刻有 51(或 21)条刻线,将尺面均匀的分成 50(或 20)个小格,总长 49(或 19)mm,即每一小格的宽度比 1mm 短 0.02(或 0.05)mm,表示测量精度可以达到 0.02(或 0.05)mm,一般测量精度都标识在副尺上。主尺和副尺的头部各有一个外测量爪,推动副尺使其卡在被测物的外侧,可进行外径测量;主尺和副尺的头部还各有一个内测量爪,推动副尺使其卡在被测物的内侧,可进行内径测量;副尺上固定安装着一个深度尺测杆,与主尺尾部端面配合使用,可进行高度和深度测量。

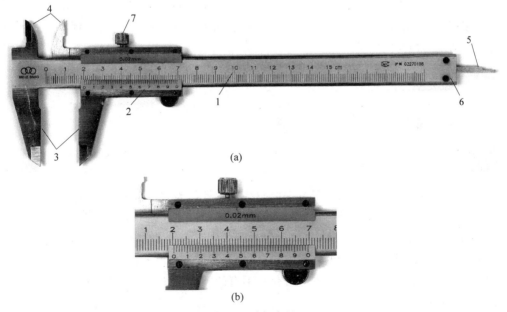

(a)

(b)

图 9-1 游标卡尺

1—主尺;2—副尺;3—外测量爪;4—内测量爪;5—深度尺测杆;6—主尺尾部端面;7—紧定螺栓

2. 游标卡尺的规格

游标卡尺的规格由量程和测量精度两个指标共同组成。量程一般为 125,150,200,250,500,1000mm；测量精度一般为 0.02,0.05mm。

9.1.2 使用方法

1. 测量

将主尺上的测量爪（或尾部端面）抵在被测目标的一侧，用手推动副尺，使副尺测量爪（或深度尺测杆端头）触实被测目标的另一侧，拧紧紧定螺栓，从被测物上轻轻移开卡尺，即可从尺上读取测量数值。

2. 读取测量数值

读取数值共分为四步，见图 9-1(b)。

1) 读取毫米尺的整数位

寻找副尺尺面上标有"0"的刻线左侧紧邻的主尺刻线，该主尺刻线所代表的数值即为整数位读值。图 9-1(b)所示为 20mm。

2) 读取毫米尺的十分位

在副尺尺面上标有数字的刻线中，查找左侧与主尺上某一刻线相邻最近的那条刻线，该刻线所标识的数字（假设为 n）即为毫米的十分位读值。如图 9-1 中所示，n 为 5 代表 0.5mm（验证方法：副尺上标有数字 $n+1$ 的刻线，其右侧一定与主尺上另一刻线相邻最近）。

3) 读取毫米尺的百分位

在副尺尺面上 n 与 $(n+1)$ 刻线之间寻找与主尺刻线对的最正的刻线，并确定该刻线是"n"刻线右侧第"p"条，则 $p \times 0.02$（0.02 为图示游标卡尺的测量精度，如使用精度为 0.05mm 的游标卡尺则应乘以 0.05）$=0.02p$ 即为百分位读值。图 9-1(b)中第 3 条刻线对的最正，则百分位读值为 $3 \times 0.02 = 0.06$mm（验证方法：副尺上的 p 刻线左右两侧的刻线与主尺上刻线的相对位置呈对称关系）。

4) 将步骤 1)～步骤 3)中的三个读数相加，20+0.5+0.06=20.56mm 即为测量结果。

9.2 读数显微镜的使用

读数显微镜的使用方法如下。

(1) 测量前应通过肉眼观察，尽量选取裂缝较宽处作为测量目标安放物镜。

(2) 将读数显微镜置于被测目标之上，转动镜筒使采光孔朝向光源方向。

(3) 调节目镜螺旋，使目镜视窗中能同时看到分化板（图 9-2(b)）和被测目标的清晰图像。

(4) 转动目镜，使被测目标的测量方向（裂缝的宽度方向）与分化线平行。

(5) 调整读数滚轮，使目镜中的与分化线垂直的竖直长丝紧靠被测目标的一侧，然后从读数滚轮上读取数字 A。

(6) 继续调整读数滚轮，使目镜中的竖直长丝越过被测目标，并紧靠被测目标的另一

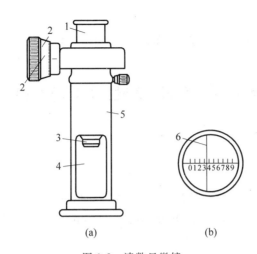

图 9-2 读数显微镜

（a）读数显微镜；（b）目镜视窗

1—目镜（含目镜螺旋）；2—读数滚轮；3—物镜；4—采光孔；5—长镜筒；6—长丝

侧，然后从读数滚轮上读取数字 B。

（7）两次读数之差 $|A-B|$ 即为测值。

（8）在读数显微镜的目镜中看到的裂缝都是宽窄变化、不规则的曲线，测量时应选择宽处测量。

9.3 裂缝测宽仪的使用

9.3.1 裂缝测宽仪的基本结构

裂缝测宽仪的基本结构见图 9-3。

9.3.2 使用方法

裂缝测宽仪的使用方法如下。

（1）按图 9-3 所示连接组装，打开主机上的电源开关。

（2）测量前应通过肉眼观察，尽量选取裂缝较宽处作为测量目标安放物镜。

（3）将物镜（带有两只脚的一端）贴在被测物的表面，轻微移动物镜，通过显示屏找到被测目标，并转动物镜使被测目标的测量方向（裂缝的宽度方向）与显示屏内的刻度尺平行。

（4）读出被测目标左右两侧边缘在刻度尺上的读数，两读数之差即为测值（刻度尺上每一小格代表 0.02mm）。裂缝测宽仪的显示屏中看到的裂缝都是宽窄变化、不规则的曲线，应选择宽处进

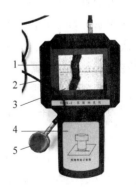

图 9-3 裂缝测宽仪

1—被放大的裂缝图像；

2—信号线；3—显示屏；

4—测宽仪主机；5—物镜

行测量。

(5) 裂缝测宽仪还可以用于对其他微小目标(如微小孔洞)进行测量。

9.4 混凝土拌合物的和易性现场检测

9.4.1 主要仪器

混凝土拌合物和易性现场检测的主要仪器有钢底板(约 45cm×45cm×2cm)、标准坍落度筒(小口直径 100mm、大口直径 200mm、高度 300mm)、插捣棒(ϕ16 钢棒,长 600mm、两端磨圆)、抹子、钢板尺(150,300mm 各一只)。

9.4.2 检测步骤

1. 准备工作

用湿布湿润底板和坍落度筒的内壁,湿润后表面应见湿、不见水。

2. 坍落度检测

(1) 将钢底板放在水平之处,坍落度筒的大口朝下,置于钢底板上,用双脚踩住坍落度筒的脚踏板,防止坍落度筒移动。

(2) 将取到的拌合物再次拌合均匀后,分三次装入坍落度筒中,每次约装 1/3 筒高,每次装完后均要用插捣棒自筒内壁沿螺旋线向中心均应匀插捣,不少于 25 下。插捣第 1 层时插捣棒应触及底板,插捣以上两层时,均应探及下层拌合物的 1/3 层高,第三次插捣完后,如拌合物低于坍落度筒口,则应添补,并使之高于筒口,然后用抹子沿筒口将拌合物抹平,使拌合物表面平整、无凹凸之处。

(3) 移开双脚,清除坍落度筒周围散落的拌合物后立即轻轻提离坍落度筒,并倒置于已经坍落的拌合物锥体附近(注意保持一定距离,不要相互触及),此时拌合物在重力作用下会有所坍落。如果提离坍落度筒后拌合物锥体即发生崩坍,则应另取试样重做试验;如果第二次试验仍然出现上述现象则说明该混凝土的和易性不好,并应予以记录。上述操作过程应在 2.5min 内完成。

(4) 按图 9-4 所示测量拌合物坍落后的最高处与坍落度筒的高度之差(单位,cm),此测值即为该混凝土拌合物的坍落度值。

3. 粘聚性检查

用插捣棒在拌合物锥体一侧轻敲两下,如锥体逐渐下坍,则粘聚性良好;如锥体突然垮塌或部分崩裂,则粘聚性不符合要求。

4. 保水性检查

观察锥体四周,如有稀浆从底部析出或锥体上有石子因失浆而外露,则保水性不符合要求;如无稀浆或仅有少量稀浆析出,则保水性良好。

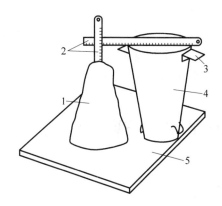

图 9-4 坍落度检测示意
1—拌合物锥体；2—钢板尺；3—坍落度筒脚踏板；4—坍落度筒；5—钢底板

9.5 砂浆稠度的施工现场检测

9.5.1 主要仪器

砂浆稠度施工现场检测的主要仪器有：砂浆稠度测定仪（图 9-5）、插捣棒（ϕ10 钢棒，长 300mm、两端磨圆）、秒表、铁锹。

9.5.2 检测步骤

砂浆稠度施工现场检测的步骤如下。

（1）用稀机油润滑滑杆（滑杆的表面不得见油），用湿布湿润锥形筒内壁和插捣棒（表面应见湿、不见水）。

（2）将拌合好的砂浆拌合物一次装入锥形筒内，砂浆表面略低于筒口约 1cm。用插捣棒自中心沿螺旋线向边缘均匀插捣不少于 25 下，轻敲锥形筒外壁使砂浆表面平整，然后将锥形筒置于砂浆稠度测定仪的底座之上。

（3）松开紧定螺栓，缓慢下移滑杆，使试锥的尖端触及砂浆表面；拧紧紧定螺栓固定滑杆，用手推动齿条（齿条带动指针转动）使其下端与滑杆接触；然后在刻度盘上读取指针指示的读数，精确至毫米。

（4）松开紧定螺栓，同时用秒表计时，10s 时立即拧紧紧定螺栓固定滑杆，推动齿条使其下端与滑杆接触，再次从刻度盘上读取指针指示的读数，精确至毫米。两次数之差即为砂浆稠度试验结果。

（5）弃掉锥形筒内的砂浆，另取砂浆，重复步骤（2）～步骤（4）

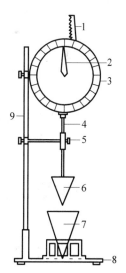

图 9-5 砂浆稠度测定仪
1—齿条；2—指针；3—刻度盘；4—滑杆；5—紧定螺栓；6—圆锥体；7—圆锥筒；8—底座；9—支架

进行第二次测试。

（6）将两次试验结果取平均值（精确至毫米），即为该砂浆的稠度测值。

（7）锥形筒内的砂浆只能测定一次，重复试验时必须更换。

（8）如两次砂浆稠度的试验结果相差大于 10mm，则试验无效，应重新取样测定。

9.6　砂浆分层度的施工现场检测

9.6.1　主要仪器

砂浆分层度施工现场检测的主要仪器有：砂浆稠度测定仪、抹子、秒表、砂浆分层度筒（见图 9-6）、插捣棒（φ10 钢棒，长 300mm、两端磨圆）、铁锹。

9.6.2　检测步骤

砂浆分层度施工现场检测的步骤如下。

（1）按 9.5 节的方法测定砂浆稠度。

（2）将砂浆拌合物一次性装入分层度筒内，用插捣棒轻敲分层度筒外壁不同部位使筒内砂浆沉实，如砂浆表面低于筒口，则应随时添加，用抹子沿筒口刮去多余砂浆并抹平。

（3）静置 30min 后，松开分层度筒的连接螺栓，将无底筒带着上部 200mm 砂浆一同移开（将无底筒沿有底筒上口，向一侧平移出去，即可将砂浆带出）。遗留的砂浆可用抹子沿筒口刮

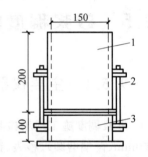

图 9-6　砂浆分层度筒
1—无底圆筒；2—连接螺栓；
3—有底圆筒

除，刮除时禁止有压平的动作。将剩余的 100mm 砂浆放入在拌合锅内再次拌合 2min 后，按 9.5 节的方法再次测定砂浆稠度，两次测值之差即为分层度试验结果。

（4）弃掉锥形筒内的砂浆，重复上述步骤（1）～步骤（3）的操作程序，将试验再做一次。

（5）将两次试验结果取平均值（精确至毫米），即为该砂浆的分层度值。

（6）如两次分层度的试验结果相差大于 10mm，则试验无效，应重新取样测定。

9.7　混凝土抗压试件及抗渗试件的施工现场制作

9.7.1　工具

施工现场制作混凝土抗压试件及抗渗试件的工具有：混凝土立方体抗压试模数组（每组 3 个，组数根据需要确定，且试模的规格尺寸应当一致）、混凝土抗渗试模数组（每组 6 个，组数根据需要确定）、插捣棒、抹子、铁锹、纸、笔、橡皮锤、毛笔、墨汁。

9.7.2 试件制作

1）试模的组装

用于混凝土质量检测的试件数量较大,对试件外形尺寸的精度、表面质量要求较高,通常应选择钢制的试模,这是由于钢制试模尺寸精度高、内壁光滑平整、螺栓连接、不易变形、结实耐用且便于组装和拆模。组装试模应注意：

（1）核查试模的规格、数量及完好状态；

（2）检查试模组装是否正确,并确保连接螺栓拧紧；

（3）在试模内壁薄薄的涂刷一层脱模剂或稀机油。

2）试件的制作（抗压试件与抗渗试件的制作过程和方法相同）

（1）随机抽取足量的同一配合比的混凝土拌合物（一般现拌混凝土,在混凝土搅拌机开盘时抽取）,经人工回来拌合 3 次后装入试模,装模时应分 2 次均匀装入,每次约装试模的 1/2,装满后应凸出试模。

（2）每次装入混凝土拌合物后,先用插捣棒自试模内壁沿螺旋线向试模中心均匀插捣不少于 30 下,第一次装入插捣时插捣棒应触及试模底板,第二次装入插捣时插捣棒应探及下层拌合物高度的 1/3；再用钢抹子紧贴试模内壁插拔数次；然后用橡皮锤轻敲试模四周,直至插捣棒留下的孔洞消失（如有条件,也可用小型振捣器或振动台进行振捣）。试模内的混凝土表面布满水泥浆并不再下沉后,即可用抹子沿试模上口将混凝土拌合物表面抹平,抹平后的表面应平整光滑、无凹凸缺陷。

（3）把纸裁成大小合适的纸片,标注试件的相关信息（混凝土设计强度、试件成型日期、试件编号、养护方式及测试龄期等）,并将其贴在试件混凝土表面。将试件放在 20±5℃ 的环境下静置,并适当遮盖。

（4）填写试件取样制作记录（内容应包括上述小信息及混凝土浇筑部位）。

3）拆模

装模 12～24h 后即应拆模。拆模前应将纸片上记录的试件信息用毛笔直接移注到每个试件表面（并丢弃纸片）,标识之后拆模。（先标注,后拆模,以免遗漏或误标注）

9.7.3 试件养护

（1）拆模后,应将混凝土抗压试块尽快送到其所代表的现浇混凝土附近,开始进行同条件养护,并根据试验龄期的要求准时送检。如需进行标准养护,则应将试件送入标准养护室或标准养护箱中（如工地不具备标准养护条件,则应将试件立刻送往签约实验室）。

（2）拆模后的混凝土抗渗试块,应按养护要求立即送到相应的养护环境之中,开始进行标准养护或同条件养护。试件的养护龄期结束时,应使试件脱离标养环境,并送往签约实验室。

（3）完成上述工作后,应及时对试模进行清洁保养。要注意清洁模板的内表面、止口、凹槽等处的残留混凝土,组装合模,并涂刷废机油防锈,以备下次使用。

9.8 砌筑砂浆抗压试件的施工现场制作

9.8.1 工具

施工现场制作砌筑砂浆抗压试件的工具有：砂浆抗压试模数组（每组 6 个，试件组数应根据需要确定）、插捣棒、抹子、铁锨、纸、笔、毛笔、墨汁。

9.8.2 试件制作

（1）检查试模，并在试模内壁涂刷一层薄薄的稀机油或脱模剂。

（2）砂浆拌合物试样应从三个不同地方同时取得，并拌合均匀、一次性装入试模。用插捣棒自试模内壁沿螺旋线向中心均应匀插捣不少于 25 下，且插捣棒应触及试模底板。

（3）用抹子刮去多余的砂浆，并抹平表面。

（4）把纸裁成大小合适的纸片，标注试件的相关信息（砂浆设计强度、试件成型日期、试件编号、养护龄期等），贴在试件混凝土表面。

（5）填写试件制取记录。

（6）将试件放在 20±5℃ 的环境下静置 24h 后拆模，拆模前用毛笔在试件表面标注试件信息（拆模要求见 9.7.2 节第 3 条）。

9.8.3 试件养护

（1）拆模后立刻将试件送入标准养护室或标准养护箱中（如工地不具备标养条件，则应将试件立刻送往签约实验室）。

（2）清理并保养试模以备下次使用。

（3）试件的养护龄期结束时，应尽快将试件送往签约实验室。

第10章

本门课程求职面试可能遇到的典型问题应对

评价一所职业院校教学水平的重要标准之一是毕业生的就业率。求职时的一个重要环节是面试,面试成绩的好坏是能否被录用的主要标准。本章试图通过对一些典型问题的研讨,加深学生对本门课程的理解与消化,帮助更好地应对求职过程中的面试,过好就业第一关。

1. 简述混凝土立方体抗压试块现场制取的操作步骤。

答:首先应当准备并检查试模是否完好、连接螺栓是否紧固,并在试模内壁涂刷脱模剂。然后在搅拌机旁或浇筑地点,对随机抽取的混凝土拌合物再次进行人工搅拌(不少于3次)以后,开始装模,装模可分两次装满,每次约装 1/2,每次装完后都要用插捣棒插捣拌合物,每次的插捣次数不少于 30 次,第一次插捣时插捣棒应触及试模的底板,第二次插捣棒应探及第一次装入的 1/3 高度,插捣后用钢抹子紧贴试模内壁上下拔插数次。接着再用橡皮锤轻轻敲击试模的四壁,直至插捣棒留下的孔洞消失;混凝土拌合物表面布满水泥浆、且不再下沉时,用钢抹子沿试模的上口将拌合物表面抹平,抹平后的表面不应有凹凸不平之处。在纸上记录试件的相关信息(试件编号、混凝土设计强度、试件成型日期、养护方式及试验龄期等),贴在混凝土表面。最后将试件静于 20±5℃ 的环境中,同时填写取样记录。

12～24h 后即可拆模,拆模前用毛笔在每个试块上标注试件的相关信息。拆模后立刻将试件移送到试件所代表的现浇混凝土附近,开始进行同条件养护(或送到标准养护室进行标准养护)。拆下的试模要及时清除其表面、止口、凹槽等处的残留混凝土,组装合模并在试模内壁涂刷稀机油防锈以备下次使用。

2. 简述现场检测混凝土拌合物和易性的操作步骤。

答:混凝土的和易性包括坍落度、粘聚性、保水性三项性能的测试。

坍落度测试,将钢底板放在平整之处,用湿布擦拭湿润钢底板和坍落度筒内壁。将坍落度筒的大口向下放在钢底板上,并用双脚踩在坍落度筒的脚踏板上防止坍落度筒移动。将取到的混凝土拌合物再次搅拌均匀后,分三次装入坍落度筒中,每次约为 1/3 筒高,每次装完后要用插捣棒自筒内壁沿螺旋线向中央均匀插捣 25 下以上。第一次插捣时插捣棒要触及钢底板,以后两次插捣时插捣棒均应深入到下一层拌合物的 1/3 层高,第三次插捣完后,拌合物如低于坍落度筒上口,应添加拌合物使之高于筒口,并用钢抹子沿筒口将拌合物抹平,使其表面平整。然后移开双脚,清除坍落度筒周围散落的拌合物。轻轻提起坍落度筒,将其倒置于拌合物锥体旁边(这个过程应在 2.5min 内完成),此时如拌合物发生崩塌,则应另取试样重作试验,如第二次仍然发生崩塌说明该混凝土拌合物的和易性不好,应予以记录;如稍有坍落则属正常。测量坍落度时,先将一支 300mm 的钢板尺卧立在坍落度筒上,尺的一端在拌合物锥体上方,将另一支钢板尺轻轻地直立在以拌合物锥体的最高处之上,测量此处到卧立在坍落度筒上的钢板尺下沿的距离,即为该混凝土拌合物的坍落度(计量单位为厘米)。

粘聚性测试,坍落度的测试完成后即可继续进行粘聚性的测试。用插捣棒在拌合物锥体一侧轻敲一两下,如锥体逐渐下坍则粘聚性良好,如锥体突然垮塌或部分崩裂则粘聚性不符合要求。

保水性测试,完成上述测试后,观察锥体四周。如有稀浆从锥体底部析出或锥体上有石子因失浆而外露,则保水性不符合要求;如无稀浆或仅有少量稀浆析出,则保水性良好。

3. 简述游标卡尺的使用方法。

答:用游标卡尺可以测量被测物的外径、内径、高度或深度。测量外径(内径)时,将主尺和副尺上的外(内)测量爪卡在被测物的外(内)侧,即可通过主尺与副尺的相对位置关系读取测值;测量深度时,将主尺的尾端平面抵在被测目标一侧,推动副尺使深度尺的尾端抵在被测目标的另一侧,即可通过主尺与副尺的相对位置关系读取测值。

读取测值一般分为四步进行。以精度为 0.02mm 的游标卡尺为例:第一步,读取毫米的整数位,寻找副尺尺面标有"0"的刻线左侧紧邻的主尺刻线,该刻线所代表的数值即为整数位的读数(假设为 A);第二步,读取毫米的十分位,在副尺尺面上标有数字的刻线中查找刻线左侧与主尺尺面上刻线相邻最近的那条刻线,则该刻线所标识的数字(假设为 N),即为毫米十分位的读数($0.1N$);第三步,读取毫米的百分位,在副尺尺面上 N 与 $(N+1)$ 刻线之间寻找与主尺尺面刻线对的最正的刻线,并确定该刻线是 N 刻线右侧第 P 条,则 P 与游标卡尺的精度(0.02mm)的乘积即为毫米百分位的读数($0.02P$);第四步,将前面三步所得的读数相加,$A+0.1N+0.02p$(mm)即为测量结果。

4. 在土方开挖过程中或开挖后,经常会遇到边坡土方局部或大面积塌陷或滑塌,从而使地基土受到扰动,承载力降低,严重时还会影响到建筑的安全与稳定。这种现象产生的原因可能有哪些?应采取哪些预防措施?发生边坡塌方后应如何处理?

答:产生这种现象的可能的原因有以下几点:①基坑(槽)开挖较深,放坡不够;或通过不同土层时,没有根据土的特性分别放成不同坡度,致使边坡失去稳定而造成塌方。②在有地表水、地下水作用的土层开挖基坑(槽)时,未采取有效的降、排水措施,土层受到地表水或地下水的影响而湿化,内聚力降低,在重力作用下失去稳定而引起塌方。③边坡顶部堆载过大或受外力振动影响,使边坡土体内剪应力增大,土体失去稳定而塌方。④土质松软,开挖次序、方法不当而造成塌方。

可采取如下措施防止发生边坡塌方:①根据土的种类、物理力学性质确定适当的边坡坡度。对永久性挖方边坡,应检查其是否按设计要求放坡,一般应控制在 1∶1.0～1∶1.5 之间。对使用时间较长的临时性挖方边坡的坡度可参照表 3-1 中的数值采用。经过不同土层时,其边坡应作成折线形。②当基坑深度较大,放坡开挖不经济或环境条件不允许放坡时,应采用直立边坡,并进行可靠的支护。③做好地面排水和降低地下水的工作。④检查基坑(槽)边坡上侧堆土或及移动施工机械时,与挖方边缘的距离是否足够;通常情况下,土质良好时堆土或材料应距边坡边缘 0.8m 以上,高度不应超过 1.5m。

当出现边坡滑塌时,可采取如下方法进行处理:①对坑(槽)塌方,可将坡脚塌方清除并作临时性支护(如堆土草袋,设置支撑、砌护墙等)。②对永久性边坡局部塌方,可将塌方清除,用块石填砌或回填 2∶8 或 3∶7 灰土欠补,与土接触部位应作成台阶搭接,防止滑动,也可将坡顶线后移或将坡度改缓。

5. 钢筋混凝土预制桩桩体质量检查的内容有哪些?抽检数量如何确定?

答:包括桩完整性、裂缝、断桩等。对设计甲级或地质条件复杂的桩,抽检数量不少于总桩数的 30%,且不少于 20 根;其他情况应不少于 20%,且不少于 10 根。对预制桩及地下水位以上的桩,检查总数量的 10%,且不少于 10 根。每个柱子承台不少于 1 根。

6. 冬期施工时对砌筑砂浆抗压试块的留置在数量上有哪些规定?

答:冬期砌筑施工期间制取砂浆抗压试块时,除按常温规定要求留置标准养护试块外,还应增加不少于 2 组与砌体同条件养护的试块。

7. 测量热轧带肋钢筋的直径时应如何操作?为什么?

答:测量热轧带肋钢筋直径时应使游标卡尺的两个外测量爪避开纵肋和月牙肋,卡在钢筋的光滑表面进行测量。因为月牙肋是不连续的,其凸起部分不能计入钢筋的有效面积之内,而纵肋是连续的,在钢筋轧制的过程中已经将其计入了钢筋的有效面积之内,所以热轧带肋钢筋直径的实际测值比该钢筋的公称直径稍小一些。

8. 钢筋力学性能试验的试件应当如何截取?为什么?

答:从受检钢筋里中随机抽取 4 根钢筋,在每根钢筋的任一端先截弃 500mm 后,截取一个试件,每根钢筋只能截取一个试件。用于拉伸试验的试件是 2 根,长度不少于 500mm;用于冷弯试验的试件是 2 根,长度不少于 300mm。截取试件时只能采用切断或锯断的冷切割方法,不能使用氧-炔气割或电弧熔断的方法。因为采用热切割时钢筋要经过高温加热和快速冷却的过程,这个过程很可能会对钢筋产生热处理效果,从而使钢筋的力学性能发生显著的变化,使检测结果偏离实际而不再具有代表性。

9. 一般情况下,检测混凝土抗渗性能的试块应采取哪种养护方式?养护时间多长?养护期满后,如果不能立刻进行试验检测,应该怎样处理这些试块?

答:没有特殊要求的,一般情况下应进行标准养护;对掺有防冻剂的,除进行标准养护外,还应有同样数量的同条件养护的试块。养护时间均为 28d。养护期满后,如果不能立刻进行试验检测,应当将试件从养护室里取出来置于室内环境,并在龄期达到 90d 之前完成测试。

10. 施工现场,工序质量检验常用的方法有哪些?各适用于什么场合?

答:常用的方法有:①目测法,通过(眼)看、(手)摸、(锤)敲、(灯)照等方法进行检查。目测法适用于巡视检验和全数检查。②实测法,运用简单的仪器(靠尺、线坠、尺子、卡套等)进行实际测量,将测得的数据与质量标准所规定的允许偏差进行比对,以此判断质量是否合格。实测法适用于全数检查和抽查。③试验法,随机抽取试样,委托具有相应资质的实验室,采用国家标准规定的试验方法对其性能质量进行检测。试验法适用于对一些重要的、通过目测和实测无法确认的、内在的质量指标进行检查。④检查法,通过检查进场材料的出厂合格证、质量检验报告、材料进场复检报告、施工记录以及各种形式和级别的检验验收记录,以此判断质量是否合格。检查法适用于建筑材料进场质量检验验收和各种级别的工程验收检验。

11. 何为"三一"砌砖法？

答：这是一种规范的砌砖方法，操作要领是铺一铲砂浆、摆放一块砖、用力将砖揉挤一次使砖与砂浆粘实并提高砂浆饱满度。简称"一铲灰、一块砖、一揉挤"或"三一"砌砖法。

12. 在砌筑砖砌体结构时，若不能同时砌筑，则必须在临时间断处作留槎处理。请问留槎时应首选直槎还是斜槎？留槎时有什么要求？

答：应该首选留斜槎，在非抗震设防及抗震设防烈度为 6 度、7 度的地区的临时间断处，当不能留斜槎时，除转角处外，可以留直槎。直槎必须做成凸槎，且应在直槎处加设拉结钢筋。拉结钢筋为 $\phi 6$ 钢筋；拉结钢筋的数量根据墙厚确定，墙厚 120mm 平行放置 2 根，墙厚每增加 120mm，增设 1 根。拉结钢筋的竖向设置间距沿墙高不应超过 500mm，且竖向间距偏差不应超过 100mm。埋入长度，对非抗震设防地区，从留槎处算起两侧各应不小于 500mm；对抗震设防烈度为 6 度、7 度的地区，两侧各应不小于 1000mm，且钢筋的两端头均应有 90°弯钩。

13. 某施工单位在用小砌块砌筑承重墙时，为了节约成本，把一些断裂的小砌块用高标号水泥浆粘结后用在了转角和交接处之外的墙体上。这种做法是否值得提倡？你认为应当如何处理？

答：这种做法应当被禁止，因为《砌体工程施工质量验收规范》(GB 50203—2011)明令禁止砌筑承重墙时使用断裂的小砌块。掺有断裂砌块的墙体应当立刻拆除，用完整的砌块重新砌筑。

14. 现拌混凝土的原材料在配料称重时，各种材料每盘称重的允许最大偏差是多少？

答：水泥、水、掺和料、外加剂的允许最大偏差为各自用量的±2%；粗、细骨料的允许最大偏差为各自用量的±3%，且每台班检查不得少于两次。

15. 一般情况下，对现浇混凝土的养护有哪些规定要求？

答：应在混凝土浇筑完毕后 12h 以内开始对混凝土进行覆盖及保湿养护。混凝土浇水养护持续的时间：对采用硅酸盐水泥、普通硅酸盐水泥和矿渣硅酸盐水泥拌制的混凝土，不得少于 7d；对掺有缓凝剂或有抗渗要求的混凝土，不得少于 14d。浇水次数以能保持混凝土始终处于湿润状态为准，养护用水应与混凝土拌合用水相同，当日平均气温低于 5℃时不得浇水。采用塑料布覆盖养护的混凝土其外露的全部表面均应覆盖严密，并应保持塑料布内有凝结水珠，混凝土表面不便浇水或覆盖塑料布时应涂刷养护剂。

16. 低合金结构钢在焊接完成后，是否应该立刻进行焊缝探伤检验？

答：不可以，低合金结构钢在焊接完成 24h 以后才能进行焊缝探伤检验。

17. 焊缝的外观缺陷都包括哪些类型？如何检查？

答：焊缝的外观缺陷包括：裂纹、焊瘤、气孔、夹渣、弧坑、电弧擦伤、咬边、未焊满、根部收缩和接头不良等。一般可以采用肉眼观察的方法进行检查，如发现裂纹则应作进一步的探伤检查。

18. 后张法预应力混凝土工程的预应力筋张拉施工，对于施工队伍有什么要求？

答：后张法预应力混凝土工程的预应力筋张拉施工，应由具备相应资质等级的专业施工单位承担。

19. 现浇结构混凝土如存有严重的外观质量缺陷,必须及时处理并重新检查验收;如仅有一般的外观质量缺陷,可由施工单位处理后作好处理施工记录即可,不必重新检查验收。这种说法是否正确?

答:这种说法不正确。无论何种外观质量缺陷都应及时进行处理,处理后施工单位应会同监理单位和建设单位重新进行检查验收。

20. 在钢构件组装前应对板叠上所有的螺栓孔、铆钉孔用量规进行检查,对量规的通过率有何要求?

答:如果用比孔径小 1.0mm 的量规检查,每组孔的通过率应不小于 85%;如果用比螺栓公称直径大 0.3mm 的量规检查,每组孔的通过率应为 100%;对量规不能通过的孔,应按照施工图编制单位审查批准的处理方案进行修正。

21. 钢网架结构总拼装完成后应如何对其组装挠度进行检测?

答:钢网架结构总拼装完成后,应采用钢尺或水准仪测量网架结构的挠度值,其测值不得大于相应设计值的 1.15 倍。对跨度小于和等于 24m 的钢网架结构应测量下弦中央一点;对跨度大于 24m 的钢网架结构应测量下弦中央一点及各向下弦跨度的四等分点。

22. 屋面找平层表面平整度的检测应使用什么测量仪器?

答:屋面找平层表面平整度应使用 2m 靠尺和楔形塞尺进行检测。

参 考 文 献

[1] 廖品槐.建筑工程质量与安全管理[M].北京：中国建筑工业出版社,2005.

[2] 潘延平.质量员必读[M].北京：中国建筑工业出版社,2005.

[3] 卢小文.建筑地基基础工程施工与质量验收实用手册[M].北京：中国建材工业出版社,2004.

[4] 建筑施工企业关键岗位技能图解系列丛书编委会.质检员[M].哈尔滨：哈尔滨工业大学出版社,2008.

[5] 中华人民共和国国家标准.GB 50300—2001 建筑工程施工质量验收统一标准[S].北京：中国建筑工业出版社,2001.

[6] 中华人民共和国国家标准.GB/T 50375—2006 建筑工程施工质量验收标准[S].北京：中国建筑工业出版社,2006.

[7] 中华人民共和国国家标准.GB 50319—2000 建设工程监理规范[S].北京：中国建筑工业出版社,2001.

[8] 中华人民共和国国家标准.GB 50202—2002 建筑地基基础工程施工质量验收规范[S].北京：中国计划出版社,2002.

[9] 中华人民共和国国家标准.GB 50203—2011 砌体工程施工质量验收规范[S].北京：中国建筑工业出版社,2011.

[10] 中华人民共和国国家标准.GB 50204—2002 混凝土结构工程施工质量验收规范[S].北京：中国建筑工业出版社,2011.

[11] 中华人民共和国国家标准.GB 50205—2001 钢结构工程施工质量验收规范[S].北京：中国建筑工业出版社,2011.

[12] 中华人民共和国国家标准.GB 50207—2002 屋面工程质量验收规范[S].北京：中国建筑工业出版社,2002.

[13] 中华人民共和国国家标准.GB 50208—2011 地下防水工程质量验收规范[S].北京：中国建筑工业出版社,2011.

[14] 中华人民共和国国家标准.GB/T 50081—2002 普通混凝土力学性能试验方法标准[S].北京：中国建筑工业出版社,2003.

[15] 中华人民共和国国家标准.GB/T 50082—2009 普通混凝土长期性能和耐久性能试验方法标准[S].北京：中国建筑工业出版社,2009.

[16] 中华人民共和国国家标准.GB 175—2007 通用硅酸盐水泥[S].北京：中国标准出版社,2011.

[17] 中华人民共和国国家标准.GB/T 14686—2008 石油沥青玻璃纤维油毡[S].北京：中国标准出版社,2011.

[18] 中华人民共和国国家标准.GB 12952—2003 聚氯乙烯防水卷材[S].北京：中国标准出版社,2011.

[19] 中华人民共和国国家标准.GB 12953—2003 氯化聚乙烯防水卷材[S].北京：中国标准出版社,2011.

[20] 中华人民共和国国家标准.GB 8239—1997 普通混凝土空心砌块[S].北京：中国标准出版社,2009.

[21] 中华人民共和国国家标准.GB/T 11968—2006 蒸压加气混凝土砌块[S].北京：中国标准出版社,2009.

[22] 中华人民共和国国家标准.GB 15229—2002 轻集料混凝土小型砌块[S].北京：中国标准出版社,2009.

[23] 中华人民共和国国家标准.GB 18967—2009 改性沥青聚乙烯胎防水卷材[S].北京：中国标准出版

社,2011.

[24] 中华人民共和国国家标准.GB/T 5101—2003 烧结普通砖[S].北京：中国标准出版社,2003.

[25] 中华人民共和国国家标准.GB/T 5223—2002 预应力混凝土用钢丝[S].北京：中国标准出版社,2010.

[26] 中华人民共和国国家标准.GB/T 5224—2003 预应力混凝土用钢绞线[S].北京：中国标准出版社,2010.

[27] 中华人民共和国国家标准.GB/T 14370—2007 预应力混凝土用锚具[S].北京：中国标准出版社,2008.

[28] 中华人民共和国国家标准.GB 18242—2008 弹性体改性沥青防水卷材[S].北京：中国标准出版社,2011.

[29] 中华人民共和国国家标准.GB 18243—2008 塑性体改性沥青防水卷材[S].北京：中国标准出版社,2011.

[30] 中华人民共和国国家标准.GB 23441—2009 自粘聚合物改性沥青防水卷材[S].北京：中国标准出版社,2011.

[31] 中华人民共和国国家标准.GB 18173—2006 高分子防水材料[S].北京：中国标准出版社,2006.

[32] 中华人民共和国国家标准.JGJ 107—2010 钢筋机械连接技术规程[S].北京：中国标准出版社,2010.

[33] 中华人民共和国国家标准.JGJ 18—2003 钢筋焊接及验收规程[S].北京：中国标准出版社,2003.

[34] 中华人民共和国国家标准.JGJ/T 70—2009 建筑砂浆基本性能试验方法标准[S].北京：中国建筑工业出版社,2009.

[35] 中华人民共和国国家标准.JGJ 52—2006 普通混凝土用砂、石质量及检验方法标准[S].北京：中国标准出版社,2010.

[36] 中华人民共和国国家标准.JGJ 107—2010 钢筋机械连接技术规程[S].北京：中国标准出版社,2010.

[37] 中华人民共和国国家标准.JGJ 106—2003 建筑基桩检测技术规范[S].北京：中国建筑工业出版社,2003.